थार मरुस्थल का परंपरागत जल प्रबंधन

थार मरुस्थल का परंपरागत जल प्रबंधन

चूरू मंडल के विशेष संदर्भ में

डॉ. मीना कुमारी

प्रभात प्रकाशन

सामाजिक सरोकारों के लिए प्रयासरत संस्था
आओ साथ चलें (रजि.) के सहयोग से प्रकाशित।

प्रकाशक • **प्रभात प्रकाशन प्रा. लि.**
4/19 आसफ अली रोड,
नई दिल्ली–110002

संस्करण • प्रथम, 2020

THAR MARUSTHAL KA PARAMPARAGAT JAL PRABANDHAN
by Dr. Meena Kumari
Published by Prabhat Prakashan Pvt. Ltd., 4/19 Asaf Ali Road, New Delhi-2
e-mail: prabhatbooks@gmail.com ISBN 978-93-90315-70-3

परम श्रद्धेय
पिताश्री स्व. श्री रामकिशन लदोईया
एवं
पूजनीय मामाश्री स्व. श्री रमेश जांगिड़
को भावभीनी श्रद्धांजलि

श्री अनुपम मिश्र की स्नेहपूर्ण स्मृति को, जिनके आत्मीय
शब्द बराबर कानों में गूँजते रहते हैं, और जिन्हें पुस्तक
दिखाने की उत्कंठा में भूल ही जाती हूँ कि पुस्तक देखने
का वादा करने वाला तो अब चिर निद्रा में विलीन है...

प्राक्कथन

राजस्थान (भारत) और सिंध (पाकिस्तान) में अवस्थित मरू प्रदेश, जो कि थार रेगिस्तान के नाम से जाना जाता है, एशिया का सबसे गरम क्षेत्र है। जेम्स टॉड ने इस थार रेगिस्तान का सर्वेक्षण करवाया था और स्पष्ट किया कि थार रेगिस्तान का समूचा प्रदेश एक समान नहीं है, यहाँ तक कि भूमि की बनावट भी भिन्न-भिन्न है, लेकिन अधिक विकट समस्या थली क्षेत्र में है। गरम प्रदेशों में बसने के लिए जल की उपलब्धता एक महत्त्वपूर्ण कारण बन जाती है। इसी कारण हम देखते हैं कि बसने की जो प्रक्रिया मगरा क्षेत्र में है, वह थली के क्षेत्र में नहीं। मरुस्थल में बरसात का अनुपात बहुत कम है और उसमें भी इस भौगोलिक विभिन्नता के कारण बरसात का प्रतिशत अलग-अलग है। आश्चर्य की बात है कि फिर भी थार मरुस्थल के हर भाग में बसावट दृष्टिगत होती है। इसका सही अनुमान लोगों की बसने की स्थायी अथवा अस्थायी प्रक्रिया से सहजता से समझा जा सकता है। यहाँ कबीलावादी जीवन के उल्लेख तो हैं, लेकिन उतने नहीं, जितने कि अन्य मरुस्थलीय क्षेत्रों में दृष्टिगत होते हैं। घुमक्कड़ जातियों के और भी कम। इसका स्पष्टीकरण कृषि व पशुपालन व्यवसाय की प्रकृति व क्षमता से भी लगाया जा सकता है। मगरा क्षेत्र में पानी की उपलब्धता उसकी भूमि की बनावट के कारण अन्य क्षेत्रों की तुलना में अधिक अच्छी है। यहाँ के तालाबों में लगभग आठ-नौ महीनों तक पानी उपलब्ध रहता है, जबकि रेगिस्तान के अन्य भागों में ये दोनों तत्त्व लुप्तप्राय से हैं। वहाँ, जहाँ भूमि बहुत रेतीली है और वर्ष में एक ही खाद्यान्न फसल है, वहाँ बसावट कम है।

थार रेगिस्तान के विभिन्न क्षेत्रों में पाया गया यह अंतर जल प्रबंधन की क्षमता पर भी आधारित है। जिस क्षेत्र में जल प्रबंधन अच्छा है, वहाँ तुलनात्मक रूप से बसावट अच्छी या कम है। प्रस्तुत पुस्तक में चूरू क्षेत्र को लिया गया है, जो पूर्णतया जल प्रबंधन की क्षमता पर रहने वाले निवासियों की क्षमता पर आश्रित है। रेगिस्तानी क्षेत्र में समस्त आर्थिक व सांस्कृतिक गतिविधियाँ जल प्रबंधन पर टिकी हुई हैं। चूँकि बार-बार पड़ने वाला अकाल एक गहरी समस्या है व साथ ही लोगों का क्षेत्र से परिगमन उसका एक

प्रत्यक्ष परिणाम है, वहीं व्यक्तियों के पुनः आकर बसने की एक रोचक प्रक्रिया है। अभिलेखीय सामग्री में जल प्रबंधन, विशेषकर कुओं, बावड़ियों तथा तालाबों के संदर्भ में बहुत बारीकी से चित्रित किया गया है, लेकिन इसके लिए संरक्षण का कार्य सच्चाई की तह तक जाने के लिए बहुत आवश्यक था। पुस्तक की लेखिका ने यह कार्य बहुत लगन व परिश्रम से किया है। इससे विदित होता है कि न केवल शासकीय वर्ग, सेठ, साहूकार, बल्कि साधु-संतों ने भी जल प्रबंधन के माध्यमों के निर्माण में रुचि दिखाई थी। हमें इस बात को भी ध्यान रखना चाहिए कि जो लोग परिगमन कर जाते थे, वे लौटकर उसी स्थान पर आते थे, जहाँ से वे गए थे। बीकानेर राज्य के उत्तरी-पूर्वी भाग में महाजनों के बसाए गए अनेक कस्बों का उल्लेख आया है। उन कस्बों के बने रहने में वहाँ के जल प्रबंधन का महत्त्वपूर्ण योगदान है। राजस्थान के इतिहास की शौर्यगाथा युद्ध के मैदान में तो है ही, लेकिन निवासियों द्वारा जल प्रबंधन की सुरक्षा को बनाए रखने में भी है।

यही कारण है कि यहाँ एशिया के दूसरे रेगिस्तानों में राज्य-निर्माण की प्रक्रिया प्रारंभ नहीं हुई वहीं थार रेगिस्तान में अनेक राज्यों ने जन्म लिया। हमें यह भी स्मरण रखना चाहिए कि भारत के प्रमुख व्यापारिक मार्गों से राजस्थान से गुजरने वाले मार्ग अति लोकप्रिय थे। यह लोकप्रियता बिना पानी (जल प्रबंधन) संभव नहीं थी। अंत में, मैं पुस्तक की लेखिका को उसके परिश्रम के लिए साधुवाद देता हूँ। राजस्थान का इतिहास बिना जल प्रबंधन की समस्या को जाने अपने अध्ययन में अधूरा है।

—प्रो. जी.एस.एल. देवड़ा

भूतपूर्व कुलपति

वर्धमान महावीर खुला विश्वविद्यालय-कोटा

8 अक्तूबर, 2019

भूमिका

मरुभूमि राजस्थान का इतिहास गौरवशाली रहा है। तमाम विपरीत भौगोलिक परिस्थितियों और जीने के लिए बेहद कठिन हालात के बावजूद इस प्रदेश के लोगों ने जीवटता नहीं छोड़ी और मरुभूमि को भी जीवन की खुशियों से महकाया। इस प्रदेश की बीकानेर रियासत का चूरू मंडल मध्यकाल और विवेच्यकाल में न केवल राजनीतिक भूमिका के कारण, बल्कि अपनी सामाजिक और सांस्कृतिक अभिव्यक्ति के लिए भी अत्यंत महत्त्वपूर्ण रहा है। प्राकृतिक संसाधनों की अपर्याप्तता, प्रशासनिक शिथिलता, संघर्षमय भौगोलिक परिस्थितियों, अनुपयोगी बंजर भूमि की अधिकता, अनावृष्टि, सूखे, अकाल आदि के कारण यहाँ जनजीवन अत्यधिक कष्टदायक रहा है। इस भूभाग में औसत से बहुत कम बारिश होने तथा भू-जल के खारा होने के कारण पीने योग्य जल के साधन ही बहुत कम रहे हैं। चूरू मंडल में जल अभाव की स्थिति हमेशा रही है, लेकिन यहाँ के कर्मठ और जुझारू लोग जल संरक्षण की दिशा में निरंतर प्रयासरत रहे हैं। जनसामान्य, शासकीय और गैर शासकीय सभी वर्गों ने जल की कमी की समस्या के निराकरण के लिए गंभीरता से प्रयास किए हैं।

विवेच्य क्षेत्र में जल प्रबंधन अत्यधिक चर्चित और महत्त्वपूर्ण विषय रहा है, क्योंकि बीकानेर राज्य के मरुभाग में सामान्य रूप से जल अभाव और जल संकट बहुत ज्यादा रहा है, इसलिए स्वाभाविक सी बात है कि चूरू गंडल में भी यही स्थिति रही है और वर्तमान में भी किसी न किसी स्वरूप में बरकरार है। इस क्षेत्र में नदी, झील और झरनों का पूरी तरह अभाव है। मरुस्थल के विकास काल में किसी समय चिड़ावा तथा राजगढ़वाली 'काटली नदी' (बरसाती नदी) दृषद्वती नदी में मिलती थी, लेकिन बालू के टीलों में वह भी पूरी तरह लुप्त हो गई। इस क्षेत्र में बरसाती नदियों का भी पूरी तरह अभाव है। चूरू के मरु भू-भाग में अल्पवृष्टि के कारण जल की एक-एक बूँद के संचयन, संग्रहण और संरक्षण के अनेकानेक उपाय किए गए, जिनसे मनुष्य एवं पशु-पक्षियों के जीवन की रक्षा हुई। यहाँ वर्षा जल प्राप्ति के लिए *पालर जल* (सीधे बरसात से मिलने वाला जल), *पाताल जल* (भूमिगत जल) एवं *रेजाणी जल* (जो धरातल

पर गिरता है, किंतु पाताल में नहीं मिल पाया) को संपूर्णतम प्रयत्नों से विभिन्न प्रकार के जलाशयों में समेटकर संगृहीत और संरक्षित करने के निरंतर प्रयास हुए हैं। *कुओं, कुइयों,* तालाबों, *ताल-तलैयों-पोखरों, कुंड/कुंडी, टांकों* में जल संचयित और संगृहीत किया गया। इस मरुभूमि में ये सभी जलाशय अमृत समान जल बूँदों को संगृहीत करने के साधन रहे हैं। इसके लिए शासक वर्ग, श्रीमंत वर्ग एवं व्यक्तिगत रूप से सामान्य वर्ग ने भी मिले-जुले प्रयत्न किए थे।

प्रस्तुत पुस्तक में राजस्थान के विभिन्न क्षेत्रों की जल समस्या और जल प्रबंधन का सूक्ष्म अध्ययन करने के साथ-साथ तत्कालीन शासक वर्ग, श्रीमंत वर्ग और जन समूह की ओर से इस प्राकृतिक आपदा से निपटने के लिए किए गए संघर्ष और जीवन रक्षार्थ किए गए प्रयासों को प्रस्तुत करने का प्रयास किया गया है।

शहरीकरण, आधुनिकीकरण और औद्योगिकरण से जहाँ जल की माँग और खपत बढ़ी है, वहीं विज्ञान और तकनीकी ज्ञान का पर्याप्त विकास होने के बावजूद जल संकट निरंतर बढ़ता जा रहा है। परंपरागत जल स्त्रोतों के प्रति उपेक्षा भाव और उनके उचित रखरखाव की कमी ने उन्हें न केवल अत्यधिक दुर्दशा की स्थिति में पहुँचा दिया है, बल्कि जल-संकट को और विकराल समस्या बना दिया है।

मरु भू-भाग में जल की सीमित उपलब्धता और बढ़ती माँग को पूरा करने के सुगम और सहज साधन ये परंपरागत जल स्त्रोत ही हैं, इसलिए उनके महत्त्व को स्पष्ट करते हुए उनकी प्रासंगिकता सामने लाना और परंपरागत जल स्त्रोतों का संरक्षण करना ही इस शोध का अनछुआ पक्ष है।

प्रस्तुत पुस्तक के पहले अध्याय में बीकानेर राज्य के अंतर्गत आने वाले चूरू मंडल के निर्माण और इतिहास को प्रशासनिक परिवर्तनों सहित प्रस्तुत किया गया है, साथ ही इस भू-भाग की बनावट, पर्वत श्रेणियाँ, नदी-झीलों, नहरों, वर्षा, जलवायु, खनिज-पदार्थ, शाक-सब्जी, फल-फूल, पशु-पक्षी, दुष्काल, रोग और चूरू नगर की स्थापना से पूर्व तक के क्रमबद्ध ऐतिहासिक विकास को प्रस्तुत किया गया है।

दूसरे अध्याय में जल की उत्पत्ति, जल विज्ञान, जल का महत्त्व, जल संसाधन एवं प्राप्ति के साधन तथा वर्षा जल, सतही जल, भूमिगत जल आदि का विवरण संकलित किया गया है।

तीसरे अध्याय में मरुभूमि में वर्षा के माध्यम से प्राप्त होने वाले जल के तीनों रूपों *पालर जल, पाताल जल* और *रेजाणी जल* की स्थिति को स्पष्ट करते हुए उसके संग्रहण के लिए जलाशय निर्माण के विभिन्न प्रकारों को स्पष्ट करने का प्रयास किया गया है।

चौथे अध्याय में चूरू मंडल में जनसमूह से संबंधित आवश्यकताओं; जैसे जीवन के विभिन्न संस्कारों के अंतर्गत जल की आवश्यकता, पर्व, त्योहार, उत्सव आदि में

जल की आवश्यकता के अंतर्गत विभिन्न ग्राम, कस्बों, नगरों आदि में जलाशयों के निर्माण में शासक वर्ग, श्रीमंत वर्ग और जनसामान्य के सहयोग का ऐतिहासिक दृष्टि से अध्ययन किया गया है।

पाँचवें अध्याय में चूरू मंडल की विषम भौगोलिक परिस्थितियों में बसावट के लिए स्थापित मानदंडों के आधार पर बसावट और यहाँ की आबादी को समृद्ध बनाने में सहयोगी रहे मुख्य कारकों; जैसे—बसावट के लिए भूमि का चयन, प्रजा के लिए जल प्रबंधन, लोगों को बसाने के लिए किए गए राजकीय प्रयास, व्यापारियों को प्रोत्साहन, राज्य से पलायन कर चुकी गुवाड़ियों के पुनर्वास के प्रयास और संकट के समय आमजन को दी जाने वाली विभिन्न रियायतों का अध्ययन आँकड़ों सहित प्रस्तुत किया गया है।

छठे अध्याय में प्राकृतिक प्रकोप, अल्पवृष्टि और अनावृष्टि के समय जीवन रक्षा के लिए किए जाने वाले प्रबंधों, जैसे—जलाशयों में जल का संरक्षण और जल की निर्बाध उपलब्धता और उपयोगिता बनाए रखने के किए गए प्रबंधों, वर्षा जल की अधिकतम प्राप्ति के लिए किए गए प्रबंध जैसे *बीहड़/बीड़* निर्माण अर्थात् वनरक्षा और निर्माण, वृक्षारोपण, *गोचर* भूमि की व्यवस्था आदि का विवेचन किया गया है।

सातवें अध्याय में भूमि के प्रकार, कृषि भूमि के संदर्भ में जल संसाधनों की स्थिति, जल की उपलब्धता के लिए परिश्रम, प्रयास और प्रबंधन, पशुपालन के अंतर्गत आवश्यकता पूरी करने के लिए जल प्रबंधन, व्यापार-वाणिज्य के संदर्भ में परिचयात्मक विवरण, व्यापारिक वस्तुएँ एवं उनकी निरंतर उपलब्धता के लिए प्रबंधन, आयात-निर्यात, विभिन्न व्यापारिक मार्गों और व्यापारिक गतिविधियों के संदर्भ में जल प्रबंधन का अध्ययन कर संबंधित विवरण दिया गया है।

इस विस्तृत शोध अध्ययन से प्राप्त विवरण के विश्लेषण एवं निष्कर्ष को प्रस्तुत करते हुए वर्तमान समय में परंपरागत जल स्रोतों की स्थिति का विवरण देते हुए तत्कालीन जलाशयों के महत्त्व के मद्देनजर वर्तमान में इनकी प्रासंगिकता को भी स्पष्ट किया गया है।

प्रस्तुत पुस्तक लेखिका के पी-एच.डी. के शोध कार्य का विस्तृत एवं परिवर्धित रूप है। इसको प्रारंभ करने और संपूर्णता प्रदान करने में अनेक लोगों से प्रेरणा और सहयोग मिला है। परम आदरणीया गुरु डॉ. शशि अरोड़ा का मार्गदर्शन अविस्मरणीय है। विषय के चयन से लेकर तथ्यों के संकलन और उनकी समीक्षा के दौरान उनके मार्गदर्शन और विचार-विमर्श से इस कठिन कार्य को पूरा करने में अत्यधिक लाभ मिला। प्रो. जी.एस.एल. देवड़ा (पूर्व विभागाध्यक्ष, नेहरू चेयर, एवं कुलपति, कोटा खुला विश्वविद्यालय, कोटा) जैसे लब्ध प्रतिष्ठित विद्वान् के समय-समय पर बहुमूल्य सुझावों सहित प्रोत्साहन के लिए मैं उनकी कृतज्ञ हूँ। शोध प्रबंध की रूपरेखा तैयार करने में सहयोग के लिए डॉ. मानव प्रकाश शर्मा का हार्दिक आभार। शोध प्रबंध में चूरू

मंडल के क्षेत्रीय जलाशयों की जानकारी देने एवं निजी दस्तावेज उपलब्ध कराने में श्री श्यामसुंदर शर्मा (सचिव लोक संस्कृति शोध, संस्थान, नगर-श्री, चूरू) का सहयोग भी सराहनीय, प्रेरणादायक और न भुलाने योग्य है।

प्रो. एसपी व्यास (निवर्तमान जयनारायण व्यास विश्वविद्यालय, जोधपुर); प्रो. बीएल भादानी (निवर्तमान, अलीगढ़ मुस्लिम विश्वविद्यालय, अलीगढ़); स्व. अनुपम मिश्र (निदेशक, गांधी शांति प्रतिष्ठान, नई दिल्ली); श्री अतुल जैन, (महासचिव, दीनदयाल शोध संस्थान, नई दिल्ली); डॉ. राजेंद्र सिंह (जल पुरुष); प्रो. जीवनसिंह खरकवाल, जनार्दन राय नागर (डिम्ड विश्वविद्यालय, उदयपुर); श्री गोपाल आर्या, (राष्ट्रीय संयोजक, पर्यावरण गतिविधि, नई दिल्ली); डॉ. राजेश कुमार (निदेशक-शोध, आईसीएचआर, नई दिल्ली); डॉ. बृजरतन जोशी (हिंदी विभाग, डूँगर कॉलेज, बीकानेर); डॉ. जिब्राईल (सहायक आचार्य, इतिहास विभाग, अलीगढ़ मुस्लिम विश्वविद्यालय, अलीगढ़) और डॉ. गोविंद सिंह मीणा (सहायक पुरातत्त्ववेत्ता, भारतीय पुरातत्त्व सर्वेक्षण विभाग, जयपुर वृत्त, जयपुर); डॉ. अनिल मिश्र, (वरिष्ठ जीवाणु वैज्ञानिक, दिल्ली जल बोर्ड, नई दिल्ली); श्री अमिताभ वशिष्ठ (महाप्रबंधक, दीनदयाल शोध संस्थान, नई दिल्ली), श्रद्धा मराठे, (दीनदयाल शोध संस्थान, नई दिल्ली), जैसे—विद्वानों के महत्त्वपूर्ण सहयोग के बिना इस पुस्तक का पूरा होना संभव नहीं था, उनका धन्यवाद ज्ञापित करना मेरा परम कर्तव्य है।

मैं, डॉ. राजेंद्र कुमार (संकाय सदस्य, इतिहास विभाग, महाराजा गंगा सिंह विश्वविद्यालय, बीकानेर) का हृदय की गहराई से आभार व्यक्त करती हूँ, जिन्होंने इस पुस्तक के गुणात्मक लेखन में अभिवृद्धि के लिए न केवल राजस्थानी पुरालेखीय स्रोतों की आवश्यकता से मुझे परिचित करवाया, बल्कि इन पुरा-दस्तावेजों की दुरूह लेखन शैली के पठन और उनके सार्थक व्याख्यात्मक विश्लेषण में अमूल्य सहयोग दिया। डॉ. नितिन गोयल (सचिव राजस्थानी भाषा साहित्य अकादमी, बीकानेर), डॉ. कुमार प्रशांत (सहायक प्रोफेसर, दिल्ली विश्वविद्यालय, दिल्ली), डॉ. परवेज़ आलम (संकाय सदस्य, बनारस विश्वविद्यालय, बनारस), डॉ. विनोद भदरेचा (सहायक प्रोफेसर, कंप्यूटर विभाग, गवर्नमेंट कॉलेज, हिसार), मयंक सिंह (दीनदयाल रिसर्च इंस्टीट्यूट, नई दिल्ली) आदि के लिए मैं इन सबकी मैत्री भावना की सराहना करती हूँ।

इसी क्रम में मैं उन शोध संस्थाओं को भी धन्यवाद देना चाहूँगी, जिनके सहयोग के बिना इस पुस्तक को मूर्त रूप में लाना लगभग असंभव था। इनमें प्रमुख हैं—राजस्थान राज्य अभिलेखागार, बीकानेर, लोक संस्कृति शोध संस्थान, नगर-श्री, चूरू, मरु-भूमि शोध संस्थान, श्री डूँगरगढ़, भारतीय राष्ट्रीय अभिलेखागार, नई दिल्ली, नेहरू मेमोरियल लाइब्रेरी, नई दिल्ली, गांधी शांति प्रतिष्ठान, नई दिल्ली, सर्वहितकारिणी सभा, पुस्तकालय, राजगढ़, चूरू, सरस्वती पुस्तकालय, फतेहपुर, टिकमाणी पुस्तकालय, राजगढ़, बिड़ला

पुस्तकालय, पिलानी, दीनदयाल रिसर्च इंस्टीट्यूट, दिल्ली आदि।

मैं भारतीय इतिहास अनुसंधान परिषद्, नई दिल्ली के प्रति भी अत्यंत आभारी हूँ, जिसने इस शोध को पूरा करने के लिए मुझे कनिष्ठ शोधवृत्ति (जेआरएफ) प्रदान करने के लिए आर्थिक सहयोग देकर भी कृतार्थ किया।

शोध प्रबंध को पूरा करने में माता-पिता तुल्य सास-ससुर श्रीमती ओमवती जांगिड़, श्रीमती सीता देवी एवं श्री बलवीर सिंह जांगिड़ (एडवोकेट), अपनी माँ श्रीमती कृष्णादेवी, अग्रज पवन एवं अनुज पुनीत से मिले स्नेह साथ ही बहन गायत्री देवी, सोनिया, नीलम एवं आशा के सहयोग और प्रोत्साहन के लिए मैं सभी को हृदय से नमन करती हूँ। मेरे जीवन के दो महत्त्वपूर्ण व्यक्तियों मेरे पति श्री अमित कुमार और पुत्र लक्ष्यराज जांगिड़ के हिस्से का कीमती समय मैंने इस शोध कार्य को पूरा करने एवं इसे पुस्तक रूप प्रदान करने में लगाया। उनके सहयोग के बिना संभवत: यह पुस्तक कतई पूरी नहीं होती। उनका हार्दिक धन्यवाद। सुंदर आवरण चित्र तथा अन्य छायाचित्रों के लिए श्री फरहाद कांट्रेक्टर तथा सुरेंद्र बांसल का भी तहे-दिल से आभार।

—मीना कुमारी

विषय सूची

शब्द संक्षेप

ई.	:	ईस्वी
एफ.	:	फोलिओ
नं.	:	नंबर
पृ.	:	पृष्ठ
मि.मी.	:	मिलीमीटर
रा.रा.अ.बी.	:	राजस्थान राज्य अभिलेखागार, बीकानेर
वि.सं.	:	विक्रम संवत
सं.	:	संख्या
संपा.	:	संपादक
जी.एच. ओझा	:	गौरीशंकर हीराचंद ओझा
राज.	:	राजस्थान
रा.उ.मा.वि.	:	राजकीय उच्च माध्यमिक विद्यालय
तह.	:	तहसील
प.प्र.स्वा.गो.व्य.कृ.	:	पत्रों के प्रकाश में स्वामी गोपालदासजी का व्यक्तित्व एवं कृतित्व
रा.हि.कां.	:	राजस्थान हिस्ट्री कांग्रेस

1

चूरू मंडल का परिचयात्मक विवरण

प्रस्तुत अध्याय में राजपूताना की बीकानेर रियासत के अधीनस्थता काल से लेकर 'चूरू मंडल' के निर्माण तक होने वाले राजनीतिक और प्रशासनिक परिवर्तनों और सामाजिक-सांस्कृतिक उतार-चढ़ावों के साथ-साथ यहाँ की प्राकृतिक एवं भौगोलिक दशा, गाँव, नगर, भू-संरचना, पर्वत, नदी, झील, जलवायु, वर्षा, पशु-पक्षी, वनस्पति, खनिज पदार्थ, उद्योग-धंधे, जनसंख्या आदि का परिचयात्मक विवरण प्रस्तुत किया जा रहा है।

भौगोलिक परिचय

हमारे देश के पश्चिम में स्थित भौगोलिक प्रदेश राजपूताना में राजनीतिक इकाइयों की दृष्टि से अनेक छोटी-बड़ी रियासतें थीं। ये रियासतें अब न केवल मौजूदा राजस्थान है, बल्कि भारत का भी एक विशिष्ट भौगोलिक प्रदेश है।[1]

मरुस्थल शब्द निर्जन वातावरण को अभिव्यक्त करता है। संस्कृत शब्दकोश के अनुसार *मरु* शब्द की व्युत्पत्ति *मृत्यन्ते अस्मिन इति मरु*[2] से हुई है, अर्थात् जहाँ मृत्यु वरण करती है, इसे उस स्थान के रूप में वर्णित किया गया है। मरुस्थल में मीलों तक वनस्पति, पेड़-पौधे और जल का कोई स्रोत नहीं दिखाई पड़ता है। ग्रीष्म ऋतु में दिन में अत्यधिक गरमी होती है। गरम हवाएँ, झंझावात और उससे तपती हुई मिट्टी से उठती आग की लपटों की भाँति गरम वायु, जैसे भयावह वातावरण वाले प्रदेश को मरुस्थल कहते हैं।

---

1. जेम्स टॉड, *एनल्स ऐंड एंटीक्विटीज ऑफ राजस्थान,* वॉल्यूम 1, ऑक्सफॉर्ड यूनिवर्सिटी, लंदन, 1920, पृ. 6।
2. मीना कुमारी, मरुस्थल में यातायात बाधाएँ प्राचीन ऐतिहासिक और आधुनिक संदर्भ में समाधान, आर.डी. सागर एवं राकेश रामावत (संपा.) *शोध सरस्वती,* इंप्रूव शोध संस्थान, जोधपुर, 2011, पृ. 63।

ऋग्वेद में *मरुत* शब्द का उल्लेख हुआ है।[3] *मरुत* शब्द से स्पष्ट रूप से झंझावात से संबंध रखने वाली और तीव्र गति से बहने वाली वायु का ही बोध होता है। *मरुत* के तीन तात्पर्य हैं—(1) जो प्रकाशवान है, (2) जो चूर्ण करता है और वृक्षों को नष्ट करता है, (3) जो हवा में वेगपूर्वक दौड़ता है और मृत पुरुषों की आत्मा है। पाश्चात्य विद्वानों ने *मरुत* शब्द को प्रायः झंझावात से संबंधित तथा तीव्र गति से बहने वाली वायु का सूचक माना है।[4]

ऐसी मरुभूमि में राजपूताना की रियासत बीकानेर के तहत चूरू मंडल था। महाकाव्य काल में चूरू को *मरुकांतर* कहा गया है।[5] वाल्मीकि रामायण में भी मरुभूमि या मरुस्थल की उत्पत्ति या निर्माण के संबंध में ऐसा विवरण मिलता है कि मर्यादा पुरुषोत्तम श्री राम ने अपने बाण से इस प्रदेश के समुद्र को सुखा डाला था, जिससे यहाँ बालुकामय मरुस्थल निर्मित हो गया।[6] भूगोल शास्त्रियों के अनुसार—

मरुभूमि की उत्पत्ति में सर्वाधिक महत्त्वपूर्ण कारक कच्छ के रण सागर तथा सरस्वती नदी का सूख जाना रहा है। भौगोलिक तथा भूस्तरीय अन्वेषणों से भी यह तथ्य स्पष्ट होता है कि भूकंप या भूचाल, जैसी प्राकृतिक घटनाओं के परिणामस्वरूप कच्छ के रण सागर का तल तथा इससे मिलने वाली महानदी का पाट ऊँचा उठने के कारण रण सागर तथा सरस्वती नदी, दोनों से पानी लुप्त हो गया और वे शुष्क हो गए। नतीजतन कच्छ के रण सागर और सरस्वती नदी अपने उद्गम स्थल से कट गई, जो ग्लेशियर से संकलित था एवं जिससे ग्रीष्मकाल में भी पर्याप्त पानी बहता था। सतलुज नदी सूरतगढ़ के निकट सरस्वती नदी में मिलती थी, लेकिन उसका प्रवाह इससे अलग होकर पश्चिम की तरफ मुड़ गया[7] वर्तमान में हनुमानगढ़ के पास स्थित *घग्घर पेटे* को

---

3. *ऋग्वेद*, प्रथम मंडल, प्रथम अष्टक, बीसवाँ सूक्त श्लोक सं 4 से 6 में।
4. चितरंजन दयाल सिंह कौशल, *यजुर्वेद भाष्य* में इंद्र एवं मरुत, पृ. 85।
5. *वाल्मीकि रामायण*, श्लोक 40-42 (युद्ध कांड सर्ग), गीताप्रेस, गोरखपुर।
6. भगवान् श्री राम को लंका जाने के लिए समुद्र पार करना था। समुद्र की पूजा-अर्चना, विनती करने पर भी उसने रास्ता नहीं दिया, तब भगवान् राम ने धनुष की प्रत्यंचा पर बाण चढ़ाया, जिससे समुद्र के साथ-साथ सारे संसार में हलचल मच गई। इससे घबराकर सागर ने स्वयं मूर्तिमान होकर क्षमा याचना की। इस क्षमा याचना पर श्री राम ने समुद्र से कहा कि अब इस विशाल अमोघ बाण को कहाँ छोड़ा जाए। समुद्र ने कहा कि मेरे से उत्तर दिशा में पवित्र देश की पुण्यात्माओं में आभिर जाति के रूप में कुछ लुटेरे रहते हैं, उनके कर्म और रूप बड़े भयानक हैं, इसलिए आप अपने इस उत्तम बाण को वहीं प्रक्षेपित करें। भगवान् श्री राम ने बाण उसी दिशा में छोड़ दिया। वज्र और अग्नि के समान तेजस्वी वह बाण जिस स्थान पर गिरा था, वह स्थान पृथ्वी पर दुर्गम मरुभूमि के नाम से प्रसिद्ध हुआ।— *वाल्मीकि रामायण*, युद्ध कांड, सर्ग 22 श्लोक 9,32,34,35,39, गीताप्रेस, गोरखपुर।
7. गोविंद अग्रवाल (संपा.), *मरु श्री, अमृत पांड्या*, 'मरुभूमि की उत्पत्ति' दिसंबर 1973, वर्ष-2 अंक 4, वर्ष 3, अंक 1, पृ. 14-20।

ही सरस्वती नदी की 'शुष्क घाटी' माना जाता है।[8] कच्छ के रण सागर का तल उठने के परिणामस्वरूप यह तल ग्रीष्म ऋतु में तपने लगा। इससे यहाँ के वातावरण में नमी का अभाव हो गया। नमी के अभाव के चलते मानसून के बादल इस क्षेत्र से सूखे ही गुजरने लगे, जिससे कच्छ, सिंध, उत्तरी गुजरात, पश्चिमी एवं उत्तरी राजस्थान और दक्षिणी पंजाब में वर्षा की मात्रा निरंतर कम होती गई। इन परिस्थितियों के कारण गरमियों में नमी की अत्यधिक न्यूनता एवं तेज हवाओं के कारण पृथ्वी की सतह से मिट्टी उड़कर टीबों (बालू मिट्टी के पहाड़, *टीले या धोरे*) के रूप में एकत्र होकर मरुभूमि का स्वरूप लेती गई और निर्जन मरुस्थल दिन-प्रतिदिन बढ़ता गया। वर्तमान में इस मरुभूमि का विस्तार दिल्ली, महेंद्रगढ़ (हरियाणा) के आस-पास तक हो चुका है। यहाँ के प्राणीजन इस भयावह वातावरण के साथ सूर्य की तपिश, लू और लू के विपरीत भी जीवनयापन को सुव्यवस्थित किए हुए हैं। जिस तरह ग्लोबल वार्मिंग से संपूर्ण विश्व चिंतित हो रहा है, उस तरह चिंतित न होकर यहाँ के लोगों ने स्वयं को इस वातावरण के अनुकूल ढाल लिया है।

राजस्थान में मरुभूमि बाड़मेर, जैसलमेर, जोधपुर, बीकानेर, नागौर, श्रीगंगानगर, हनुमानगढ़, चूरू, झुंझुनू और सीकर जिलों में लगभग 40,000 वर्ग मील के क्षेत्रफल में फैली हुई है। मरु भूमि के एक हिस्से बीकानेर का पुराना नाम *जांगलदेश* था।[9] यहाँ के शासक *जांगलधर बादशाह* कहलाए, जैसा कि उनके राज्य चिह्न के आलेखों में मिलता है।[10] यहाँ की विशिष्ट भौगोलिक संरचना के फलस्वरूप ही बीकानेर राज्य विदेशी आक्रमणों से हमेशा सुरक्षित रहा है।

---

8. जी.एस.एल. देवडा, *राजस्थान इतिहास के अभिज्ञान रूप, प्रथम संस्करण,* राजस्थान हिंदी ग्रंथ अकादमी, जयपुर, 2010 पृ. 2-25; लाजपतराय भल्ला, *राजस्थान का भूगोल,* पृ. 309।
9. महाभारत में बहुधा ऐसे नाम हैं, जो परस्पर मिले हुए से लगते हैं, जैसे—कुरु-पांचालः, भाद्रेय-जांगलाः, कुरु-जांगला, *नागरी प्रचारिणी पत्रिका,* भाग-2, 1978, पृ. 328-29।
   महाभारत काल में यह प्रदेश जांगल देश के अंतर्गत था। उद्योग पर्व में संजय ने धृतराष्ट्र से कहा कि महाराज, कुरु जांगल देश ही आपका पैतृक राज्य है-महाभारत, उद्योग पर्व, अध्याय 54, श्लोक 7; भाव प्रकाश में जांगलदेश के लक्षण इस प्रकार बतलाए गए हैं, जहाँ आकाश स्वच्छ और उन्नत हों, जल और वृक्षों की कमी हो, शमी (खेजड़ा), *कैर, बिल्व, आक, पीलू* और *बेर* के वृक्ष हो, उसे *जांगल* देश कहते हैं- गोविंद अग्रवाल, *चूरू का शोधपूर्ण इतिहास,* पृ. 25।
10. गौरीशंकर हीराचंद ओझा, पूर्वोक्त, प्रथम भाग, पृ. 1-21; जी.एस.एल. देवड़ा, राजस्थान की प्रशासनिक व्यवस्था, प्रथम संस्करण, धरती प्रकाशन, बीकानेर, 1981, पृ. 1-13।

ऐतिहासिक एवं राजनीतिक परिचय

बीकानेर राज्य के संस्थापक राव जोधा के पुत्र का नाम बीका था। जोधपुर के स्वामी राव जोधा की सांखली रानी नौरंगदे[11] से बीका (विक्रम) का जन्म वि.सं. 1495 श्रावण सुदि 15/ई. सं.1438 ता. 5 अगस्त, मंगलवार को हुआ था।[12] राव बीका ने अपने पिता की आज्ञा शिरोधार्य करते हुए जोधपुर राज्य में अपना सर्वस्व त्याग दिया और उत्तर की ओर जाकर अपने लिए *जांगलदेश* को विजय किया।[13] *जांगलदेश* चिरकाल तक अक्षुण्ण रहा। प्रशासनिक दृष्टि से बीकानेर राज्य को पहले परगनों, चीरों और फिर निजामतों एवं तहसीलों में विभाजित किया गया। निजामतों के हाकिम नाजिम कहलाते थे। इनको दीवानी, फौजदारी और माल के सीमित अधिकार प्राप्त थे। निजामत में नाजिम के अतिरिक्त सरिश्तेदार, अहलमद, मुहाफिज, दफ्तर, गुमाश्ते, सवार, सिपाही और चपरासी रहते थे।[14] राज्य की सदर निजामत में भादरा, चूरू, नोहर, रेणी, सुजानगढ़ निजामत में सरदारशहर, सुजानगढ़, रतनगढ़, श्री डूगंरगढ़, सूरतगढ़ निजामत में हनुमानगढ़, सूरतगढ़, श्रीगंगानगर निज़ामत में श्रीगंगानगर, कर्णपुर, पदमपुर और रायसिंहनगर निजामत में रायसिंहनगर, अनूपगढ़ सम्मिलित थे।[15]

चूरू नगर को लगभग 1620 ई. में *चुहरू* नामक जाट ने अपने नाम पर बसाया था। इसी नाम के आधार पर नगर का नाम चूरू पड़ गया होगा।[16] एक मान्यता यह भी है कि यहाँ पर चार बास थे, जिनको सम्मिलित रूप से *चारू बास* कहा गया। *चारू* ही बाद में चूरू बना। उपलब्ध जानकारी के अनुसार 16वीं सदी में जाट अधिकृत चूरू पर राठौड़ राजपूतों ने अधिकार कर लिया। निकटवर्ती गाँव घाँघू के

---

11. गौरीशंकर हीराचंद ओझा, पूर्वोक्त, प्रथम भाग, पृ. 1–21; *विक्रम बीदा नामक जातसुता साँखला गोत्रिया। नवरंगदेऽ मिथाना जज्ञं राज्ञः पुरा पत्नी* ॥109॥ (जयसोम, *कर्म चंद्रवंशो कीर्तनकं काव्यम्*); जी.एस.एल. देवड़ा, *राजस्थान की प्रशासनिक व्यवस्था,* पूर्वाक्त, पृ. 1–15।
12. *दयाल दास री ख्यात,* जिल्द 2, पत्र 1; मुंशी देवी प्रसाद, *राव बीकाजी का जीवन चरित्र,* पृ. 1; श्यामल दास, *वीर विनोद,* भाग 2, पृ. 478; जी.एस.एल. देवड़ा, पूर्वोक्त, पृ. 1–12; पाउलेट, *गजेटियर ऑफ दी बीकानेर स्टेट,* पृ. 1 (प्रकाशित)।
13. गौरीशंकर हीराचंद ओझा, पूर्वोक्त, पृ. 2–3।
14. मुंशी सोहनलाल, *तवारीख राज श्री बीकानेर,* गवर्नमेंट प्रेस, बीकानेर, 1888 ई. पृ. 277–79।
15. गौरीशंकर हीराचंद ओझा, पूर्वोक्त, प्रथम भाग, पृ. 30–32; जी.एस.एल. देवड़ा, पूर्वोक्त, पृ. 1–12।
16. गौरीशंकर हीराचंद ओझा, पूर्वोक्त, पृ. 62; गोविंद अग्रवाल, *चूरू–चंद्रिका* (संपादित), तृतीय स्वर्ण पदक समारोह, चूरू, पृ. (7–10) दिनांक 23–24 अक्तूबर, 1979 के अवसर पर प्रकाशित। ओझाजी ने सन् 1620 ई., वि.सं. 1677 के आस–पास *चुहरू* नामक जाट द्वारा चूरू के बसाए जाने का उल्लेख किया है, लेकिन गोविंद अग्रवाल के अनुसार चूरू इससे पहले ही बस चुका था।

ठाकुर बणीरजी राठौड़ के पुत्र मालदेव चूरू के प्रथम ठाकुर हुए।[17] तब से निरंतरता के क्रम में इन्हीं के वंशज चूरू के ठाकुर होते गए। मालदेव के बाद सांवलदास, बलभद्र, भीमसिंह और कुशल सिंह क्रमशः चूरू के ठाकुर बने। कुशल सिंह ने चूरू का किला और नगर परकोटा बनाया।[18] कुशल सिंह के बाद ठाकुर इंद्रसिंह, संग्राम सिंह, धीर सिंह और हरी सिंह चूरू की गद्दी पर बैठे। विक्रम संवत् 1840/1783 ई. में स्थानीय जनजाति राठों के साथ संघर्ष में चूरू के ठाकुर हरिसिंह की मृत्यु के बाद उनके पुत्र शिवजी सिंह चूरू के ठाकुर बने।[19] शिवजी सिंह ने शुरू से ही बीकानेर के महाराजा सूरत सिंह (1787–1828 ई.) की गलत नीतियों का विरोध किया। नतीजतन बीकानेर राज्य ने चूरू पर कई बार आक्रमण किए, लेकिन इसके बावजूद वे चूरू को जीत नहीं सके।

चूरू पर महाराजा सूरत सिंह ने अंतिम आक्रमण वि.सं. 1871/1814 ई. में किया। महाराजा सूरत सिंह ने चूरू की कड़ी घेराबंदी कर दी, जिससे नगर में खाद्य सामग्री समाप्त हो गई। लोगों के भूखे मरने की नौबत आ गई। अरसे तक घेराबंदी रहने से दुर्ग में गोला-बारूद भी समाप्त हो गया। चूरू के नागरिक देशभक्ति से ओत-प्रोत थे। उन्होंने ठाकुर शिवजी सिंह को अपने-अपने घर से चाँदी लाकर दी। इस चाँदी से गोले बनाकर उन्होंने बारूद के गोलों की जगह काम में लिया। ठाकुर शिवजी सिंह अंतिम साँस तक लड़ते-लड़ते वीर गति को प्राप्त हुए। ठाकुर शिवजी सिंह चाँदी के गोले चलाकर इतिहास प्रसिद्ध हो गए।[20] सन् 1814–1817 ई. तक चूरू बीकानेर के अधीन रहा।[21] किंतु 18 17 ई. में ठाकुर शिवजी सिंह के ज्येष्ठ पुत्र ठाकुर पृथ्वी सिंह के पुत्र ठाकुर ईश्वर सिंह ने पुनः चूरू पर अधिकार कर लिया।[22] कुछ समय बाद बीकानेर महाराजा ने पुनः चूरू को अपने अधीन कर लिया।

बीकानेर के महाराजा ने 1855 ई. से चूरू को अपने राज्य में सम्मिलित करके वहाँ प्रत्यक्ष शासन प्रारंभ किया। 1855 ई. से चूरू बीकानेर राज्य के अधीन होकर

---

17. *ठिकाणे चूरू महाराजा जैतसिंहजी रे रजवाड़े में संवत 1868 (सन् 1541) ठाकुर मालदेजी चूरू री ठोड गाँव बास कालेरै रो जाट कसबां रो थो, वे दंगो करता तिणां नै मालदेजी मार ठिकाणों चूरू नांव दे न बाधियों*-सिढायच दयालदास, *आर्याख्यान कल्पद्रुम* (अप्रकाशित), पत्र 202, अनूप संस्कृत पुस्तकालय, बीकानेर; मुंशी सोहन लाल, *तवारीख राजश्री बीकानेर*, पृ. 38,49।
18. गौरीशंकर हीराचंद ओझा, पूर्वोक्त, पृ. 62।
19. गोविंद अग्रवाल, पूर्वोक्त, पृ. 235–236।
20. मुंशी सोहन लाल, पूर्वोक्त, पृ. 39।
21. *पाउलेट गजेटियर बीकानेर*, पृ. 69; गौरीशंकर हीराचंद ओझा, पृ. 394।
22. *बीदावतों की ख्यात*, पृ. 216।

राज्य के राजस्थान संघ में विलय तक (1949 ई.) बीकानेर के नियंत्रण में रहा। चूरू का शासन खालसा घोषित कर दिया। बीकानेर राज्य में सन् 1884-85 ई. में चार निजामतें-बीकानेर, सूरतगढ़, रेणी और सुजानगढ़ बनीं।[23] रेणी और सुजानगढ़ चूरू मंडल में थीं। सुजानगढ़ निजामत के तहत चार तहसीलें सुजानगढ़, सरदारशहर, श्री डूँगरगढ़ एवं रतनगढ़ थीं। इसी प्रकार रेणी में भी राजगढ़, भादरा, चूरू और नोहर तहसीलें थीं। बाद में रेणी निजामत में एक तहसील रेणी को भी शामिल किया गया। सन् 1931-41 के दशक में रेणी से निजामत हटाकर राजगढ़ को निजामत बनाया गया। राजगढ़ निजामत में भी पाँच तहसीलें शामिल की गईं। 26 मार्च, 1941 ई. को रेणी का नाम बदलकर तारानगर कर दिया।[24]

रियासतों के क्षेत्रफल एवं अधिकारों में समय के साथ-साथ बदलाव होते गए। महाराजा सार्दुलसिंह (1943-49) के शासनकाल में प्रशासनिक व्यवस्था में महत्त्वपूर्ण परिवर्तन हुआ। चूरू, राजगढ़, तारानगर, सरदार शहर, रतनगढ़, श्रीडूँगरगढ़ और सुजानगढ़ की तहसीलों को मिलाकर चूरू मंडल का निर्माण किया गया और राजगढ़ एवं रतनगढ़ सब डिवीजन में बाँटा गया। रतनगढ़ सब डिवीजन में रतनगढ़, सरदार शहर, श्रीडूँगरगढ़ और सुजानगढ़ तथा राजगढ़ सब डिवीजन में राजगढ़, चूरू और तारानगर की तहसीलें रहीं। मंडल का मुख्य अधिकारी उपआयुक्त (Deputy Commissioner) और सब डिवीजनों के अधिकारी सहायक आयुक्त (Assistant Commissioner) नियुक्त किए गए। उनके नीचे तहसीलदार और नायब तहसीलदार रखे गए।[25]

बीकानेर का सन् 1946 में राजस्थान संघ में विलय हुआ। तब भी चूरू मंडल की स्थिति में कोई परिवर्तन नहीं आया, परंतु उपायुक्त के पद को मंडल समाहर्ता एवं मंडल दंडाधिकारी (District Collector and District Divisional Magistrate) तथा सहायक आयुक्त के पद को सहायक समाहर्त्ता एवं उप संभाग दंडाधिकारी (Assistant Collector and Divisional Magistrate) के पद के रूप में परिवर्तित कर दिया गया। प्रशासकीय सुविधा के लिए मंडल को पुनः तीन विभागों में बाँटा गया, जो व्यवस्था इस प्रकार थी।[26]

---

23. के.डी. अर्सकीन, *गजेटियर*, पृ. 358।
24. के.डी. अर्सकीन, *गजेटियर*, पृ. 98; गोविंद अग्रवाल, पूर्वोक्त, पृ. 93।
25. के.के. सहगल, *राजस्थान जिला गजेटियर*, चूरू, पृ. 2; गोविंद अग्रवाल, पूर्वोक्त, पृ. 3।
26. के.के. सहगल, पूर्वोक्त, चूरू, पृ. 2-3।

सारिणी संख्या 1.1

उपविभाग		तहसील
चूरू	1.	चूरू
	2.	सरदारशहर
राजगढ़	1.	राजगढ़
	2.	तारानगर
रतनगढ़	1.	श्रीडूँगरगढ़
	2.	रतनगढ़
	3.	सुजानगढ़

चूरू मंडल भारत गणराज्य के राजस्थान प्रदेश के 26 मंडलों में एक प्राचीन एवं प्रसिद्ध मंडल है। इसका विस्तार $27^0 25''$ से $28^0 42''$ उत्तर तथा देशांतर $74^0 28''$ से $75^0 3''$ के मध्य है।[27] बीकानेर संभाग के तीन मंडलों में यह दक्षिणी-पूर्वी मंडल है। इसके उत्तर में श्री गंगानगर, पूर्व और दक्षिण-पूर्व में झुंझनूँ एवं सीकर, उत्तर-पूर्व में हिसार, दक्षिण में नागौर और पश्चिम में बीकानेर मंडल हैं। चूरू मंडल का क्षेत्रफल 26,866 वर्ग किलोमीटर है।[28]

सेंसस एटलस में इसका क्षेत्रफल 16860.1 वर्ग किलोमीटर दिया गया है।[29] यह बीकानेर रियासत के कुल क्षेत्रफल का पाँचवाँ भाग था। चूरू नगर के चारों ओर बालू रेत के ऊँचे-ऊँचे टीले हैं। इनके बीच में बसा हुआ यह नगर ऐसा लगता है, मानो सोने के प्याले में एक बड़ा सा हीरा रखा गया हो। यों तो प्रशासनिक रूप से चूरू मंडल का गठन बीकानेर के महाराजा सार्दुल सिंह (1943-1949 ई.) के शासनकाल में ही हो चुका था, लेकिन वर्तमान स्थिति 1949 ई. में देशी राज्यों के राजस्थान संघ में विलय के बाद बनी है।

इस शोध के अध्ययन काल में 'चूरू नगर' चूरू जिले का मुख्यालय था। इसके अंतर्गत चूरू, राजगढ़, तारानगर, सरदार शहर, रतनगढ़, सुजानगढ़, श्री डूँगरगढ़ आदि

27. *राजस्थान डिस्ट्रिक्ट सेंसस हैंडबुक, चूरू डिस्ट्रिक्ट,* पृ. 3; *जिला गजेटियर चूरू* में अक्षांश $27^0 24''$ से $29^0 00''$ तथा देशांतर $73^0 40''$ से $75^0 49''$ दिया है। पृ. 1।
28. के.के. सहगल, पूर्वोक्त , पृ. 1; गोविंद अग्रवाल, पूर्वोक्त, पृ. 1।
29. *सेंसस एटलस* 1961, जिल्द 14, (भाग 9 ए. पृ. 66) में चूरू मंडल का क्षेत्रफल 16,860.1 वर्ग किमी दिया है। *सेंसस ऑफ इंडिया* (खंड 14, राजस्थान, 2ए, पृ. 170) के अनुसार भी चूरू मंडल का क्षेत्रफल 6,509.7 वर्ग मील अर्थात् 16,860.1 वर्ग किलोमीटर है। *जिला गजेटियर चूरू* में भी अन्यत्र चूरू मंडल का क्षेत्रफल सेंसस 1961 के आधार पर 16860.1 वर्ग कि.मी. दिया है। पृ. 3।

तहसीलें सम्मिलित थीं। श्री डूँगरगढ़ तहसील 1 अप्रैल, 2002 में बीकानेर जिले में शामिल की गई। प्रत्येक तहसील में कई गाँव-कस्बे हैं। चूरू मंडल सभी मंडलों में सबसे ज्यादा कस्बोंवाला मंडल है।

सामाजिक परिचय

चूरू मंडल में सन् 1948 ई. में 915 गाँव और कस्बे थे।[30] वर्ष 1901 से 1951 तक चूरू मंडल की जनसंख्या क्रमशः इस प्रकार है[31]—

सारिणी संख्या 1.2

सन्	जनसंख्या	प्रतिशत वृद्धि (दशकीय भिन्नता प्रतिशत में)
1901	2,60,186	—
1911	2,99,349	15.5
1921	2,99,067	0.09
1931	3,65,629	22.26
1941	4,55,475	24.56
1951	5,23,650	14.98

सारिणी संख्या 1.2 के अनुसार चूरू मंडल में 1921 ई. में जनसंख्या में कमी अकाल की वजह से हुई थी।[32] चूरू मंडल में 904 गाँव और 11 कस्बे हैं। कुल गाँवों में से 843 गाँव तो बसे हुए और 61 गाँव उजड़े हुए हैं। सन् 1961 की जनगणना के अनुसार चूरू मंडल की जनसंख्या इस प्रकार से है[33]—

30. *सेंसस* 1970, *राजस्थान जिला गजेटियर,* चूरू जिला, पृ. 2-3।

31. *सेंसस* 2011, *राजस्थान जिला गजेटियर,* चूरू जिला।

32. दृष्टव्य—अध्याय छह।

33. *राजस्थान डिस्ट्रिक्ट सेंसस हेंड बुक, चूरू डिस्ट्रिक्ट,* पृ. 8,9,10,69,209; *सेंसस इंडिया* 1961,जिल्द 14 राजस्थान भाग 9ए; *सेंसस एटलस,* पृ. 66 तथा जिल्द 14, राजस्थान भाग 2ए; वार्षिक प्रतिवेदन जिला चूरू सन् 1970-71 के अनुसार चूरू मंडल की जनसंख्या (1961 में) 8,72,835 हो गई।

सारिणी संख्या 1.3

	कुल जनसंख्या	पुरुष	स्त्री
	6,59,011	3,40,048	3,18,963
ग्रामीण जनसंख्या	4,50,968	2,35,228	2,15,740
शहरी जनसंख्या	2,08,043	1,04,820	1,03,223
कुल भवन	संनिवासित गृह	ग्रामीण क्षेत्र	शहरी क्षेत्र
1,30,058	92,729	64,625	28,104

सारिणी संख्या 1.4
कस्बों की जनसंख्या (1961 की जनगणना के अनुसार)

चूरू	41,277
रतननगर	4,363
सरदार शहर	32,072
राजगढ	28,136
तारानगर	20,406
रतनगढ़	20,631
राजलदेसर	20,980
श्रीडूँगरगढ़	16,323
बीदासर	9,389
छापर	7,255
सुजानगढ़	30,761

यहाँ के ज्यादातर लोग कृषि एवं पशुपालन करते हैं। इस कारण यहाँ की अधिकतर जनसंख्या गाँवों में रहती है। वर्तमान में चूरू जिले की तहसील सुजानगढ़ में सबसे अधिक जनसंख्या का 23.59 प्रतिशत है, वहीं सबसे कम जनसंख्या तारानगर में 10.39 प्रतिशत है।[34] भौतिक जीवन के साथ-साथ लोग आध्यात्मिक रूप से भी समृद्ध हैं। यहाँ की जमीन अधिकतर रेतीली है, फिर भी लोग अथक प्रयासों से इसे कृषि के लिए उपयोगी बनाने में सक्षम रहे हैं।

---

34. *सेंसस राजस्थान,* 2011।

वनस्पति एवं कृषि

भूमि की सबसे ऊपरी सतह मिट्टी कहलाती है। यह पेड़-पौधों को उगाने, फलने-फूलने के लिए जीवांश तथा खनिजांश देती है। इसी से हम अपने सभी संसाधनों की पूर्ति करते हैं।[35] मिट्टी की उत्पत्ति विशिष्ट प्राकृतिक दशाओं में होती है। इस महत्त्वपूर्ण प्रक्रिया में पर्यावरण के मूलभूत तत्त्व (जल, वायु, तापमान, जीव क्रियाएँ, वनस्पति इत्यादि) योगदान देते हैं। भूमि की बनावट प्रत्येक राष्ट्र, राज्य और परिवार के आर्थिक एवं सामाजिक जीवन को प्रभावित करती है। उपजाऊ मिट्टी मानव जीवन के लिए अमूल्य संपदा है। मानव जीवन बचाए रखने के लिए मिट्टी का उपजाऊ होना अत्यावश्यक है।

राजस्थान कृषि प्रधान राज्य है। यहाँ की भूमि का उपजाऊ और उपयोगी होना बहुत आवश्यक है।[36] बीकानेर रियासत का चूरू मंडल मरुभूमि का ही हिस्सा है। इसका अधिकांश भाग रेत के टीलों से बना है। रेत के टीले 10 फुट से लेकर कहीं-कहीं सौ फुट तक ऊँचे हैं। चूरू मंडल की तारानगर (रेणी) तहसील में दो टिब्बे- *गढ़ टिब्बा और शिव पांडिया टिब्बा* अपनी ऊँचाई के लिए जाने जाते हैं।[37] इन टिब्बों की बालू मिट्टी के कण मोटे होते हैं, जिनमें पानी जल्दी समा जाता है। इसी कारण यहाँ पर वर्षा का जल कम समय तक ही रुक पाता है। बालू मिट्टी के कारण से यहाँ सिंचाई का भी विशेष लाभ नहीं मिलता है। बलुई मिट्टी में नाइट्रोजन और कार्बनिक लवणों की कमी होती है, लेकिन कैल्शियम लवणों की मात्रा ज्यादा होती है। कैल्शियम कार्बोनेट का प्रतिशत भी मिट्टी में आवश्यकता के अनुसार नहीं है। इन सब कारणों के चलते एवं वर्षा की कमी के कारण फसल का उत्पादन अधिक नहीं होता है।

रेतीली बालू मिट्टी की तरह चूरू में लाल रेतीली मिट्टी वाली भूमि भी है। इस मिट्टी का रंग पीला भूरा अथवा गहरा होता है, इसमें जल को ग्रहण करने (सोखने) की शक्ति अपेक्षाकृत अधिक होती है।[38] इस मिट्टी पर यदि वर्षा अच्छी मात्रा में या भरपूर सिंचाई हो जाए तो यह कृषि के लिए उपयुक्त होती है। चूरू मंडल में प्रत्येक तहसील की भूमि की बनावट अलग-अलग है, जैसे श्री डूँगरगढ़, सरदार शहर और तारानगर तहसील की भूमि अधिकतर बालुकायुक्त है। सुजानगढ़ की भूमि कुछ कठोर, समतल (ताल) एवं राजगढ़ तहसील का भाग कुछ कम रेतीला है। चूरू मंडल का धरातल प्रत्येक जगह

35. एस.एस. शर्मा एवं अन्य, *राजस्थान का भूगोल,* पंचशील प्रकाशन, जयपुर, 2012, पृ. 87-89।
36. वही, पृ. 89।
37. सर्वेक्षण के दौरान जानकारी मिली।
38. *स्वर्ण जयंती स्मृति सरोज* (1920-1970 ई.), सर्वहितकारिणी सभा, राजगढ़,चूरू, प्रथम संस्करण, 1976, पृ. 41-42।

एक जैसा नहीं है। राजगढ़ समुद्र की सतह से 239 मीटर ऊँचा है। आज से 500 वर्ष पूर्व राजगढ़ के आस-पास की भूमि समतल थी। यहाँ की मिट्टी सख्त और हलके पीले रंग की थी। यह आज भी वैसी ही है। इनके अलावा कहीं-कहीं काले रंग की मिट्टी भी पाई जाती है। हलकी भूरी मिट्टी बहुत गहरी सतह तक मिलती है, पर इसमें लिचिंग (Leaching) की कमी है। इसी कारण इस मिट्टी से अच्छी ईंट नहीं बनती।[39] यहाँ छापर में ताल की जमीन अच्छी है। यहाँ पर सेवण और *मोथिया घास* होती है, उसी से यह समतल मैदान अफ्रीका के सवाना घास के मैदान की तरह दिखाई देता है।[40] यहाँ की भूमि में समय-समय पर परिवर्तन होते रहते हैं, क्योंकि आँधी के कारण रेत के नए-नए टीले बनते-मिटते रहते हैं। चूरू मंडल की भूमि में सोडियम एवं मैग्नीशियम की अधिकता के कारण यह भूमि क्षारीय है। भूमि के क्षारीय होने के कारण यहाँ पानी में खारापन है।[41]

पहाड़ एवं खनन

चूरू मंडल में रेतीले पहाड़ों के साथ-साथ छोटे-बड़े पत्थर के कुछ पहाड़ भी हैं। सुजानगढ़ एवं रतनगढ़ में छोटी-छोटी पहाड़ियां हैं। इनके नाम पास में बसे गाँवों पर हैं। पहाड़ी का नाम गोपालपुरा, रणधीसर एवं बीरमसर है। गोपालपुरा के पास महाभारतकालीन द्रोणपुर नगर स्थित था। यह नगर द्रोणाचार्य ने अपने नाम पर बसाया था। उस काल में इसे *काला डूँगर* कहा जाता था।

इस पहाड़ पर विनायक डूँगरी, भैंसासिर की डूँगरी, लहर डूँगरी, देवी डूँगरी नाम की पहाड़ियाँ हैं।[42] यहाँ एक सुरंग भी है। इस पहाड़ पर वर्तमान में डूँगर बालाजी एवं शेरांवाली माताजी का मंदिर है। ये छोटी-बड़ी पहाड़ियाँ करीब 25 वर्ग मील क्षेत्रफल में फैली हैं। रतनगढ़ तहसील में बीरमसर के निकट भी एक पहाड़ी है, जो समुद्री तल से 1,304 फुट ऊँची है।[43] इनके अलावा भी यहाँ आस-पास में कुछ छोटी-छोटी पहाड़ियाँ हैं। सुजानगढ़ में *स्यानण* की पहाड़ी पर भी कुछ प्राचीन मंदिरों के अवशेष मिले हैं, जिनमें एक मंदिर काली माँ का है। वैसे इस पहाड़ी का एक और नाम *काला डूँगर* सार्थक प्रतीत होता है। एक धारणा यह है कि द्रोणपुर की पहाड़ी भी आबू पर्वत माला का ही अंश है। राजगढ़ तहसील के रेजड़ी गाँव में कुछ पहाड़ियाँ कब बनीं, कैसे बनीं, इसका कोई भी तथ्यात्मक विवरण कहीं नहीं मिलता। ये पहाड़ियाँ 40-50 फुट ऊँची हैं। इनकी गहराई

---

39. वही।
40. *द छापर सेंचुरी,* डिपार्टमेंट ऑफ फॉरेस्ट, डिप्टी कंजरवेशन ऑफ फॉरेस्ट, चूरू।
41. महेश कुमार बबेरवाल, *मरुस्थलीय जल प्रबंधन,* साहित्यागार, जयपुर, 2016, पृ. 95-103।
42. *नैणसी की ख्यात,* प्रथम खंड, जोधपुर प्रकाशित, पृ. 189।
43. *राजस्थान जिला गजेटियर,* चूरू, पृ. 4।

पाताल तक जाती है। इनकी बनावट और प्रकृति देखकर लगता है कि ये ज्वालामुखी से बनी हुई हैं। ये करीब आठ हेक्टेयर क्षेत्र में फैली हुई हैं। इनके पत्थर में सेमी ग्रेनाइट एवं काँच की मात्रा है। इन पहाड़ियों पर *सती की जाल* है। (जाल नाम का पेड़ है। इस पेड़ को सती के प्रतीक के रूप में पूजा जाता है। ऐसा मिथक है कि इस सती की पूजा से चर्म रोगों का निदान होता है) अमावस्या के दिन इसकी पूजा की जाती है।[44] चूरू मंडल में कुछ जगह *धांधला पत्थर* भी पाया जाता है। यह भवन निर्माण के काम आता है। यहाँ पर किसी भी प्रकार की पर्वत माला न होने से यहाँ किसी भी नदी का उद्‌गम स्थल एवं बहाव क्षेत्र नहीं है।

नदियाँ एवं झीलें

राजस्थान में चूरू मंडल ही ऐसा मंडल है, जहाँ बारह महीने बहने वाली कोई नदी नहीं है। चूरू मंडल में केवल कांटली नदी बहती थी, जो इसके कुछ हिस्सों में जल पहुँचाती थी। चूरू के दक्षिण-पूर्व में सीकर जिला है। वहाँ अरावली पर्वत शृंखलाओं की कई बड़ी-बड़ी चोटियाँ हैं। कांटली नदी का उद्‌गम स्थल सीकर जिले की खंडेला के पास की पहाड़ियाँ हैं।[45] यह नदी पूर्णतया वर्षा पर आधारित थी। सीकर जिले से निकलकर यह उत्तर की तरफ शेखावाटी के झुँझूनूँ में बहती हुई चूरू में प्रवेश करती थी।

अच्छी बरसात होने पर यह नदी राजगढ़ तहसील के दक्षिण हिस्से में कुछ मील बहकर वहीं रेतीले क्षेत्र में लुप्त हो जाती थी। इसका बहाव क्षेत्र *तोरावाटी* कहलाता था। वर्ष 1989 में यह नदी राजगढ़ से चार किलोमीटर दक्षिण में रडुवा गाँव तक पहुँच गई थी।[46] इसका कुल अपवाह क्षेत्र 100 किलोमीटर था।[47] परंतु यहाँ के प्राणी और जीव-जंतु नदियों के अभाव के चलते पीने के जल को तरसते रह जाते थे।

इस क्षेत्र में जिस तरह नदियों का पूर्ण अभाव है, उसी तरह यहाँ झीलों का भी अभाव है। यहाँ मीठे जल की भी कोई प्राकृतिक झील नहीं है। यहाँ कुओं का जल भी बहुत खारा है। सुजानगढ़ तहसील के छापर में एक खारे पानी की झील है। इस झील की लंबाई छह मील और चौड़ाई दो मील है, लेकिन इसकी उतनी गहराई नहीं है। इस कारण यह मई-जून महीने के प्रारंभ में ही सूखने लग जाती है। पहले यहाँ नमक बनाया जाता था। नमक बनाने से अनेक व्यक्तियों को रोजगार मिलता था। यहाँ के लोगों में स्वाभिमान की भावना में कोई कमी नहीं थी। लोग अपने बनाए हुए नमक को ही काम

44. स्वयं सर्वे किया एवं वयोवृद्ध लोगों से समस्त जानकारी प्राप्त की।

45. महेश बबेरवाल, पूर्वोक्त, पृ. 38, 62।

46. *स्वर्ण जयंती स्मृति सरोज*, पूर्वोक्त, पृ. 12।

47. एस.एस. शर्मा एवं अन्य, पूर्वोक्त, पृ. 87।

में लेते थे। बीकानेर रियासत में छापर और लूणकरणसर में नमक तैयार करने के कारखाने थे।[48] सन् 1879 में बीकानेर के महाराजा गंगासिंह (1887–1943 ई.) थे। तब बीकानेर राज्य एवं अंग्रेजों के बीच एक समझौता हुआ था। समझौते के अनुसार यह निश्चित किया गया था कि दोनों कारखानों से एक वर्ष में केवल 30 हजार अंग्रेजी मण (एक अंग्रेजी *मण* में 40 किलोग्राम; देशी *मण* 40 सेर) से अधिक नमक नहीं बनाया जाएगा। यह इकरारनामा 24 जनवरी, 1879 को लिखा गया, लेकिन 8 मई, 1879 में यह मंजूर हुआ।[49] यह समझौता लागू हो गया और 30 हजार अंग्रेजी मण से अधिक नमक नहीं बनाया गया। इतनी पाबंदी से अंग्रेज संतुष्ट नहीं हुए, इसलिए 1913 में दूसरा समझौता हुआ। इसके अनुसार बीकानेर राज्य में नमक बनाना सर्वथा बंद कर दिया गया।[50] जबकि छापर झील से एक वर्ष में एक लाख क्विंटल से अधिक नमक तैयार किया जाता था, इसलिए नि:संकोच कहा जा सकता है कि इस झील का आर्थिक दृष्टि से अत्यधिक महत्त्व रहा है। वर्तमान में फिर से यहाँ बड़े पैमाने पर नमक बनाया जाता है। यह नमक चमड़ा साफ करने एवं गरीब लोगों के खाने के काम आता था।[51] समय के साथ-साथ इस नमक की गुणवत्ता में भी सुधार हुआ है।

प्राकृतिक विपदाएँ एवं जल का अभाव

राजस्थान के पश्चिमोत्तर भू-भाग की भौगोलिक संरचना एवं प्राकृतिक परिस्थितियाँ विविधतापूर्ण हैं। चूरू मंडल भी इसी भू-भाग का एक हिस्सा है। यहाँ की आबादी प्राकृतिक प्रकोपों एवं अनेक आपदाओं से पीड़ित होने के कारण जल अभाव, दुर्भिक्ष आदि संकटों से अधिकतर समस्याग्रस्त रहती है। इन समस्याओं से छुटकारा आवश्यकता अनुसार वर्षा से हो सकता है, लेकिन यहाँ अच्छी, यानी पर्याप्त वर्षा नहीं होती है। अच्छी वर्षा न होने पर यहाँ नदियाँ एवं झीलें नहीं है। प्राकृतिक जल साधनों के अभाव के साथ ही यहाँ मानव निर्मित जल संसाधन रूपी नहरों का भी अभाव है। राजपूताने के राज्यों में केवल बीकानेर में ही नहरों से सिंचाई का प्रबंध किया गया था। फिरोजशाह नहर के नाम से प्रसिद्ध पश्चिमी यमुना नहर का एक हिस्सा राजगढ़ तहसील के ददरेवा गाँव तक पहुँचता था। रेणी निजामत की भादरा तहसील का कुछ भाग सन् 1893 तक इस नहर से सिंचित होता था, पर बाद में यह नहर बंद हो गई।[52] चूरू मंडल में नहरों के अभाव

48. गोविंद अग्रवाल, पूर्वोक्त, पृ. 6।
49. गौरीशंकर हीराचंद ओझा, पूर्वोक्त, भाग 1-2, पृ. 477।
50. गौरीशंकर हीराचंद ओझा, पूर्वोक्त, प्रथम भाग, पृ. 526-527।
51. *पाउलेट गजेटियर ऑफ बीकानेर*, पृ. 82।
52. गोविंद अग्रवाल, पूर्वोक्त, पृ. 7, उद्धृत ओमप्रकाश गुप्त, *गंगानगर परिचय*, पृ. 18।

एवं भूजल के खारा होने के कारण ही यहाँ पेयजल का समुचित प्रबंध किया जाता था। जल की कमी के समाधान के लिए लोग वर्षा के जल को सहेजकर रखते थे और आज भी रखते हैं, लेकिन चूरू मंडल में वर्षा की औसत मात्रा भी कम ही रहती है। यहाँ पर वर्षा औसतन 11 से 12 इंच के करीब होती है। सन् 1912–13 से 1931–32 के बीच बीकानेर राज्य में औसत वर्षा 10 इंच रही। सन् 1912 और 1932 ई. के बीच सबसे अधिक वर्षा 1916–27 ई. में सुजानगढ़ में करीब 50 इंच और सबसे कम वर्षा सन् 1917–18 में अनूपगढ़ में आधा इंच के आस-पास हुई थी।[53] चूरू मंडल की श्रीडूँगरगढ़ तहसील में वर्षा अधिकतर कम होती है।

चूरू मंडल समेत पूरे राजस्थान में सावन एवं भादों के महीनों में (मध्य जून से सितंबर तक) वर्षा शुरू हो जाती है। इस कारण इन महीनों का विशेष महत्त्व है। जगह-जगह वर्षा के देवता इंद्र को खुश करने के लिए हवन-यज्ञ किए जाते हैं। जून-जुलाई की बरसात के बाद यहाँ *सावणी* (खरीफ) फसल बोई जाती है। चूरू में *सावणी* फसल में अधिकतर बाजरा एवं मोठ होता है। इनके अलावा कुछ मात्रा में मूँग, तिल, उड़द, ग्वार आदि भी बोए जाते हैं। यहाँ का बाजरा एवं मोठ पूरे देश में प्रसिद्ध है। *सावणी* की फसल काटकर ग्वार का भूसा खेत में जुताई के साथ दबा दिया जाता है। भूसे से मिट्टी की क्षारीयता की समस्या दूर हो जाती है। अक्तूबर-नवंबर में *साढ़ी* की (उन्हालू अथवा रबी) फसल बोई जाती है। इस फसल में चना, गेहूँ, सरसों, राई बोए जाते हैं। पौष-माघ की शीत ऋतु में राजस्थान में कभी-कभी भूमध्य सागर से उठे पश्चिमी वायु विक्षोभों के कारण वर्षा होती है, जिसे *मावठ/मावठा* कहते हैं। यह वर्षा रबी की फसल के लिए वरदान होती है। *मावठा* समय पर हो जाए तो फसल चार गुना ज्यादा होती है। वर्षा के अभाव के चलते चूरू मंडल में 10 वर्षों में तीन अकाल पड़ना स्वाभाविक सी बात हो गई थी। चूरू के ज्ञात इतिहास के अनुसार सर्वाधिक वर्षा 1892 ई. में हुई थी।[54] इस क्षेत्र में कम वर्षा होने का कारण है कि जब मानसूनी हवाएँ रेगिस्तानी भाग पर आती हैं तो अत्यधिक गरमी के कारण उनकी आर्द्रता घट जाती है, जिससे वे वर्षा नहीं कर पाती हैं। यहाँ जनजीवन को जीवन का आधार वर्षा से ही मिलता है। वर्षा के अभाव के कारण यहाँ प्राणीमात्र की दशा दयनीय एवं मृतप्राय: हो जाती है।

चूरू मंडल में पानी (पाताल) खारा (क्षारीय) होने के कारण लोग वर्षा जल पर निर्भर हैं, इसलिए लोग जल सहेजकर रखते थे। वर्षा के पानी को तालाब, *पोखर, कुंड-कुंडी,* टांका-टंकी, कच्चे *जोहड़ों* में संगृहीत करते थे। यहाँ के राजा-महाराजाओं,

---

53. गौरीशंकर हीराचंद ओझा, पूर्वोक्त, प्रथम भाग, पृ. 11।

54. *इंपीरियल गजेटियर ऑफ इंडिया,* जिल्द 8, पृ. 204; के.डी. अर्सकिन, *राजपुताना गजेटियर,* पृ. 393।

रानियों, साधन संपन्न प्रजाजनों ने अपनी अद्‌भुत दूरदर्शिता के चलते अनेक कच्चे-पक्के *जोहड़*, कुएँ, बावड़ियाँ एवं *कुंड* बनवाए थे। इनमें जो पानी एकत्रीत होता था, उसी को वर्ष भर खाना बनाने, पीने और स्नान के उपयोग में लेते थे। वर्तमान में भी वर्षा की बूँद-बूँद बचाने के लिए अनेक जागरूकता अभियान चलते रहते हैं।

जलवायु

विवेच्य क्षेत्र की जलवायु ही ऐसी है कि यहाँ वर्षा कम होती है। जो पानी बरसता है, वह भी लंबे समय तक जमीन को गीला नहीं रख पाता था। जलवायु को निर्धारित करने के लिए तापक्रम, वायुदाब, आर्द्रता, वर्षा एवं वायुवेग को आधार माना गया है।[55] धरातल पर विभिन्न प्रकार की वनस्पतियों और प्राणियों के वितरण को जलवायु ही निर्धारित करती है। यह प्रत्यक्ष एवं परोक्ष रूप से मनुष्यों के क्रिया-कलाप को प्रभावित करती है। चूरू मंडल वर्षा का औसत 20.40 से.मी. है और औसत तापमान ग्रीष्म ऋतु में 30.6 से 45 डिग्री सेंटिग्रेड तथा शीत ऋतु में 22.1 से 4.8 डिग्री सेंटिग्रेड होता है।[56] राजस्थान में सबसे ज्यादा ठंड चूरू जिले में पड़ती है। यहाँ कभी-कभी तापमान शून्य से नीचे (माइनस) भी चला जाता है। यहाँ की जलवायु को आरोग्य प्रदान करने वाली कहा गया है। मौसम की छह ऋतुएँ यहाँ अपना-अपना प्रभाव दिखाती हैं, जिससे गरमी के मौसम में ज्यादा गरमी और सर्दी के मौसम में ज्यादा सर्दी पड़ती है। यहाँ मई-जून में तेज गरम हवाएँ चलती हैं, जिन्हें लू कहते हैं। इन हवाओं से रेत के टीले उड़-उड़कर एक स्थान से दूसरे स्थान पर इकट्ठे हो जाते हैं। जून में तापक्रम 123^0 फारेनहाइट तक बढ़ जाता है एवं सर्दी में 30^0 फारेनहाइट तक चला जाता है। सर्दी में ज्यादा ठंड की वजह से ज्यादातर पेड़-पौधे नष्ट हो जाते हैं। सन् 1808 ई. के नवंबर (वि.सं. 1865 मार्गशीर्ष) में मानस्टुअर्ट एलफिंसटन जब काबुल जाते समय यहाँ से गुजरा था, तब सर्दी के कारण उसे बहुत नुकसान हुआ था। केवल एक दिन में नाथूसर में उसके तीस सिपाही बीमार हो गए थे और बीकानेर में एक सप्ताह में अनेक आदमी अकाल मृत्यु को प्राप्त हुए थे। इसी तरह लेफ्टिनेंट बोइल्यो सन् 1835 (वि.सं. 1891-92) में आया था और उसने भी सर्दी का अनुभव किया था।[57] जनवरी-फरवरी में यहाँ तालाबों एवं बरतनों के पानी पर बर्फ की परत जम जाती है। चूरू मंडल की जलवायु अपने आप में महत्त्वपूर्ण है। यहाँ का ताल छापर अभयारण्य प्रसिद्ध है। यहाँ देशी-विदेशी पक्षी आते हैं। कृषि सिंचाई, वन प्रबंध, भवन-निर्माण, भूमि उपयोग, परिवहन तथा अनेक

---

55. एस.एस. शर्मा एवं अन्य, पूर्वोक्त, पृ. 5।
56. महेश कुमार बबेरवाल, पूर्वोक्त, पृ. 54-55।
57. गौरीशंकर हीराचंद ओझा, पूर्वोक्त, पृ. 9-10।

आर्थिक कार्यक्रम जलवायु की दशाओं से ज्यादा प्रभावित होते हैं, इसलिए मनुष्य के लिए जलवायु का विशेष महत्त्व है।

आर्थिक परिचय

चूरू मंडल औद्योगिक क्षेत्र में पिछड़ा रहा है। जिस प्रकार यहाँ नदी, नहरों एवं झीलों का अभाव है, उसी तरह यहाँ कल-कारखानों की भी कमी रही है। चूरू अनेक नामी उद्योगपतियों की जन्मस्थली है, जिनमें बाघला, मोहता तथा मित्तल घरानों का नाम सर्वज्ञात है। इसके बावजूद यहाँ एक भी बड़ा उद्योग नहीं है। चूरू मंडल के सभी व्यवसायियों को दूसरी जगह अपने उद्योग स्थापित करने पड़े हैं, क्योंकि यहाँ कच्चे माल एवं संसाधनों का सदैव अभाव रहा है। यहाँ चार स्थानों पर ताँबा खनिज का होना बताया गया है। ताँबे की पहली खान चूरू मंडल की सुजानगढ़ तहसील के बीदासर कस्बे के निकट दड़ीबा गाँव में है।[58] इस खान का पता सर्वप्रथम वि.सं. 1810/1753 ई. में सोहना कुम्हार और देवी सुनार को लगा, जैसे ही यह खबर बीकानेर राजदरबार में पहुँची, तो तत्कालीन महाराजा गजसिंह ने खान पर काम करने के लिए बेलदार भेजे।[59] बेलदारों ने ताँबा निकालना प्रारंभ कर दिया। जेम्स टॉड और पाउलेट ने भी इन खानों की चर्चा की है। एक बार बीकानेर के महाराजा खान का निरीक्षण करने आए और उन्होंने कर लगाने को कहा, लेकिन कनवारी के बीदावत सरदार दीप सिंह ने इसका विरोध किया। विरोध होने पर महाराजा ने कर लगाने का विचार तो छोड़ दिया, पर संभवतया खान बंद होने के पीछे यही कारण रहा हो।[60] दूसरी खान बीदासर से पाँच किलोमीटर दूर दड़ीबा से पश्चिम की ओर घंटियाल गाँव में थी। इसमें ताँबा पाया था। तीसरी खान चूरू मंडल के रतनगढ़ तहसील के बीरमसर गाँव के पास थी। वहाँ भी ताँबा मिला था। इसका उल्लेख जेम्स टॉड ने भी किया है।[61]

खनिज

ताँबे के अलावा यहाँ चूना पत्थर भी अत्यधिक मात्रा में मिलता है। यह पत्थर चूरू, राजगढ़, तारानगर एवं सुजानगढ़ तहसीलों में पाया जाता है। राजगढ़ तहसील में सोडियम क्लोराइड और सोडियम सल्फेट पाया जाता है।[62] यहाँ पोटेशियम नाइट्रेट (यवक्षार) भी

---

58. *मरु श्री*, अप्रैल-जून 1972 (भाषा, साहित्य, इतिहास एवं संस्कृति-शोध, त्रैमासिक वर्ष 1, अंक 3; *राजस्थान जिला गजेटियर*, चूरू, पृ. 103; जी.एच. ओझा, *बीकानेर राज्य का इतिहास*, भाग-1, पृ. 37
59. मुंशी सोहनलाल, *तवारीख राज श्री, बीकानेर*, पृ. 280; *पाउलेट गजेटियर बीकानेर स्टेट*, पृ. 54।
60. डी.एस. यादव, पूर्वोक्त, पृ. 22-23।
61. *बेस लाइन सर्वे रिपोर्ट ऑफ रूरल इंडस्ट्रीज प्रोजेक्ट*, चूरू, राजस्थान, 1963, पृ. 33।
62. डी.एस. यादव, पूर्वोक्त, चूरू डिस्ट्रिक्ट, पृ. 22-23।

पाया जाता है। जिप्सम (सेलखड़ी) यहाँ अच्छी मात्रा में मिलता है, जिसका उपयोग यहाँ की भूमि (क्षारीय) के लिए उपयोगी है। इसका उपयोग बड़े पैमाने पर अमोनियम सल्फेट नामक संश्लेषित खाद बनाने में किया जाता है। इसका उपयोग स्थानीय लोग मकानों में पलस्तर के रूप में करते हैं। सुजानगढ़ तहसील में बीदासर के निकट बलुआ पत्थर पर्याप्त मात्रा में मिलता है। इसकी परत 32 फुट तक होती है। गोपालपुरा, रणधीसर और बीरमसर की पहाड़ियों से निकलने वाला पत्थर सड़कों पर बिछाने के काम में लिया जाता है। यहाँ कई तरह के इमारती पत्थर भी मिलते हैं। एक किस्म *धांधला* पत्थर है। यह भवन निर्माण एवं कच्ची सड़कें आदि बनाने के काम आता है। यहाँ मीठा चूना भी मिलता है।[63] इसे यहाँ मिलने वाली चिकनी मिट्टी को जलाकर बनाया जाता है। कंकड़ यहाँ ज्यादातर स्थानों पर मिलता है। इसे जलाकर ऊँचे दर्जे का चूना बनता है। यहाँ *घीया भाटा* (सोप स्टोन) भी पाया जाता है। इसे चूरू *भाट्ठा* नाम से भी जाना जाता है।[64]

फसलें एवं पेड़-पौधे

रबी-खरीफ सीजन में दोनों फसलें कम-ज्यादा मात्रा में होती अवश्य हैं, जैसे ही वर्षा होती है, वैसे ही बुआई शुरू हो जाती है। खरीफ फसल में बाजरा, मोठ, जवार, तिल, चौला यहाँ की मुख्य पैदावार है। ये यहाँ के प्रमुख अनाज हैं। रबी की फसल में चना, सरसों, तारामीरा, गेहूँ, जौ इत्यादि होते हैं। दोनों फसलें बारानी हैं। अनाज के साथ स्वादिष्ट और पोषक तत्त्वयुक्त शाक फल की आवश्यकता होती है। यहाँ शाक-फल खूब होते हैं। शाक-सब्जियों के रूप में यहाँ मूली, गाजर, ककड़ी, करेला, कुम्हड़ा, *गोंदली* (कच्चा प्याज), गोभी, टींडसी, तोरई, प्याज, बैंगन, मिर्च, *सांगरी,* चैलाई, पुदीना, धनिया, सुधा-पालक, पान मैथी आदि होते हैं। फलों में सबसे उत्तम फल *मतीरा* (छोटा तरबूज) है। यहाँ अच्छी किस्म का *मतीरा* बहुतायत में होता है। जब *मतीरे* का मौसम होता है, तब इसे जानवरों तक को खिलाया जाता है। *मतीरे* के कच्चे फल को *लोइया* कहा जाता है। इसकी बहुत अच्छी सब्जी बनती है। ऐसी शुष्क मरुभूमि में इतने मीठे *मतीरों* को देखकर एलफिंसटन ने बहुत प्रशंसा की थी। एलफिंसटन वि.सं.1865 (सन् 1808) में चूरू से होकर गुजरा था। उसने चूरू में चार फुट की परिधि वाले *मतीरे* देखे थे।[65] *मतीरा* मीठा और शीतल पेय की भाँति होता है। आजकल *मतीरे* के बीज *मगज* एवं

---

63. *कागद बही,* नं. 3, वि.सं. 1827/1770 ई. मिती कार्तिक सुदी-2, बीकानेर रिकॉर्ड्स, रा.रा.अ.बी.
64. *राजस्थान भारती,* (संपा.), वर्ष 8, अंक 2, जुलाई, 1960; श्री गोविंद अग्रवाल, पूर्वोक्त, पृ. 8; डी.एस. यादव, पूर्वोक्त, पृ. 22-23।
65. *मेन अकाउंट ऑफ दी किंगडम ऑफ काबुल,* पृ. 8।

तेल निकालने के काम में भी लिये जाते हैं। *मतीरे* के बाद यहाँ *काकड़ी, काचर* (नींबू के आकार जितनी ककड़ी) और बेर मुख्य फल हैं। *काकड़ी* एवं *काचर* को धूप में सुखाकर सब्जी बनाई जाती है। स्थानीय महिलाएँ साल भर इनकी *खेलरी* और *काचरी* बनाकर संगृहीत करती हैं। यहाँ *टिंडा* एवं *ग्वारफली* की सब्जी भी बनाई जाती है। *ग्वारफली, टिंडसी* और *सांगरी* को सुखाकर भी सब्जी बनाई जाती है। यहाँ की मुख्य वनस्पति *खींप* की *खिंपौली* है। इसे उबालकर सब्जी बनाई जाती है।

चूरू मंडल में घास की भी अनेक किस्में मिलती हैं। चूरू मंडल में *भुरंट* (भरबूंट) घास अधिक होने के कारण यहाँ के राजाओं को *भुरंटियाँ* भी कहा जाता था।[66] अकाल के समय इस घास के बीजों की रोटी भी खाई जाती थी। अन्य घास जैसे *लाँपडी, ढचाब, सेवण, धामन, गंठील, प्याजी, बाँखड़ी, सुरेली, लुणियाघाटी, गोभी, झेरणियाँ घास, कोरी, मकड़ो घास, धमूड़, कुंदरा, चैलाई, कागा-रोटी, साँठों घास, दूब, झेरना घास, चिड़पड़िया, बेलड़ी, डूचा* आदि प्रमुख हैं।[67] पेड़-पौधे प्रारंभिक काल से ही पृथ्वी पर पशु-पक्षी एवं मानव जाति की शरणस्थली तथा जीवन-यापन का प्रमुख साधन रहे हैं। प्रकृति का संतुलन बनाए रखने, मृदा और जल का संरक्षण करने तथा शैशव काल से मृत्यु तक की सभी अवस्थाओं में मानव के लिए उपयोगी होने के कारण वृक्ष प्राकृतिक संसाधनों का महत्त्वपूर्ण अंग बने हुए हैं। चूरू मंडल में पेड़-पौधे, घास इत्यादि वनस्पति की अधिकता वाला घना स्थान *बीड़, बणी, ओरण, गोचर* नाम से जाना जाता है। चूरू मंडल में खुड्डी गाँव में गोगाजी की *बणी,* उदासर में करणी माता की *बणी,* लोहसाना में हिंगलाज माता की *बणी,* बोबासर में करणी माता की *बीड़,* सूरवास में करणी माता की ओरण, कुसुंबी की *बीड़* है। ये सब अधिकतर 200-200 बीघा जमीन में हैं। यहाँ की सबसे प्रमुख बीड़ राजगढ़ *बीड़* है, जिसे *लीलकी बीड़* भी कहते हैं। यह बीड़ 4292 बीघा 11 बिस्वा जमीन में फैली हुई है।[68] इस तरह यहाँ छोटी-बड़ी कई बीड़, *ओरण, बणी, गोचर* भूमि प्रत्येक गाँव-शहर के आस-पास अवश्य मिलती है। इनमें मवेशियों को खाने-पीने के लिए भरपूर सामग्री मिल जाती है। वर्तमान में इस क्षेत्र के आस-पास की जमीन की बुआई एवं अतिक्रमण होने से इसमें कमी आ रही है। यहाँ *बणी, ओरण एवं बीहड़* में *जाल, खेजड़ी, रोहिड़ा, कैर, कीकर, हिंगूण, केकड़ा* की झाड़ियाँ एवं विभिन्न प्रकार के वृक्ष मिलते हैं। चूरू मंडल में खेजड़ी (शमीवृक्ष) सबसे अधिक होता है। इसकी लकड़ी कई रूपों से उपयोग में ली जाती है। खेजड़ी की लकड़ी ही यहाँ अधिकतर ईंधन के रूप में काम में

66. *बांकीदास री ख्यात* (संपादित) पं. नरोत्तम दास स्वामी, पृ. 76।
67. महेश कुमार बबेरवाल, पूर्वोक्त, पृ. 69।
68. *जमाबंदी राजगढ़ बीड़* (लीलकी) प्रतिलिपि 2067-2070, प्रतिलिपि क्रमांक 0303785-33017 (12.12.12) (बलबीर सिंह जांगिड़ एडवोकेट के सौजन्य से प्राप्त हुई)।

ली जाती है। इसकी पत्तियों को *लूँग* कहते हैं। ये औषधि एवं हवन सामग्री के उपयोग में भी आती हैं। खेजड़े की फली को *सांगरी* कहते हैं। *सांगरी* के पककर सूखने पर इसकी संज्ञा *खोखा* हो जाती है और इसे सूखे फल के रूप में खाया जाता है।

यहाँ *झड़बेरी* भी बहुतायत में होती है। इसकी पत्तियों को *पाला* कहते हैं। इस पर बेर लगते हैं। इसकी कँटीली डालियों को बाड़ बनाने के काम में लिया जाता है। इस छोटे से वृक्ष ने इस रूप में यहाँ के लोगों की खूब सहायता की है। *झड़बेरी* की जड़ की छाल को *राँगजड़* कहते हैं। *राँगजड़* से शराब बनाई जाती है और यह चमड़े को रँगने में भी उपयोगी है। *राँगजड़* के पानी को घाव आदि धोने और प्रसूति के समय भी काम में लिया जाता रहा है। इसे प्राचीनकाल का डिटॉल कह सकते हैं। सरकना या सरकंडा यहाँ बहुतायत में मिलता है। सरकंडे को ही धनुष के तीर बनाने के काम में लिया जाता है और इसकी मूँज की रस्सी भी बनाई जाती है। *झोंपड़े (टापी), छाज, सरकी, मूढ़े, खारियाँ, खुड्डी, झाड़ू* आदि बनाने में इसका विशेष महत्त्व है। *फोग* भी यहाँ खूब होते हैं। आक भी बहुतायत में मिलता है। इसके रेशे से रस्सियाँ, आसन बनाए जाते हैं। इसका दूध चमड़ा साफ करने के काम में आता है। खैर के पौधे से अच्छी किस्म का गोंद तैयार होता है। इनके अलावा कीकर (बबूल), रोहिड़ा, शीशम, नीम, पीपल, बड़, पीलू (जाल) सिरस, पहाड़ी अशोक, गोंदी, फिरास आदि अनेक प्रकार के पेड़ मिलते हैं।[69] गोंदी के पत्ते मुँह में छाला होने पर उसे ठीक करने के लिए खाए जाते हैं। फिरास पेड़ की छाल के पाउडर को जले हुए अंग को ठीक करने के लिए लेप के रूप में इस्तेमाल किया जाता है। पीपल और नीम जैसे वृक्ष अधिकतर गाँव और कस्बों में मिल जाते हैं, क्योंकि वहाँ इन्हें आवश्यकता अनुसार जल मिल जाता है। पीपल और नीम भी औषधीय गुणों से संपन्न हैं। इनके अलावा *कैर, खींप, धतूरा, ग्वारपाठा (घृत कुमारी), थूहर, बुई, सणियाँ* आदि भरपूर मिलते हैं।[70] कई प्रकार की औषधीय जड़ी-बूटियाँ भी चूरू मंडल में मिलती हैं। इनमें *कंकरूदा, कुरंड, कंटाई, खरेंटी, गिलोय, गगैरण, गोखरू, जलभ्गैरा, इंद्रायण, ऊँटगण, मकोय, मुरायली, अश्वगंधा, शंखावली, सदाबहार, पुनर्नवा, रींगणी* इत्यादि शामिल हैं।[71] फूलों के भी अनेक पौधे यहाँ मिलते हैं। कस्बों में मेहँदी, मुरब्बा, केवड़ा, कनेर, गैंदा, ढ़म-ढ़म, चमेली, गुड़हल, गुलाब भी मिलते हैं।[72] चूरू मंडल के मरुस्थलीय क्षेत्र में वृक्ष एवं झाड़ियों की जड़ें, मोटी और लंबी, तने कँटीले, छाल मोटी, पत्तियाँ छोटी, चिकनी और गूद्‌देदार होती हैं। इनके कारण वाष्पोत्सर्जन कम होता है।

---

69. महेश कुमार बबेरवाल, पूर्वोक्त, पृ. 68।
70. लेखिका द्वारा सर्वेक्षण के दौरान एकत्रीत की गई जानकारी।
71. वही।
72. वही।

पशुधन

राजस्थान की अर्थव्यवस्था में पशुधन की महत्त्वपूर्ण भूमिका है। चूरू मंडल में गाय, बैल, भैंस, ऊँट, भेड़, बकरी आदि पालतू पशु पाए जाते हैं। पालतू पशुओं की संख्या यहाँ जंगली जानवरों की अपेक्षा अधिक है। इस मंडल के गाँवों में तीन-चौथाई जनसंख्या रहती है और इन क्षेत्रों में जनसाधारण की जीविका मुख्यत: कृषि एवं पशुपालन पर ही निर्भर है। रेगिस्तान का जहाज ऊँट यहाँ का सबसे मुख्य पशु है। ऊँट से बिजाई, बुआई, वज़न ढोने और यातायात के रूप में अनेक काम लिये जाते हैं। यहाँ के ऊँट उत्तम किस्म के होते हैं।[73] गाय और भैंसों को अनेक लोग व्यवसाय के रूप में भी पालते हैं। चूरू मंडल में ऊन की गुणवत्ता अच्छी होती है। राजस्थान की ऊन का 12 प्रतिशत यहाँ मिलता है।[74] यहाँ पहाडो़ं एवं जंगलों का अभाव है, जिसके कारण शेर, चीते, रीछ आदि भयंकर जंतु तो नहीं है, लेकिन जरख, *रोझ (नील गाय)* प्राय: मिल जाते हैं। सामान्यत: जंगली जानवरों में हिरण, लोमड़ी, खरगोश, झाऊचूहा, चूहा आदि मिलते हैं। तालछापर में काले हिरणों से प्रसिद्ध एक अभयारण्य है—तालछापर अभयारण्य। इसमें वन्य पशुओं में काला हिरण, गीदड़, रोझ, चिंकारा, कुत्ता, खरगोश, जंगली बिल्ली आदि पाए जाते हैं। यहाँ का मुख्य वन्य प्राणी काला हिरण (कृष्ण मृग) है। वर्तमान में 719 हेक्टेयर क्षेत्र में फैले इस अभयारण्य में लगभग 1800 कृष्ण मृग हैं। कृष्ण मृग लंबी-लंबी छलाँग लगाकर दौड़ने वाला बहुत सुंदर प्राणी है। यह 60-80 किलोमीटर प्रति घंटे तक की रफ्तार से दौड़ सकता है।[75]

अकाल

इस क्षेत्र में अनिश्चित मात्रा में वर्षा होने के कारण लगभग हर तीसरे वर्ष अकाल पड़ते थे। कभी-कभी तो लगातार कई साल तक अकाल की स्थिति रहती थी, इसलिए यहाँ एक कहावत है *तीजो कुरियों, आठवाँ काल,* अर्थात् प्रति तीन साल में अर्द्ध-अकाल एवं प्रति आठवें साल भयंकर अकाल पड़ता था। भूख से पीड़ित लोगों को न खानेवाली वस्तुओं को खाने के लिए विवश होना पड़ता था। भूखे लोग दुर्भिक्ष के दिनों में प्राय: *भरूंट घास* के बीज, बेर की गुठली और खेजड़े की छाल को कूटकर और आटा बनाकर खाते थे।[76] अकाल के समय प्राण बचाने के लिए लोग अपने पालतू पशुओं को खुला

---

73. *मरु भारती* (संपा.) कन्हैयालाल सहल, पिलानी, अक्तूबर, 1965, जनवरी, 1966।
74. *स्मारिका,* ग्रामीण औद्योगिकरण परियोजना, चूरू, 1967, पृ. 13।
75. *द छापर सेंचुरी,* डिपार्टमेंट ऑफ फोरेस्ट, डिप्टी कंजर्वेशन ऑफ फोरेस्ट, चूरू।
76. *बाकीदास री ख्यात,* पूर्वोक्त, पृ. 76।

छोड़ देते थे, घरों के *भींटखे*[77] लगा देते थे[78] और सोचते कि यदि जीवित रहे तो फिर आकर अपने घर में बसेंगे अन्यथा जहाँ जाएँगे, वहीं रहेंगे। ऐसी विकट स्थिति में अनेक लोग कष्ट झेलकर मर जाते थे।

भूख से पीड़ित लोग प्रायः स्वयं को और बच्चों को कौड़ियों के भाव बेच देते थे। जागीरदार, धनी लोग, मठों-मंदिरों के महंत और आश्रमों के साधु आदि इन्हें खरीदकर गुलाम या चेले बना लेते थे। अभावग्रस्त कई लोग इन यंत्रणाओं से छुटकारा पाने के लिए आत्महत्या कर लेते थे। इस कारण इस मरुस्थली को जेम्स टॉड ने *मृत्यु स्थली* कहा है। पानी के अभाव वाले चूरू मंडल में अधिकतर भू-भाग में पानी क्षारीय है। अकाल के समय अनेक पशु-पक्षी पानी न मिलने से मर जाते थे। अतः अनावृष्टि ही अकाल का मुख्य कारण होता है। कभी-कभी अतिवृष्टि में टिड्डियों के दल घिर आते थे और पकी हुई फसल नष्ट कर देते थे। नगरों के लोग अकाल पीड़ित व्यक्तियों की सामर्थ्य अनुसार मदद करते थे, सदाव्रत लगवाते और अकाल पीड़ितों को मजदूरी देने के लिए सार्वजनिक स्थानों का निर्माण करवाते थे। वि.सं. 1956/1899 ई. में चूरू के दूधवाखारा गाँव में अकाल के समय सेठ तेजपालजी जमुनादास बजाज ने एक पक्का तालाब अकाल पीड़ितों को रोजगार देने के लिए बनवाया था।[79] सन् 1294 ई. में यहाँ भयंकर अकाल पड़ा था। तब बहुत बड़ी संख्या में अकालग्रस्त व्यक्तियों ने दिल्ली पहुँचकर यमुना में डूबकर प्राण त्याग दिए थे। उनके शवों ने यमुना के बहाव को अवरुद्ध कर दिया था। वि.सं.1312-1315 (सन् 1255-58 ई) में भी अकाल पड़ा, लेकिन वि.सं. 1392/1335 ई. का अकाल इतना भयंकर था कि भूख से पीड़ित लोग मांस-भक्षी बन गए। वे जानवरों की खाल और उनके मृत शरीर खाने लगे।[80] चूरू मंडल के रेणी और फोगपतन (फोगां) नामक नगर भी अकाल के कारण नष्ट हुए थे।[81] विक्रमी संवत् 1542/1485 ई. में भी अकाल पड़ा। इसी वर्ष जंभोजी ने चूरू मंडल के निकट ही समराथल नामक जगह पर बिश्नोई संप्रदाय का प्रवर्तन किया और अकाल पीड़ितों की सहायता की थी।[82] वि.सं. 1635/1678 ई. में भी भयंकर अकाल पड़ा।[83] वि.सं. 1634/1577 ई. में चूरू क्षेत्र में

---

77. *भींटखे*-घर के चारों ओर कंटीली झाड़ियों की दीवार बनाना।
78. गोविंद अग्रवाल, पूर्वोक्त, पृ. 13।
79. *यह पक्का तालाब और गऊघाट सेठ तेजपालजी जमुनादास बजाज बिसाऊ निवासी मिरजापुरवालों ने वि.सं. 1956 में बनवाया''*। चूरू मंडल में दूधवाखारा गाँव के तालाब पर स्थित शिलालेख का पाठ।
80. दशरथ शर्मा, *अर्ली चौहान डाइनेस्टिज,* पृ. 309-10।
81. मुंशी सोहन लाल, पूर्वोक्त, पृ. 39; गौरीशंकर हीराचंद ओझा, पृ. 63।
82. हीरा लाल माहेश्वरी, *जंभोजी बिश्नोई संप्रदाय और साहित्य,* पृ. 238।
83. गौरीशंकर हीराचंद ओझा, पूर्वोक्त, प्रथम भाग, पृ. 204।

भयंकर ओलावृष्टि हुई।[84] उससे संभवत: सारी फसलें नष्ट हो गईं और अगले साल भयंकर अकाल की स्थिति बन गई। वि.सं. 1812/1753 ई. में 1860/1803 ई.और वि.सं. 1869/1812 ई. में भी अकाल पड़े। पुन: वि.सं.1891 एवं 1834 ई. और वि.सं. 1905/1848 ई. में भयंकर अकाल पड़े।[85]

इसी तरह सन् 1891–92, 1896–97 ई. और 1899–1900 ई. (वि.सं. 1956) में भी भयानक अकाल पड़े।[86] सबसे भयंकर अकाल वि.सं.1956/1899 ई. में पड़ा। इसका प्रभावित क्षेत्र काफी विस्तृत था। इस अकाल को राजस्थान के इतिहास में *छप्पनिया अकाल* के नाम से जाना जाता है। बीकानेर नगर में स्थानीय नागरिकों की मदद के लिए राज्य की ओर से दो अन्न क्षेत्र खोले गए। चूरू और राजगढ़ में स्थानीय सेठों ने अन्न क्षेत्र खोले। पुरुषों, स्त्रियों और बच्चों को क्रमश: 465, 415 और 292 ग्राम राशन दिया जाता था।[87] बाद में सन् 1915–16, 1918–19 और 1939–40 ई. में भी दुर्भिक्ष पड़े। सन् 1939–40 के अकाल में स्थानीय तथा मंडल के प्रवासी नागरिकों ने अकाल पीड़ितों को सहायता दी। चूरू तथा सरदार शहर की नगरपालिकाओं ने भी उनके अधीनस्थ क्षेत्रों में सड़कें बनाई थीं। स्वतंत्रता प्राप्ति के बाद भी कई अकाल पड़ चुके हैं, जिन्होंने आंशिक रूप से मंडल को प्रभावित किया है। लगातार अकाल एवं दुर्भिक्ष पड़ने के कारण जनसामान्य को अनेक रोगों का सामना करना पड़ता था, हालाँकि चूरू मंडल की जलवायु अधिकतर आरोग्यवर्धक रही है।[88] फिर भी यहाँ के प्राणी रोग से अछूते नहीं रहे। वि.सं. 1956/1899 ई. के भयंकर अकाल के साथ-साथ *विशूचिका* (प्लेग) की महामारी फैली थी, जिससे बहुत से लोगों की अकाल मृत्यु हुई थी। तब हालात बड़े भीषण थे। एक-दो दस्त और उलटी होते ही लोगों की जान चली जाती थी।[89] इस प्रकोप से बचने के लिए लोग दूसरी जगह चले गए थे। अकेले चूरू नगर में इस महामारी से छह हजार लोग पीड़ित हुए थे। तब 20 दिनों में 1200 लोगों को जान से हाथ धोना पड़ा था।[90]

---

84. *दलपत विलास* (संपादित), रावत सारस्वत, पृ. 57–58।
85. गौरीशंकर हीराचंद ओझा, पूर्वोक्त, प्रथम भाग, पृ. 204 पाउलेट, *गजेटियर ऑफ बीकानेर स्टेट*।
86. *बीदावतों की ख्यात* (अप्रकाशित), ठा. बहादुर सिंह, *नगर श्री* चूरू, पृ. 103, 209।
87. *राजस्थान जिला गजेटियर,* चूरू, पृ. 93–94 ; के.डी अर्सकिन, *राजपूताना गजेटियर* में 9, 8 और 5 छटाँक राशन देना लिखा है।
88. *शोध सरस्वती,* राजस्थान प्राच्य विद्या प्रतिष्ठान, जोधपुर में शोध अधिकारी डॉ. वसुमति शर्मा द्वारा प्रेस नोट से उद्धृत, पृ. 63।
89. गौरीशंकर हीराचंद ओझा, पूर्वोक्त, पृ. 504, 505।
90. गोविंद अग्रवाल, *स्वामी गोपालदासजी का व्यक्तित्व एवं कृतित्व,* लोक संस्कृति शोध संस्थान, नगर श्री, चूरू, वि.सं. 2015, पृ. 88।

चिकित्सा व्यवस्था

चूरू ठिकाने में घावरिए[91] रहते थे। ये रणभूमि में घायल हुए लोगों का उपचार करते थे। इनकी औरतें भी चिकित्सा करती थीं।[92] आदिवासी लोग जड़ी-बूटियों या फिर *सीगड़ी* आदि लगाकर इलाज करते थे। घर में दादी-नानी विभिन्न प्रकार के घरेलू नुस्खों से भी इलाज करती थीं। इन घरेलू नुस्खों को लोग आज भी अपनाते हैं। प्रसूति कार्य में अनुभवी *दाइयाँ* होती थीं। *दाई* सफीना का नाम विख्यात है। चिकित्सा के आधुनिकीकरण के रूप में फरवरी, 1895 ई. में चूरू के किले में 'रायबहादुर भगवानदास बाघला अस्पताल' की नींव रखी गई। इसमें दो वार्ड जनाना और मर्दाना भी बनाए गए। अस्पताल का शिलान्यास बीकानेर के तात्कालिक पोलिटिकल एजेंट लेफ्टि. कर्नल डब्लू लॉक साहिब ने किया था।[93] रायबहादुर भगवानदास बाघला ने राजधानी बीकानेर में भी एक अस्पताल बनवाया था। इन सबका विस्तृत ब्योरा बीकानेर राजपत्र दिनांक 1 मार्च, 1895 ई. में छपा था। पशुओं की चिकित्सा हेतु कई पशु चिकित्सालयों की स्थापना भी की गई थी।

उद्योग

अपनी भौगोलिक परिस्थितियों के कारण राजस्थान प्रारंभ से ही औद्योगिक रूप से पिछड़ा राज्य रहा है। राज्य का करीब 61 प्रतिशत भाग मरुस्थलीय है। जहाँ वर्षा प्राय: बहुत ही कम होती है। यहाँ की परिस्थितियाँ उद्योगों की स्थापना में सकारात्मक योगदान नहीं कर पाती हैं। देश की स्वतंत्रता के समय भी राज्य में उद्योगों की संख्या नगण्य थी। चूरू मंडल में भी पानी एवं कच्चे माल का अभाव सदैव रहा है। इनकी कमी की वजह से यहाँ कोई भी बड़ा उद्योग नहीं है। हाँ, यहाँ अनेक लघु उद्योग हैं, जैसे—ऊनी उत्पाद बनाना, खादी उद्योग, मिट्टी के बर्तन, साबुन उद्योग, खेस-दरी, टाट-पट्टी, बंधेज की रँगाई-छपाई से संबंधित उद्योग यहाँ हैं। इसी जगह छापर झील से नमक भी बनाया जाता है।

सांस्कृतिक एवं धार्मिक स्थल

चूरू मंडल अपने दर्शनीय स्थलों के लिए भी प्रसिद्ध रहा है। सालासर में हनुमानजी एवं लोक देवता गोगाजी की जन्मस्थली ददरेवा के दर्शन और मेलों के कारण चूरू इस मंडल में दर्शनार्थियों का आना-जाना निरंतर बना रहता है। नगर श्री संग्रहालय, मालजी

---

91. *घावरिया*—चिकित्सक (सीताराम लालस, *राजस्थानी हिंदी संक्षिप्त शब्द कोश,* भाग-1, पृ. 162)।
92. *चूरू चंद्रिका,* पूर्वोक्त, पृ. 28।
93. वही, पृ. 28।

का कमरा, नाथजी का धोरा, सेठाणी का जोहड़ा और भव्य-विशाल हवेलियों को देखने के लिए दर्शनार्थियों का ताँता लगा रहता है। चूरू में सर्वधर्म सद्‌भाव का प्रतीक धर्म-स्तूप, देपालसर का गणेश धाम, जीण और हर्ष की जन्मस्थली—घांघू, हनुमानगढ़ी, जामा मसजिद, चूरू का अनूठा गढ़, सालासर में हनुमानजी, द्रोणाचार्य का गाँव, स्यानण गाँव की डूँगरी, कृष्ण मृग अभयारण्य, तालछापर, तिरुपति बालाजी मंदिर, सुजानगढ़, कालाजी भैरव, डूँगर बालाजी, जैन मंदिर तारानगर, साहवा का गुरुद्वारा, राव कांधलजी का स्मारक, श्याम पांडिया, ददरेवा के लोक देवता गोगाजी और फोंगा भी यहाँ के मुख्य दर्शनीय स्थल हैं।[94] राजस्थान राज्य का चूरू मंडल लोकानुरंजन के लिए चहुँओर प्रसिद्ध रहा है। संस्कृति के क्षेत्र में यहाँ के परंपरागत संस्कारों, लोक रीति-रिवाजों और प्रचलित जीवन शैलियों ने भी जन-जीवन को संस्कारित किया है।

□

94. स्वयं अवलोकन कर जानकारी एकत्रीत की।

2

जल एवं जल संसाधन

जल ही जीवन है। जल के बिना जीवन की कल्पना ही नहीं की जा सकती है। तभी तो कहा जाता है कि जल है तो कल है, नहीं है तो कुछ भी नहीं है। इसलिए मानव जीवन में जल और जल संसाधनों का बहुत ज्यादा महत्त्व है। प्रस्तुत अध्याय में जल की उत्पत्ति, जल-विज्ञान, जल का महत्त्व, जल संसाधन एवं प्राप्ति के साधन तथा वर्षा जल, सतही जल, भूमिगत जल आदि के संग्रहण, संरक्षण और संवर्धन का विश्लेषण किया जा रहा है।

जल वर्णन की साहित्यिक एवं वैज्ञानिक व्याख्याएँ

सृष्टि के आधारभूत पंच महाभूतों में पृथ्वी को ठोस, जल को द्रव, अग्नि को ऊर्जा, वायु को गैस और आकाश को ईथर कहा गया है। पुराणों के अनुसार जल से ही पृथ्वी की रचना हुई है और अंततः पृथ्वी जल में निमग्न होकर प्रलय को प्राप्त होती है।[1]

विज्ञान कहता है कि सृष्टि की रचना नेबुला से हुई है। विज्ञान के अनुसार सृष्टि में 105 मूल तत्त्व हैं। इन्हीं तत्त्वों के योग-वियोग से सृष्टि के विविध पदार्थ पैदा हुए है।[2] वैज्ञानिक सृष्टि रचना की इस प्रक्रिया को अपने आप होने वाला मानते हैं। इसके पीछे किसी अन्य सत्ता के अस्तित्त्व को नहीं मानते हैं।

---

1. *मत्स्य पुराण (कल्याण)*, महाप्रलय वर्णन, 166वाँ अध्याय, श्लोक 9-27, गीताप्रेस गोरखपुर, पृ. 323; सुखनंदन सिंह 'सदय', *विहंगम योग एक झलक*, पृ. 40; प्रकाश पुरोहित, *आज भी प्रासंगिक है परंपरागत जल स्रोत*, प्रथम संस्करण, महाराजा मानसिंह पुस्तक प्रकाशन शोध केंद्र, जोधपुर, 2008, पृ. 17; वाई.डी. सिंह, *राजस्थान की झीलें और तालाब*, प्रथम संस्करण महाराजा मानसिंह पुस्तक प्रकाशन शोध केंद्र, जोधपुर, 2002, पृ. 21।
2. सुखनंदन सिंह 'सदय', पूर्वोक्त, पृ.155

रासायनिक रूप से दो गैसों हाइड्रोजन के दो अणुओं और ऑक्सीजन के एक अणु से मिलकर जल बनता है। इसमें हाइड्रोजन सबसे तीव्र ज्वलनशील है, लेकिन ऑक्सीजन की उपस्थिति के बिना कोई भी वस्तु जल नहीं सकती। ज्वलनशील गैस हाइड्रोजन और ऑक्सीजन के मिलन से अग्निशमन का कारक जल बनता है।[3] यही जल मानव जीवन का श्रेष्ठ और मूल आधार है।

इतिहास गवाह है कि आदि मानव ने जल की उपयोगिता को समझकर ही उसी के आस-पास रहने के प्रयत्न आरंभ किए थे। विश्व की सभी प्राचीन सभ्यताएँ नदियों की घाटियों में ही पल्लवित और पुष्पित हुईं।[4] मिस्रवासी नील नदी के जल प्लावन को अच्छी तरह से समझते थे। अनेकानेक तथ्यों से प्रमाणित होता है कि मिस्र के लोगों ने ईसा से 300 वर्ष पूर्व जल घड़ी का आविष्कार कर लिया था। विश्व में मिस्र और चीन के लोगों को सिंचाई का सर्वोपरि ज्ञान था। भारतीय लोग तालाबों और अन्य सिंचाई साधनों के जानकार थे।[5] थार मरुस्थल के समाज में भी अपनी लगन और मेहनत से पारंपरिक जल प्रणाली से सिंचाई की जाती थी।[6]

जिस प्रकार विश्व की प्राचीन सभ्यताओं का विकास नदियों के किनारों पर हुआ है, उसी प्रकार विश्व के प्रमुख शहर भी इन्हीं नदियों के किनारे विकसित हुए हैं, जिनमें थेम्स नदी के किनारे लंदन, बैंजर के किनारे ब्रोमेन, राइन के किनारे कोलोन, वोलार के किनारे लेनिनग्राद, यांगटीसी के किनारे नानकिंग, मिसीसिपी के तट पर सेंट लुई तथा भारत में गंगा नदी के किनारे कानपुर, वाराणसी और हरिद्वार, हुगली के किनारे कोलकाता, यमुना के तट पर दिल्ली और आगरा बसे हुए हैं।[7] ऐतिहासिक साक्ष्य बतलाते हैं कि जल के लिए समय-समय पर अनेक युद्ध हुए हैं। जो देश शक्ति संपन्न थे, वे विजयी हुए। उन्होंने जल से अनेक विकासशील कार्य किए। जो निर्बल थे, वे पराजित हुए और उन्हें जल की कमी से कई परेशानियाँ झेलनी पड़ीं। जल की बदौलत बंजर भूमि हरी-भरी हो

---

3. प्रकाश पुरोहित, पूर्वोक्त, जोधपुर, 2008, पृ. 17।
4. एस.एल. नागौरी, *विश्व की सभी प्राचीन सभ्यताएँ,* प्रथम संस्करण, श्री सरस्वती सदन, नई दिल्ली, 1992, पृ. 295-97; ईश्वर सिंह राणावत, *राजस्थान के जल संसाधन,* पृ. 33; वाई.डी. सिंह, पूर्वोक्त, पृ. 3।
5. बी.एन. लूणिया, *भारतीय सभ्यता तथा संस्कृति का विकास,* आगरा, 1952, पृ. 22; पंडित मिहिरचंद, *शुक्रनीति,* अध्याय 4, श्लोक 25-26, बंबई, 1907 ई., पृ. 117; ईश्वरसिंह राणावत, पूर्वोक्त, पृ. 33।
6. बी.एल. भादानी, *राज्य एवं जल; दोहन, संग्रहण और उपयोग* (प्रारंभ से 17वीं सदी तक), अध्यक्षीय भाषण, 23वाँ अधिवेशन, रा. हि. कां, 30-31 मार्च, 2008; बी.एल. भादानी ऐंड जिब्राईल (संयुक्त लेख), 'टेक्नीक्स ऑफ इरीगेशन इन दी डेज़र्ट एरिया ऑफ फलौदी इन मेडिवल टाइम्स', *प्रोसिडिंग्स रा.हि.कां,* सेशन XXIII बीकानेर, 2008, पृ. 36-43।

गई और जल के अभाव से हरे-भरे प्रदेश शुष्क मरुस्थल में परिवर्तित हो गए। विभिन्न देशों के बीच पारस्परिक व्यापारिक कार्यों के रूप में अंतरराष्ट्रीय शांति का आधार भी जल ही है। स्वेज, पनामा आदि नहरों से विभिन्न देशों की एक-दूसरे से दूरी कम हुई है।[8] पंद्रहवीं शताब्दी में जल वर्णना का सैद्धांतिक रूप सामने आने लगा था। जलवर्णना विज्ञान के निरंतर बढ़ते हुए महत्त्व एवं शोधपूर्ण कार्यों से इसको चार मुख्य शाखाओं में इस प्रकार बाँटा गया है।[9]

1. सरिता विज्ञान : इसमें धरातल पर बहते जल का अध्ययन किया जाता है।

2. ताल-सरोवर विज्ञान : यह शाखा सरोवर एवं झीलों का अध्ययन करती है।

3. भूमिगत जल विज्ञान : धरातल के नीचे स्थित जल का अध्ययन इसके तहत किया जाता है।

4. हिमनद विज्ञान : यह तुषार एवं हिमजल का अध्ययन करने वाली शाखा है।

जलवर्णना का महत्त्व किसी सीमा से बँधा हुआ न होकर अंतरराष्ट्रीय महत्त्व का हो गया है। इसी कारण इस पर बहुत ज्यादा शोध कार्य हुए हैं। विज्ञानियों, विचारकों के चिंतन और शोध कार्यों से जल वर्णना की कुछ और शाखाएँ भी सामने आई हैं।[10] जैसे जलवायु विज्ञान, जल मापन विज्ञान, इंजीनियरिंग जल विज्ञान, सांस्कृतिक जल विज्ञान, वैज्ञानिक जल विज्ञान, भूमिगत जल विज्ञान।

यजुर्वेद के अध्याय 16 के प्रथम सूक्त में बताया गया है कि जल के निर्माण के लिए तत्त्वों को मिलाने के लिए विद्युत् की आवश्यकता होती है।

उससे मित्र और वरुण, दोनों तत्त्वों के परस्पर मिलने से विरोधी तत्त्वों का विनाश हो जाता है। मित्र तथा वरुण अर्थात् 0_2 तथा H_2 के मिलने से जल बनता है। इसके बाद वर्षा होती है। इनके न मिलने से वर्षा नहीं होती है। अंतरिक्ष में विद्युत् के सहयोग से दोनों तत्त्वों के मिलन से जल निर्माण होता है।[11] मेघों में विद्युत् (बिजली) चमकने के अलग-अलग रंग बताए गए हैं। इन अलग-अलग रंगों के चमकने से परिणाम भी अलग ही आते हैं।[12]

---

7. रामकुमार गुर्जर एवं बी.सी. जाट, *संसाधन एवं पर्यावरण,* पंचशील प्रकाशन, जयपुर, 2009, पृ. 241।
8. वाई.डी. सिंह, पूर्वोक्त, पृ. 21।
9. *भू-दर्शन,* वर्ष 7, अंक 1-2, पृ. 10; ईश्वर सिंह राणावत, पूर्वोक्त, पृ. 33-34।
10. ईश्वर सिंह राणावत, पूर्वोक्त, पृ. 34 उद्धृत *भू-दर्शन,* वर्ष 7, अंक 1-2, पृ.13।
11. वीरसेन वेदश्रमी, *वैदिक संपदा,* दिल्ली 1973, पृ. 410 ।
12. ईश्वर सिंह राणावत, पूर्वोक्त, पृ. 36।

सारिणी संख्या 2.1

विद्युत् का रंग	परिणाम
कपिला	वायु चलती है
लाल	ताप में वृद्धि
पीला	वर्षा
काला	दुर्भिक्ष

इसलिए आज हम जिस जल को काम में ले रहे हैं, वही जल हजारों वर्ष पहले पृथ्वी के किसी भाग में वर्षा के रूप में गिरा था। जल की बूँद-बूँद का यह निरंतर और अपरिहार्य परिभ्रमण *जल चक्र* कहलाता है।

जल चक्र एवं जल की महत्ता

पृथ्वी पर उपलब्ध जल का लगभग एक प्रतिशत ही जलीय चक्र में भाग लेता है। तापमान जलीय चक्र में ऊर्जा का कार्य करता है। इस प्रकार धरातल पर स्थित विभिन्न जल स्रोतों जैसे झीलों, तालाबों, नदियों और समुद्रों में उपलब्ध जल का वाष्पीकरण होता है। यह जल वायुमंडल में प्रवेश करता है। इसके बाद तापमान कम होने के कारण संघनन होकर यह वाष्पीकृत जल वर्षा के रूप में पुनः पृथ्वी पर आ जाता है। इस प्रकार जल का चक्र पूरा होता है।[13] *जल चक्र* का अध्ययन लगभग 2000 वर्ष पूर्व किया गया था।[14] *जल चक्र* से जल सदियों से विविध रूपों में बदलता रहा है, इसीलिए जल से उत्पन्न शक्ति आधुनिक युग में सफेद कोयला कहलाती है।[15]

कुल मिलाकर जल चक्र वायुमंडल और जलमंडल में जल की निरंतर गतियों का क्रम है।[16] पृथ्वी पर संचालित होने वाले जल चक्र के अनेक अभिकरण इसकी गतिशीलता को प्रभावित करते हैं। इनमें वाष्पीकरण, वर्षा, जल अवरोध, वनस्पतियों से जल उड़ना, भूमि में जल रिसना, सोखना, संग्रह और प्रवाह जैसी अनेक प्रत्यक्ष एवं अप्रत्यक्ष और सूक्ष्म क्रियाएँ-प्रतिक्रियाएँ होती हैं।[17] इस प्रकार जल जीवन के लिए ही नहीं, बल्कि

---

13. रामकुमार गुर्जर, बी.सी. जाट, पूर्वोक्त, पृ. 223।
14. ईश्वर सिंह राणावत, पूर्वोक्त, पृ. 37।
15. श्रीराम शर्मा आचार्य, *यज्ञ का ज्ञान-विज्ञान,* मथुरा, 1995 ई., पृ.107; ईश्वर सिंह राणावत, पूर्वोक्त, पृ. 37।
16. चंद्रसिंह नेनावटी, *सामाजिक विज्ञान,* अजमेर, 2000 ई., पृ. 212।
17. रामकुमार गुर्जर, बी.सी. जाट, पूर्वोक्त, पृ.224।

भू-गर्भीय चक्र के लिए भी आवश्यक है।

शुद्ध जल संसाधन का कुल 23 प्रतिशत उद्योगों में भाप बनाने, भाप के संघनन, रसायनों के विलयन, इस्पात उद्योग में लोहा ठंडा करने के लिए, चमड़ा शोधन, रँगाई की लुगदी बनाने तथा अम्ल एवं क्षार बनाने के उपयोग में आता है।[18] जल से विभिन्न विकास योजनाएँ विद्युत् के मूल कारक जल की कम-ज्यादा मात्रा पर ही निर्भर हैं।[19] भौगोलिक रूप से शुष्क मरुस्थलीय राजस्थान वर्षा जल पर ही निर्भर है। बीकानेर बहियात के अध्ययन के अनुसार जिस स्थान पर जल उपलब्ध होता था, वहीं नई बसावट की जाती थी।[20] इस प्रकार जल जीवन का आधार है। औसत वर्षा में न्यूनतम दर वाले चूरू मंडल में न कोई *बारहमासी* नदी है और न ही यहाँ का भूमिगत जल मीठा है। इस रूप में यहाँ जल का नितांत अभाव है। इसी कारण लोग जल की एक-एक बूँद को महत्त्वपूर्ण मानकर जल व्यर्थ नहीं जाने देते हैं।

जल संसाधन एवं प्राप्ति के साधन

जल प्राकृतिक संसाधन है। वैज्ञानिक दृष्टिकोण से जल पारदर्शी, स्वाद एवं गंधहीन तत्त्वों का सरलतम मिश्रण है। जल में विलयता तथा गतिशीलता का गुण होता है। जल ही ऐसा संसाधन है, जो आसानी से एक स्थान से दूसरे स्थान तक पहुँच जाता है। जल सामान्य ताप पर नहर के माध्यम से खेत तक पहुँचकर सिंचाई के काम में आता है। जल सामान्य ताप पर कम वाष्पीकृत होता है। इस कारण इसे एक से दूसरे स्थान तक स्थानांतरित किया जा सकता है।[21] जल के इसी गुण के कारण हिमालय से निकलने वाली नदियों का जल नहरों के माध्यम से सूखा प्रभावित क्षेत्रों में पहुँचाया जाता है। जल का धीरे-धीरे या तेज बहना, उसके जल दाब पर निर्भर करता है। जल की तीन अवस्थाएँ हैं—ठोस अवस्था बर्फ कहलाती है, द्रव अवस्था पानी और गैस अवस्था भाप।[22] जल के ठोस, ठोस से द्रव और द्रव से गैस में बदलने के लिए बहुत ज्यादा ताप की आवश्यकता होती है। जल में बहुत अधिक ताप समा लेने की क्षमता होती है। यही ताप निहित ताप कहलाता है। जल के निहित ताप से न गरमी अधिक होती है और न ही सर्दी। इसी कारण समुद्र या जलाशयों के निकट जलवायु समशीतोष्ण रहती है। पृथ्वी का संपूर्ण जलीय भाग जल मंडल कहलाता है, जिसमें द्रव, जल, वाष्प, हिम को सम्मिलित किया जाता

---

18. रामकुमार गुर्जर, बी.सी. जाट, पूर्वोक्त, पृ. 241।
19. वाई.डी. सिंह, *राजस्थान की झीलें और तालाब,* पृ. 242।
20. *कागद बही,* नं. 24, वि.सं. 1875/1818 ई., पृ. नं. 38 एपफ-2ए, बीकानेर रिकॉर्ड्स, रा.रा.अ.बी.।
21. ईश्वर सिंह राणावत, पूर्वोक्त, पृ. 45।
22. *हिंदुस्तान,* 'नंदन', 19 मार्च, 2013, दिल्ली संस्करण, पृ. 1।

है। महासागरों, नदियों, झीलों तथा तालाबों, हिम आवरण, हिमनद, हिमक्षेत्रों, भूमिगत क्षेत्र में संतृप्त तथा असंतृप्त भाग तथा भू-सतह से ऊपर स्थित वायु में विद्यमान जलीय मात्रा जल मंडल के भाग हैं।[23]

वर्षा जल

वर्षा जल को सहेजने के लिए मरुभूमि के निवासियों ने बहुत प्रयत्न किए हैं। अपने अनुभव को व्यवहार में लाने के लिए उन्होंने उपलब्ध पानी को तीन भागों में बाँटा है।[24] जल संसाधन प्राप्ति के साधन यथा वर्षा जल, सतही जल और भूमिगत जल हैं। जल के अनेक प्रकारों में से वर्षा जल सबसे महत्त्वपूर्ण है। वर्षा जल धरातल पर पहुँचकर विविध रूपों में परिवर्तित हो जाता है। हमारे देश में वर्षा मानसूनी[25] हवा से होती है।[26] वर्षा कराने में वायु ही सबसे प्रमुख कारक होती है।

राजस्थान में मानसून की हवा दो तरफ से आती है। एक अरब सागर की ओर से तथा दूसरी बंगाल की खाड़ी से। दोनों तरफ से आए बादल भी राजस्थान के कुछ हिस्सों में उतना पानी नहीं बरसा पाते हैं, जितना वे रास्ते में बरसाते आते हैं। दूर बंगाल की खाड़ी से उठने वाली मानसून की हवाएँ गंगा का विशाल मैदान पार करते-करते अपनी सारी नमी खो बैठती हैं। राजस्थान तक आते-आते उनकी झोली में इतना कुछ बचता ही नहीं है कि वे राजस्थान को भी ठीक से पानी दे सके। अरब सागर से उठी मानसून की यह हवा जब यहाँ के तपते क्षेत्र में आती है तो यहाँ की गरमी में उसकी आर्द्रता आधी रह जाती है।[27] इसमें भी पूरे प्रदेश को तिरछा काटने वाली अरावली की भी भूमिका है। विदित है कि चूरू मंडल में वर्षा के होने में सहायक प्राकृतिक संसाधनों का सर्वथा अभाव रहा है। न तो यहाँ गहन गिरि आच्छादित भूमि है, जिससे जल संकुल हवाएँ ऊँचे गिरि मस्तकों से टकराकर पानी-पानी होकर बरस पड़ें और न यहाँ सघन वनस्पति का ही प्राचुर्य है,

---

23. रामकुमार गुर्जर, बी.सी. जाट, पूर्वोक्त, पृ. 224।
24. अनुपम मिश्र, पूर्वोक्त, पृ. 27।
25. वायु ही जल ग्रहण करती एक स्थान से बहुत दूर तक ले जाती है, उसे परिपक्व करती है अर्थात् पचाती है और मेघ गर्भ से मरुत नामक वायु का विसर्जन होता है। इन्हीं चार परिस्थितियों को आदान, पातन, पचन और विसर्जन कहा गया है। गर्भ धारण करने के बाद भार बढ़ने पर वर्षण एवं फल प्राप्ति होती है। इसी बढ़ते हुए तापमान के कारण हवा का दबाव कम हो जाता है। उधर समुद्र में अधिक भार वाली हवा अपने साथ समुद्र की नमी बटोरकर कम दबाव वाले भागों की तरफ उड़ चलती है, इसी हवा को मानसून कहते हैं।

26. एच.एस. शर्मा, एम.एल. शर्मा, आर.एन. मिश्र, *भौतिक भूगोल*, पृ. 394।
27. अनुपम मिश्र, पूर्वोक्त, पृ. 17।

जिसके आकर्षण से वशीभूत होकर नभ मंडल में विचरने वाला *पर्जन्य* समुदाय वृष्टि करने के लिए अपने आप लाचार हो सके। यहाँ तो केवल स्वर्ण समान *बालुका* राशि का महासागर लहराता है, जो वर्षा कराने वाली शक्ति से नितांत शून्य है। इस मरु प्रदेश में विकट उष्मा ही एकमात्र ऐसी शक्ति है, जिसके प्रभाव से यहाँ यदा-कदा अल्प मात्रा में घन वृष्टि हो जाया करती है। विकट उष्मा सूर्य के प्रचंड ताप से विदग्ध वायुमंडल की उस भाररहित अवस्था की परिचायक होती है, जिसमें हवाएँ गमनमुखी प्रवाह में बह रही हों तथा पृथ्वी का जीव मात्र वायु के अभाव में व्याकुल हो जाता है। यहाँ की लोक भाषा में यह स्थिति *ऊमस* या *मरोड़ों* के नाम से प्रसिद्ध है। वस्तुतः *ऊमस* यहाँ वर्षा आगमन की शुभ घड़ी मानी गई है।[28]

वर्षा विज्ञान के विशेषज्ञों ने यहाँ वायुमंडल के आठ प्रवाह निर्धारित किए हैं, जिनका संबंध पूर्व से *ईषान* पर्यंत अष्ट दिशाओं के साथ प्रकट होता है, इन्हीं आठ प्रवाहों में से किसी एक द्वारा यहाँ वर्षा होती है। इस वर्षा का कोई समय नहीं है और न ही इनमें वर्षा कराने की तुल्य शक्ति होती है। इन सब में एक-दूसरे से बहुत भिन्नता रहती है।

रेखा चित्र सं.- 1.1

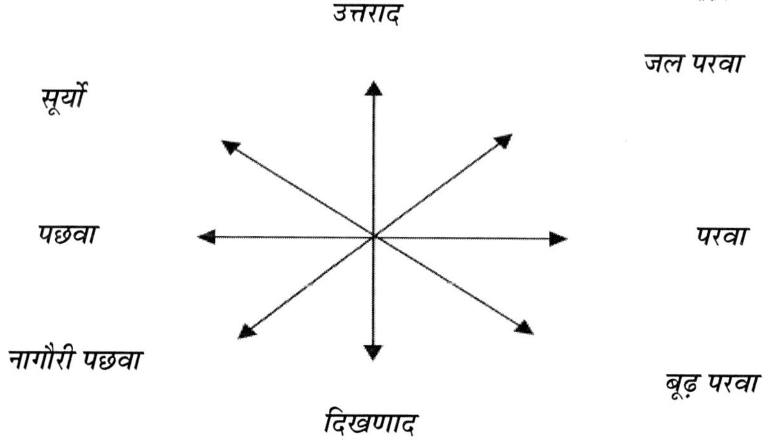

परवा (पूर्वी) वायु में सालभर नमी होती है। इसके चलने से आसमान में बादल जरूर बनते हैं और अगर इनसे सूखी हवा न टकराए तो वर्षा जरूर होती है। भाद्रपद में

28. *मरु भारती* (संपा.) कन्हैयालाल सहल, अंक-2, वर्ष 8, जुलाई, 1960, पृ. 39।

यह अत्यंत शक्तिशाली हो जाती है।[29] दूसरी हवा *बूढ़ परवा* है, जो शाश्वत जल वाष्प रखती है। इसका प्रवाह सभी ऋतुओं में वृद्धिकारक माना गया है। सर्दियों में इससे वर्षा होती है। *दिखणाद* (दक्षिण) हवा गरमी और बरसात में यहाँ कभी नहीं बहती। केवल सर्दी में यदा-कदा इसका प्रवाह वर्षा करने के लिए इस ओर चला आता है। इसी तरह से *नागोरी* हवा से गरमी एवं वर्षा ऋतु की अपेक्षा जाड़े में वर्षा अधिक होती है। इसका खाली चलना वर्षा का अवरोधक होता है। श्रावण माह में इसका प्रवाह अकाल का सूचक माना गया है।[30] *छ्वा* हवा जल वाष्प से संपन्न रहती है। इसमें साल भर वर्षा शक्ति निवास करती है। आश्विन मास में इसका अधिक जोर रहता है। *सूर्यो* हवा गरमी में यदा-कदा साधारण वर्षा करती है। यह श्रावण महीने में अधिक जोर पकड़ती है। *सूर्यो* हवा सूर्यकाल में अधिक बलवान बनती है। *उतराद* हवा इस प्रदेश में काली-पीली आंधियाँ उठाकर लाती है। श्रावण-भाद्रपद में इसमें नमी आ जाती है। देव संयोग से इसका मंद प्रवाह जारी हो जाए तो ऐसी घनघोर वृष्टि आती है, जो सैकड़ों कोसों तक *ताल-तलैया* जल पूरित कर डालती है। ऐसी वर्षा को *ल्हस का मेह* कहा जाता है, किंतु कई वर्षों से इस प्रकार की सशक्त वृष्टि का आगमन बंद सा हो चला है। वर्षा का समय मध्याह्न से सूर्योदय के पूर्व तक रहता है। *जल परवा* हवा वर्षा के मार्ग में अनुबंध उत्पन्न करने वाली होती है। इसके प्रवाह से आकाश मेघरहित ही रहता है। यदि इन प्रवाहों का उक्त महीनों में सावण में *सूर्यो* वायु, भादवे में *परवा* और आश्विन में *पछ्वा* चले तो वृष्टि बहुत अच्छी होगी, ऐसा माना जाता है।[31] जलवायु में होने वाले परिवर्तन कई बार पूर्वाभास दे जाते हैं, इन्हें वर्षा निमित्त कहते हैं। यदि हम इन पूर्वाभासों को पहले से समझ लें तो कुछ लाभ उठा सकते हैं। वृष्टि के निमित्तों का बोध कराने वाला एक वृष्टि विधा बोधक निमित्त शास्त्र भी है, जिसे लोक शास्त्र या समाज का अनुभव भी कह सकते हैं। वर्षा निमित्त से संबंध रखनेवाली वर्षा विषयक कहावतें राजस्थानी लोक भाषा में उपलब्ध हैं। एक कहावत के

---

29. एक कहावत है कि भादवे में परवा को अत्यंत शक्तिशाली देखकर सूर्य (वायव्य का प्रवाह) को अपार आश्चर्य हुआ तथा उसने परवा से पूछा—
सूर्यो कहवै ए परवा बाई। तू गढ़ा में कहाँ से ल्याई॥ परवा ने उत्तर दिया—
घड़ी दो चालण पाऊँ,
घर बैठी पणिहार भराऊँ। खूँटा बैठ्या पाडा प्याऊँ,
जद सूर्ये की भैण परवा कहाऊँ॥ — *मरुभारती*, वर्षा विज्ञान, वर्ष-8 जुलाई, 1960, पृ. 40
30. किसान लोग इस प्रवाह से डरते हैं—
नाड़ा तोड़ण बैल बिकावण। तूँ क्यूँ चाली आधै सावण।।
— *मरुभारती*, वर्षा विज्ञान, अंक वर्ष 8, जुलाई 1960, पृ. 40
31. *सावण चालै सूर्यो, भादूड़ै परवाई। आसोज में पछवा चालै, भर-भर गाड़ा ल्याई॥*
— *मरुभारती*, वर्षा विज्ञान, पूर्वोक्त, पृ. 42

अनुसार यदि पित प्रकृतिवाला मनुष्य घोर निद्रा में सोए अथवा वात प्रकृति वाले मनुष्य का सिर गरमी से दुखने लगे तो वर्षा बहुत जोर से होती है।[32]

विभिन्न पेशेवाले भी अपने-अपने अनुभव से पता लगा लेते हैं कि वर्षा कब होगी। जब *जड़ाव* पर कुंदन न लगे, *सिलाइयों* पर *कीट* जम जाएँ, बुनकर के कपड़े पर लगाई हुई पान शीघ्र न सूखे, जूते बनाते समय चमड़े पर लेही न चिपके, *ढोल, दमामा, ताशा* आदि चमड़े से मढ़े हुए बाजे ठीक से न बजे तथा दही मथने पर मक्खन न निकले तो समझो बहुत जोर से वर्षा होनेवाली है।[33] पशुओं के व्यवहार को जानकर भी वर्षा का अनुमान लगाया जाता है। यदि ऊँटनी इधर-उधर दौड़े और पैर पटके, किंतु बैठे नहीं,[34] भेड़ के मुँह से साबुन जैसा झाग निकलने लगे और बिल्लियाँ आपस मे लड़ें तो समझो जोरदार वर्षा होगी।[35] पक्षियों की चेष्टाओं से भी वर्षा का अनुमान लगाया जाता है, जैसे—यदि चिड़िया धूल में नहाने लगे, बगुले पंख फैलाकर चोंच से वायु का भक्षण करें, तीतर शब्द न करे, बहुत सी चीलें जमीन पर आ बैठें, *पपीहा पीऊ-पीऊ* करने लगे, मोर बारंबार बोलने लगे और पंखों का छत्र बनाकर नाचने लगे तो समझो जोरदार वर्षा होगी। कीट-पतंगों के व्यवहार से भी वर्षा का अनुमान लगाया जाता है। जब साँप, गोहरे, मेढक, चींटी, मकौड़े अपने अड्डों से निकलकर भूमि पर इधर-उधर फिरने लगें, *गिरगिट* बार-बार रंग बदले, मक्खी मनुष्यों की देह पर चिपक जाए तथा तितरी लगातार शोर मचाए, चींटियाँ अपने अंडों को मुख में लेकर इधर-उधर चलने लगें तो समझो बहुत वर्षा होगी।[36] वहीं यदि वर्षा ऋतु के आरंभ में लोमड़ियाँ अपनी *घुरी* (लोमड़ी के रहने की छोटी गुफा) ऊँचाई पर खोदे एवं परस्पर मिलकर क्रीड़ा करे तो जान लेना चाहिए कि वर्षा भरपूर होगी।[37]

---

32. *अत पित वाळो आदमी, सोवे निद्रा घोर। अणपढ़िया आतम थकी, कहै मेघ अति जोर॥ 1॥*
वात पित युत देह ज्यां, होय रहे धाम-धूम। अण्भणियां आगम कथे, रहे मेह की धूम॥ 2॥
—*राजस्थान की वर्षा संबंधी कहावतें,* वर्ष 4, अंक 2, जुलाई, 1956, पृ.9

33. *मरुभारती,* पूर्वोक्त वर्ष 4 अंक 2, जुलाई, 1956, पृ. 9 उद्धृत बिड़ला सेंट्रल लाइब्रेरी की एक हस्तलिखित प्रति में।

34. *आगम सूझै सांढणी, तोड़ै थला अपार। पग पटकै, बैसे नहीं, जड़ मेहा अणपार॥*
—सर्वेक्षण के दौरान ग्रामीणों से जुटाई जानकारी से संगृहीत

35. *मरुभारती,* पूर्वोक्त, वर्ष 4 अंक 2, जुलाई ,1956, पृ. 9; जगदीश सिंह गहलोत, *राजस्थानी कृषि कहावतें,* पृ.15।

36. *मरुभारती* (संपा.), पूर्वोक्त, वर्ष 4 अंक 2, जुलाई, 1956, पृ. 10, उद्धृत श्री नरोत्तम व्यास, *वर्षा विज्ञान,* पृ. 28-30।

37. *धुर बरसातै लूंकड़ी, ऊँची धुरी खिणंत। भेली होय ज खेल करै, जो जळधर अति बरसंत॥*
—सर्वेक्षण के समय श्री मानसिंह जांगिड़ का सुनाया दोहा

वर्षा संबंधी कहावती पद्यों में *घाघ, भड़ली* और *डाक* (डंक) तीन नाम मुख्य रूप से आते हैं। इनमें भड़ली पुराण ऐसी कहावतों से भरा हुआ है।[38] इसमें उल्लिखित कुछ कहावतें इस प्रकार हैं। यदि शुक्रवार की बदली शनिवार तक छाई रहे तो बरसे बिना नहीं जाती। यदि प्रातः इंद्रधनुष और सूर्यास्त के समय लाल किरणें दिखाई दें तो माना जाता है कि नदियों में अवश्य बाढ़ आएगी। इसी प्रकार यदि आषाढ़ में चंद्रमा सोमवार, बृहस्पतिवार या शुक्रवार को उदय हो तो डंक भड़ली से कहता है कि बड़े जोर की वर्षा होगी।[39] माघ और पौष महीने में कोहरा दिखाई पड़े, फाल्गुन में धूल उड़े और चैत्र में बिजली चमकती हुई दिखाई न दे तो बैशाख में वर्षा अवश्य होगी।[40] यहाँ का समाज नक्षत्रों के ज्ञान में भी पारगंत था और नक्षत्रों की स्थिति के अनुसार देश एवं समाज में खुशहाली और विपदा का पूर्वानुमान लगा लेता था।[41] समाज के अनुसार अक्षय तृतीया पर रोहिणी नक्षत्र न हो, रक्षाबंधन पर श्रवण नक्षत्र एवं पौष मास की पूर्णिमा के दिन मूल नक्षत्र नहीं हो तो संसार में विपत्ति आती है।[42] लोग आकाश गंगा को देखकर भी वर्षा का पूर्वानुमान लगा लेते थे। यदि अगस्त्य तारा उदय हो जाता है तो समझ लेना चाहिए कि वर्षा का अंत हो गया है अब और वर्षा नहीं होगी और[43] यदि हो जाए तो मूसलाधार

---

38. *मरुभारती*, पूर्वोक्त, वर्ष 4 अंक 2, जुलाई, 1956, पृ. 15; *रिपोर्ट मर्दुमशुमारी राज मारवाड़*, जोधपुर, 1891 ई., तीसरा हिस्सा, पृ. 212–13
39. *सुकरवार री बादरी, रही सनीचर छाय।*
    डक कहै हे भड़ली, बरस्यां बिना ना जाय॥
    उगते रो माछलो, आथेवते रो मोख।
    के कहै है भड़ली, नदिया चढसी गोख॥
    सोमा सुकरां सुरगुरा, जे चंदो ऊगंत।
    के कहै है भड़ली, जल थल एक करंत॥

    —*मरुभारती*, वर्ष–4, अंक 2, जुलाई, 1956, पृ. 10–11
40. *मावां पोवां धोधूकार, फागण मास उडावै छार। चैत मांस बीज लहकोवै, भर बैसाखा केसू धोवे॥*

    —सर्वेक्षण के समय ग्रामीणों से संगृहीत संकलन से
41. चंद्रमा के मार्ग में पड़नेवाले तारों के समूह को नक्षत्र कहते हैं। इनकी संख्या 27 है—
    अश्विनी, भरणी, कृत्तिका, रोहिणी, मृगशिरा, आर्द्रा, पुनर्वसु, पुष्य, अश्लेषा, मघा, पूर्वा, फाल्गुनी, उत्तरी फाल्गुनी, हस्त, चित्रा, स्वाति, विशाखा, अनुराधा, ज्येष्ठा, मूल, पूर्वाषाढ़ा, उत्तराषाढ़ा, श्रावण, श्रविस्ता (घनिष्ठा), शतमिशा, पूर्वाभाद्रपद, उत्तराभाद्रपद, रेवती

    —महावीर, *भड्डरी और उनकी कहावतें*, साहित्यवाणी, इलाहाबाद, 1991, पृ. 14
42. *अक्रवा रोहण बायरी, राखी सरबन न होय।*
    पे ही मूल न होय तो, म्ही डूलंती जोय॥

    —लेखिका द्वारा सर्वेक्षण के दौरान ग्रामीणों से संगृहीत संकलन से
43. *अगस्त ऊगा मेह पूगा।* —सर्वेक्षण, पूर्वोक्त

बारिश होगी।[44] इन कहावतों में एक बात समान है कि इनका मूल आधार नक्षत्र, पक्ष, महीना, दिन, तिथियाँ आदि थीं। इसी क्रम में यदि कार्तिक महीने के शुक्ल पक्ष की ग्यारस एकादशी को आकाश में बादल छाएं और बिजली चमके तो आषाढ़ में वर्षा अवश्य होगी।[45] वहीं यदि पौष मास की अंधेरी दशमी तिथि कृष्ण पक्ष को आकाश में बादल हों और बिजली भी चमके तो भादवे के पूरे महीने में खूब बरसात होगी, जिससे फसल अच्छी होगी और लोग तीज का त्योहार खुशी-खुशी मनाएँगे।[46]

वर्षा का पूर्वानुमान मौसम की प्रकृति से भी लगाया जाता था। यदि जेठ के महीने में खूब गरमी पड़े और सूर्य की तपिश से दिन तपे तो समझना चाहिए कि वर्षा ऋतु में बहुत बारिश होगी।[47] यदि माघ मास के शुक्ल पक्ष की *सत्तमी* (सप्तमी) को बिजली चमककर पानी बरसे और सर्दी भी खूब हो तो वर्षा ऋतु के चारों महीनों (चौमासा) में बहुत अच्छी बारिश होगी। फसल अच्छी होगी और किसानों को चिंता करने की आवश्यकता नहीं होगी।[48] आषाढ़ में यदि सूर्य ग्रह आगे और मंगल ग्रह पीछे रहे तो वर्षा अच्छी होती है और सर्वत्र आनंद रहता है। इसके विपरीत यदि आगे मंगल के पीछे सूर्य हो, तब वर्षा न के बराबर ही होती है।[49] इसी प्रकार यदि सावन महीने के कृष्ण पक्ष की एकम प्रतिपदा के दिन आकाश में बादलों की छाया में उगता हुआ सूर्य नहीं दिखाई पड़े तो चारों महीनों में निश्चित रूप से बहुत अच्छी बारिश होगी।[50]

यही नहीं, यहाँ के लोगों ने वर्षा आगमन के पूर्व लक्षणों को भी सृष्टि के विविध जड़-चेतन पदार्थों के माध्यम से आत्मसात् किया है। वस्तुतः उनकी सतत् एवं सशक्त साधना से इस विषय में खोज फलीभूत हुई है। उसी खोज का प्रत्यक्ष फल है कि इस

---

44. *अगस्त ऊगा मेह न मंडे। जो मंडे तो धार न खंडे॥* —सर्वेक्षण, पूर्वोक्त

45. *कातिक सुद एकादशी, बादल बिजुली होय। ते असाढ़ में भडुरी, बरखा चोखी होय॥*
—महावीर, पूर्वोक्त, पृ.17

46. *पौष मास दसमी दिवस, बादल चमकै बींज तौ बरसै भर भादवो, साधौ खेलो तीज॥*
—साक्षात्कार, सुल्तान लदोइया, उम्र 82 वर्ष, भलाऊ ताल, तारानगर

47. *जेठ मास जो तपै निरासा। जो जानौ बरषा की आसा।*
—साक्षात्कार, संतोष जाँगिड़, सादुलपुर, उम्र 75 वर्ष

48. *माघ सुदी जो सत्तमी, बिज्जु में हिम होय। चर महीन बरससी, सोक करौ मति मोय॥*
—महावीर, पूर्वोक्त, पृ. 17-18

49. *1. आगे रवि पीछे चलै, मंगल जो आसाढ़। तो बरसै अनमोल ही पृथी अनंदै बाढ़॥*
2. आगे मंगल पीछे भान। बरशा होवै ओस समान॥
3. आगे मेघा पीछे भान। बरशा होवै ओस समान। —महावीर, पूर्वोक्त पृ. 18, 23

50. *सावण केरे प्रथम दिन, उगत न दीखै भान। चार महीना बरसै पानी, याको है परमान॥*
—साक्षात्कार रामकोरी हमरोठिया, उम्र 88 वर्ष, भिरानीं, भादरा

प्रकार के साहित्य की विपुल सामग्री आज भी यहाँ के लोगों के पास सुरक्षित है। इसी सामग्री के अनुसार यदि आकाश में जल वाष्प का घनत्व अत्यधिक बढ़ जाता है तो सूर्य और चंद्रमा के चारों ओर उन्हीं के प्रकाश से चक्र की भाँति दिखाई देने लग जाते हैं, जो निकट भविष्य में घनघोर वृष्टि आने की सूचना देते हैं। वर्षा ऋतु में कभी-कभी सूर्यास्त के समय आकाश में पश्चिम से पूर्व की ओर धनुषाकार किरणों के लाल-लाल धारे तन जाते हैं, जिन्हें लोकभाषा में *मोख* कहते हैं, इसे वर्षा आने का पक्का चिह्न समझा गया है। एक कहावत है कि *अंबर राच्यों अर मेह माच्यों* अर्थात् सूर्यास्त के समय पश्चिम दिशा में छाए हुए बादल रक्तवर्णीय दिखाई दें तो वह अतिशीघ्र वृष्टि आने का संकेत होता है। अगर उसी दिशा में बादल पीले दिखाई दें तो समझ लेना चाहिए कि वृष्टि शिथिल हो चुकी है, जैसे—*अंबर पीलो अर मेह सीलो*। अगर आकाश में हरापन नजर आए तो यह सामान्य वर्षा आने का सूचक होता है जैसे *अंबर हरियौ, चुवै टपरियो।*[51] इसी क्रम में वर्षा आने से पूर्व जो बादल बनते हैं, सामान्य दृष्टि से वे एक ही रूप में नजर आते हैं। उनमें किसी प्रकार की भिन्नता एवं विविधता नहीं दिखाई देती है, किंतु वास्तव में ऐसा नहीं है। वायु के चलने के अनुसार बादलों में भी रूप भिन्नता का बड़ा भारी लक्षण विद्यमान होता है। यहाँ के समाज ने उनके नाम भी अलग-अलग रखे हैं—*मंडाण*[53] *कसाऊ*[53] *ल्हूस*[54] *छीतरी*[55] *ओसवाली* या *ढोल*।[56] वर्षा के आने को शगुन से जिस प्रकार निर्धारित कर लेते थे, उसी अनुसार काल-सुकाल को भी पहले से भाँप (जानना) लेते थे और उसी के अनुसार अपने खाने-पीने का प्रबंध शुरू कर देते थे, जैसे—मंगल के दिन आर्द्रा नक्षत्र, भरणी नक्षत्र, रोहिणी नक्षत्र तथा तीनों उत्तरा नक्षत्रों में आँधी चले तो समझ लेना चाहिए कि बरसात कम ही होगी।[57]

---

51. लेखिका को सर्वेक्षण के दौरान श्रीमती रामकोरी हमरोठिया, उम्र 85 वर्ष ने जानकारी दी।
52. वर्षा से पूर्व बनता है और काफी नीचे कच्चे बादल के रूप में होता है। ऐसा बादल वर्षा सामर्थ्य से प्राय: शून्य होता है।
53. बरसता हुआ बादल *कसाऊ* कहलाता है। यह आसमान में काफी ऊँचाई पर रहता है। इसका *चलाण* भी मंद होता है।
54. जिस बादल में जल बूँदें बिल्कुल नहीं होतीं और वर्षा के समय धुएँ के सदृश जल्दी-जल्दी आगे बढ़ता रहता है, उसे *ल्हूस* कहते हैं।
55. बादल आकाश में काफी फैला रहता है, कहीं पर अधिक गहरा तो कहीं छिटका हुआ, इसे यहाँ *तितरपंखी* बादली कहते हैं।
56. बड़े-बड़े बादल, जो दिखने में सुंदर लगें, किंतु इनसे वर्षा कभी नहीं होती है। इन्हें *ओसवाली* या *ढोल* कहते हैं।
57. *आर्द्रा भरणी-रोहिणी मघा, उत्तरा तीन। इन मंगल आंधी चलै, तबलो बरखा छीन॥*

—महावीर, पूर्वोक्त, पृ. 23

बादलों की दिशा प्रवाह से भी कम या ज्यादा वर्षा होने का पूर्वाभास हो जाता था। पश्चिम के बादल हवा के विपरीत भी पूर्व की ओर जाने लगें तो समझ लेना चाहिए कि वर्षा बहुत कम होगी।[58]

इस तरह यहाँ का समाज वर्षा विज्ञान में इतना समर्थ है कि कई बार मौसम विभाग की भविष्यवाणी झूठी साबित हो जाती हैं, पर समाज का अनुभव सच्चा निकलता है। ज्येष्ठ (जून) का महीना, जेठू, यानी सबसे बड़ा भाई साबित होता है, समाज में ऐसी मान्यता है कि *जेठ ठीक से तपे नहीं, रेत के लू नहीं उठे तो जमाना (फसल-पैदावार) अच्छा नहीं होगा*। इसी दौर में *पीथ,* यानी सूरज अपना अर्थ बदलकर जल बनाता है। बूँद का पहला नाम तो हरि, फिर मेघ पुहुप है, वृष्टि उससे बोली में आया *बिरखा* और *बरखा* है, धन का बादल का सार *घणसार* है।[59] यह जल वर्षा जल होता है। वर्षा जल की उपलब्धता वृष्टि के रूप में नभ से बरसकर और भूमि पर किसी न किसी प्राकृतिक रूप में संचयित हुए जल से हुई है।[60] विश्व में प्रत्येक वर्ष बादल बनकर उठनेवाले जल में से 85 प्रतिशत समुद्र पर ही बरस जाता है,[61] लेकिन पृथ्वी पर 11 लाख क्यूबिक किलोमीटर यह पानी संपूर्ण भू-भाग पर बराबर बरसे तो प्रत्येक व्यक्ति को 50 हजार लीटर पानी प्रतिदिन मिल सकता है।[62] प्राचीन भारतीय ग्रंथों में वर्षा जल्दी होने की प्रार्थना की गई है।[63] वराहमिहिर ने वृहत् संहिता में मौसम के विषय में अनेक भविष्यवाणियाँ की हैं, जिनमें किन परिस्थितियों में कम और अधिक वर्षा होने के बारे में बताया गया है।[64] प्राचीनकाल में गर्ग, पाराशर, कश्यप और वात्सयायन आदि मुनियों को भी वर्षा के बारे में विस्तृत जानकारी थी और उनके लिखे ग्रंथ भी उपलब्ध हैं, जो वर्षा से संबद्ध रोचक और महत्त्वपूर्ण जानकारी उपलब्ध कराते हैं।[65]

राजस्थान में वर्ष भर में 52-60 सेंटीमीटर वर्षा का औसत रहता है। देश की औसत वर्षा 110 सेंटीमीटर आँकी गई है, लेकिन औसत बतानेवाले भी यहाँ का कोई ठीक चित्र नहीं दे सकते। राज्य में एक छोर से दूसरे छोर तक एक जैसी वर्षा नहीं होती। कहीं 100

---

58. *पच्छिम बादर पूरब जाय। वर्षा बहुत न्यून हो जाए॥* —साक्षात्कार, विष्णुनाथ भाटी, तारानगर
59. अनुपम मिश्र, पूर्वोक्त, पृ. 21।
60. प्रकाश पुरोहित, पूर्वोक्त, पृ. 21।
61. *साप्ताहिक हिंदुस्तान,* 6 अगस्त, 1972 ई., पृ. 8-10।
62. *राजस्थान पत्रिका,* 20 अगस्त, 1998 ई., पृ. 6।
63. ओमप्रकाश, *प्राचीन भारत का सामाजिक एवं आर्थिक विकास,* नई दिल्ली, 1986, पृ. 6; ईश्वर सिंह राणावत, पूर्वोक्त, पृ. 48।
64. ओमप्रकाश, *प्राचीन भारत का सामाजिक एवं आर्थिक विकास,* पृ. 6।
65. *मरुभारती,* पूर्वोक्त, वर्ष 4, अंक 2, जुलाई, 1956, पृ. 15 उद्धृत रामनरेश त्रिपाठी, *ग्राम साहित्य,* तीसरा भाग, पृ. 12।

सेंटीमीटर से अधिक होती है तो कहीं 25 सेंटीमीटर से कम।[66] आज के भूगोलविद् वर्षा क्षेत्र को चार भागों में बाँटते हैं यथा-शुष्क क्षेत्र, अर्धशुष्क क्षेत्र, अरावली पर्वतमाला और दक्षिणी-पूर्वी पठार। शुष्क क्षेत्र के इस भाग में वर्षा सबसे कम होती है। यहाँ प्रकृति को वर्षा में अत्यंत कंजूस महाजन की संज्ञा दी गई है। इस क्षेत्र में जैसलमेर, बीकानेर, चूरू, जोधपुर और श्री गंगानगर आते हैं, लेकिन यहाँ कंजूसी में भी कंजूसी मिलती है। वर्षा का वितरण बहुत असमान है। पूर्वी हिस्से से पश्चिमी हिस्से की ओर आते-आते वर्षा कम से कम होती जाती है। चूरू मंडल में सामान्य वार्षिक वर्षा 354.7 मिलीमीटर है, जिसमें वर्ष 1910 से 1950 तक वार्षिक वर्षा (मिलीमीटर में) स्पष्ट की गई है, जो निम्नानुसार है—

सारिणी संख्या - 2.2

वर्ष 1910 से 1950 तक वार्षिक वर्षा (मिलीमीटर में)[67]

क्र.सं.	वर्ष	वर्षा औसत (मि.मी.)
1.	1910	225.8
2.	1920	272.8
3.	1930	423.3
4.	1940	276.6
5.	1950	552.2

सतही जल

राजस्थान के अन्य मरुस्थली क्षेत्रों की भाँति चूरू का समाज पूर्ण रूप से वर्षा जल पर ही निर्भर है। समाज इसी वर्षा जल को संजोकर रखता है। वर्षा से जो जल सतह पर गिरा अर्थात् जमीन के ऊपर रहनेवाला जल सतही जल कहलाता है।[68] सतही जल का सबसे बड़ा स्रोत महासागर है। बड़े-बड़े हिमखंड, सर-सरोवर, झील-झरने, नदियाँ तथा समुद्र, सभी इसके उदाहरण हैं।

भूमिगत जल

समुद्र ही वर्षा का मूल आधार होता है। वही वर्षा के जल और भूजल या भूमिगत जल का मुख्य आधार है। वर्षा के जल को नदियों, तालाबों, समुद्र के साथ-साथ मिट्टी

---

66. अनुपम मिश्र, पूर्वोक्त, पृ. 8।
67. *राजस्थान सुजस,* अक्तूबर-नवंबर, जयपुर, 1996, पृ. 11।
68. ईश्वर सिंह राणावत,पूर्वोक्त, पृ. 5 उद्धृत पं. वीरसेन वेदश्रमी, *वैदिक संपदा,* पृ. 417।

भी सोख लेती है। यही जल मिट्टी के वायु छिद्रों से होता हुआ भू-जल के रूप में एकत्रीत होता रहता है अर्थात् भू-सतह के नीचे शैल छिद्रों तथा दरारों में जो जल विद्यमान होता है, वह भू-जल कहलाता है।[69] यह वर्षा की मात्रा एवं गति, वर्षा के समय वाष्पीकरण की मात्रा, तापमान, भूमि की ढलान, वायु की शुष्कता, शैलों की रंध्रता एवं अमेघता, वनस्पति के आवरण तथा मृदा की जल अवशोषक क्षमता से नियंत्रित होता है। सतही जल प्रवाह अंतस्त्रवण द्वारा भूमिगत होता है। कुल जल संसाधन का भूमिगत जल 0.58 प्रतिशत है। धरातल के नीचे मिलने के कारण इस जल को *अध: सतही जल* भी कहते हैं।[70] राजस्थान के जल संसाधन में भू-जल संसाधन महत्त्वपूर्ण है और इसका उपयोग सदियों से किया जा रहा है। चूरू मंडल में भू-जल अधिकतर स्थानों पर खारापन लिये हुए है, यहाँ कहीं-कहीं मीठा जल निकलता है। यदि यहाँ संपूर्ण प्राणीजन किसी जल पर निर्भर हैं तो वह वर्षा जल है। वर्षा जल की मात्रा बहुत कम है, फिर भी यहाँ का समाज उसे सहेजकर उसका संचयन करना जानता है।

□

69. विद्यासागर दुबे, पी.एस. तथा एम.एस.राव, *भू-विज्ञान एक परिचय,* भोपाल, 1986 ई, पृ. 77
70. रामकुमार गुर्जर, बी.सी. जाट, पूर्वोक्त, पृ. 234।

3

जलाशय निर्माण की विभिन्न तकनीकें एवं विधियाँ

प्रस्तुत अध्याय में जल प्रबंधन की स्थिति को स्पष्ट किया जाएगा, साथ ही चूरू मंडल में वर्षा के माध्यम से प्राप्त होने वाले तीन प्रकार के जल यथा *पालर जल, पाताल जल* और *रेजाणी जल* के बारे में व्यापक चर्चा की जाएगी। इसके अलावा इस जल के संग्रहण के लिए जलाशय निर्माण के विभिन्न प्रकारों एवं स्वरूपों को समझकर उसके बारे में विस्तृत अन्वेषण करने की कोशिश की जाएगी।

जल प्राप्ति के तीन स्रोत

मरु भू-भाग में अवस्थित चूरू मंडल में सदियों से अल्पवृष्टि की स्थिति रही है। ऐसी स्थिति में जल की एक-एक बूँद के संचयन, संग्रहण और संरक्षण के नाना प्रकार के उपाय, प्रयत्न तथा कार्य किए गए, ताकि मनुष्य एवं पशु-पक्षियों का जीवन बचाया जा सके। चूरू मंडल में प्राणी जगत की रक्षा और आवश्यकता को नजर में रखते हुए जल की आवश्यक मात्रा का अनुमानित आकलन, उसके अनुसार जल उपलब्ध कराने के लिए प्रयत्न और उपलब्ध जल का समुचित प्रबंध करना ही जल प्रबंधन है। उचित जल प्रबंधन के लिए विभिन्न प्रावधान करने जरूरी होते हैं। इन प्रावधानों में उपलब्ध जल का सर्वेक्षण करके जल स्रोतों का उचित रख-रखाव करना, सिंचाई के लिए नई-नई तकनीकों को अपनाना, जल प्रदूषण और जल दुरुपयोग को रोकना, पेयजल को बचाना, जल वितरण प्रणाली में एकरूपता लाना, जलोत्थान की तात्कालिक एवं दीर्घकालीन योजना तैयार करना आदि हैं।[1] सृष्टि की अनन्य जीवनदायिनी शक्ति जल है, इसके प्रबंधन के विकास को भी मानव सभ्यता के विकास का सहयात्री कह सकते हैं। जलरूपी प्राणदायिनी शक्ति को सहेजकर उसके समुचित उपयोग की कला को मनुष्य सदा से

---

1. आर.एल. भल्ला, *राजस्थान का भूगोल*, कुलदीप पब्लिकेशंस, अजमेर, 1998 ई. पृ. 99।

माँजता-सँवारता आया है। जल के कुशल प्रबंधन से ही प्यासी धरती को तृप्त कर उसके धूल-धूसरित आँचल को हरीतिमायुक्त करना संभव हो सका है।[2]

चूरू मंडल के समाज को जल संकट से त्रस्त होकर पलायन की आवश्यकता नहीं हुई, क्योंकि यहाँ जल की एक-एक बूँद को वैज्ञानिक तरीके से इस तरह संचित और सुरक्षित रखने के प्रबंध किए गए कि हर युग में मानव तथा मूक प्राणियों के लिए जल की पूर्ति और उपलब्धता रही। चूरू मंडल में देश में सबसे कम वर्षा, सबसे ज्यादा गरमी, रेत की तेज आँधियाँ और पंख लगाकर यहाँ से वहाँ उड़नेवाले रेत के विशाल *टीले* (धोरे) हैं। इन कारणों से तो यहाँ जल का सबसे ज्यादा अभाव होना चाहिए था, लेकिन यहाँ जल का शत-प्रतिशत कुशल प्रबंधन रहा। यह प्रबंधन इतना मजबूत और कारगर था कि उपेक्षा के इस लंबे दौर के बाद भी यह किसी-न-किसी रूप में टिका हुआ है।[3]

चूरू मंडल में जल तीन रूपों में पाया जाता है—*पालर जल, पाताल जल* और *रेजाणी जल*। *पालर जल* सीधे वर्षा से प्राप्त होने वाला जल है, जो प्राकृतिक जल का सबसे शुद्ध रूप है। इसे नदी, तालाब, झील, *जोहड़* आदि में रोका जाता है।[4] पानी का दूसरा रूप *पाताल जल* कहलाता है। यह भूजल कुओं से निकाला जाता है। इसे *बाकर पानी* भी कहते हैं। सिंधु घाटी सभ्यता के प्रारंभिक काल में जल प्रबंधन का प्रथम साक्ष्य राजस्थान के कालीबंगा (हनुमानगढ़) नामक स्थान पर मिलता है, जिसमें जल आपूर्ति के लिए कुओं का निर्माण किया गया था।[5]

वर्षा का जल स्वच्छ होता है और एक ही रूप में धरती पर गिरता है। जब वह जल धरती से मिल जाता है, तब जैसा रंग और स्वाद उस भूमि का होता है, वैसा ही रंग और स्वाद उस जल का हो जाता है, अर्थात् जिस *तासीर* की भूमि है, उसी *तासीर* का पानी मिलेगा। यही कारण है कि इस क्षेत्र में जहाँ खार का ज्यादा अंश आ गया, वहाँ पानी खारा एवं जहाँ खार का अंश कम है, वही पानी *भलभला,* जिस जगह खार का अंश विशेष है, वहाँ पानी ज्यादा खारा है। जहाँ जमीन में *सोमल* जैसी खनिज वस्तु का मेल जल से हो गया वहाँ पानी जहरीली *तासिर* का कड़वा और *कसायला* हो गया। जहाँ भूमि की सतह

---

2. *राजस्थान सुजस,* अक्तूबर-नवंबर 1996, सूचना एवं जन संपर्क निदेशालय, राजस्थान, जयपुर, पृ. 2।
3. प्रकाश पुरोहित, *आज भी प्रासंगिक हैं परंपरागत जलस्रोत,* महाराजा मानसिंह पुस्तक प्रकाश केंद्र, जोधपुर, 2008, पृ. 10-11।
4. रामकुमार गुर्जर एवं बी.सी. जाट, *संसाधन एवं पर्यावरण,* पंचशील प्रकाशन, जयपुर, 2009, पृ. 252-253।
5. बी.एल. भादानी, 'लोग, राज्य एवं जल दोहन, संग्रहण और उपयोग (प्रारंभ से सत्तरहवीं सदी तक'), अध्यक्षीय भाषण, 23वाँ अधिवेशन, रा.हि. कां., बीकानेर, 2008, पृ. 3।

मीठी, वहाँ पानी भी मीठा मिलता है। इस प्रकार *पालर जल* का स्वाद भी भिन्न-भिन्न होता है।[6] *पालर जल* और *पाताल जल* के बीच तीसरा रूप *रेजाणी जल* है। जो जल धरातल से नीचे तो उतरा, लेकिन पाताल से नहीं मिल पाया, वह जल *रेजाणी* कहलाता है। *रेजाणी* जल कुइयों से प्राप्त होता है।[7] ग्रामीण क्षेत्रों में वर्षा का माप इसी जल से होता है। जितना अँगुल जल धरती में समाए, उस दिन उतनी अँगुल वर्षा मापी जाती है।[8]

जलाशयों के विभिन्न प्रकार

यह स्थापित तथ्य है कि 'आवश्यकता आविष्कार की जननी है।' संकट सदैव संघर्ष के उपक्रम या प्रयत्न सिखाता है। इसी कारण मनुष्य ने जल संकट से संघर्ष करने के लिए जल संगृहीत करने के लिए जो प्रबंध किए, उन्हीं का स्वरूप जलाशय रहे हैं।[9] विभिन्न स्थानों पर वर्षा जल का संग्रहण वहाँ की भौगोलिक स्थिति, जलवायु, वार्षिक औसत वर्षा, भू-जल की गहराई एवं गुणवत्ता के आधार पर अलग-अलग पारंपरिक तरीकों से किया जाता है।[10] जल संग्रहण की भंडारण संरचनाएँ वर्षा जल, भू-जल और *रेजाणी जल*-आधारित तीन भागों में बाँटी जा सकती हैं। वर्षा जल आधारित संरचनाओं में *कुंड, कुंडी, टांका, जोहड़,* तालाब, झील और *ढाब* आती हैं। भूमिगत जल-आधारित संरचनाओं में कुएँ और बावड़ियाँ तथा *रेजाणी* जल-आधारित संरचनाओं में *कुई* मुख्य हैं।[11]

चूरू मंडल में साल भर बरसाती दिनों की कुल संख्या कभी-कभी पाँच दिन से भी कम रहती थी, इसलिए दिन-रात के कुछ घंटों में अचानक होनेवाली बारिश के पानी को जमा कर लेना अत्यधिक महत्त्वपूर्ण होता था। अधिकतर बारिश कुछ ही घंटों में होने के तथ्य को ध्यान में रखते हुए हमारे पूर्वजों ने पानी जमा करने के कुछ तरीके अपनाए। वे बारिश के पानी को सीधा जमा करते थे। घर की छत और आँगन में होनेवाली बारिश का पानी घर में बने *टांके* में जमा करते थे। इसी प्रकार सार्वजनिक जमीन पर होनेवाली बारिश के पानी को कुओं में जमा करते थे।[12] इन कुओं में पानी लंबे समय तक स्वच्छ रहता था। सिद्धांत वही था कि वर्षा की बूँदों को, अर्थात् *पालर* जल को बहुत साफ-

---

6. रघुनाथमल राय, *अकालकष्ट निवारक,* आयुर्वेदिक फार्मेसी मारवाड़, प्रथम संस्करण, 1943 ई., पृ. 71।
7. अनुपम मिश्र, *राजस्थान की रजत बूँदें,* गांधी शांति प्रतिष्ठान, नई दिल्ली, 2010, पृ. 27।
8. *राजस्थान सुजस,* वार्षिकी, पूर्वोक्त, 1997, पृ. 3।
9. मीना कुमारी, 'मध्यकालीन राजस्थान के पारंपरिक जल स्रोत : चूरू के संदर्भ में', *जूनी ख्यात* (संपा.) बी.एल. भादानी, वर्ष-1, अंक-2, जुलाई-दिसंबर 2012, मरुभूमि शोध संस्थान, श्री डूँगरगढ़, पृ. 64।
10. प्रकाश पुरोहित, पूर्वोक्त पृ. 25।
11. *राजस्थान सुजस,* पूर्वोक्त, पृ. 273।
12. *नीर संचयनी,* प्रवेशांक 2002, संतोष कुमार मिश्र (संपा.) पृ. 7।

सुथरी जगह में रोककर उसका संग्रह करना। *कुंड-कुंडी, टांका* के नाम या आकार में भिन्नता हो सकती है, पर काम एक ही रहेगा-वर्षा जल का संग्रहण करना। वर्षा के जल को आने वाले समय के लिए रोककर संगृहीत करने के लिए यहाँ के समाज का सर्वोत्तम उपक्रम था *कुंड-कुंडी* और *टांका*।[13] *कुंड-टांका* सब जगह मिलते हैं—मंदिरों, घर, आँगन, स्कूल, गाँव, गाँव के बाहर निर्जन क्षेत्र एवं खेत में।

कुंड और कुंडी

जहां जितनी भी जगह मिल जाए, उसे गारे-चूने से लीपकर एक ऐसा आँगन बना लिया जाता था, जिसमें थोड़ी सी ढलान हो। यह ढलान एक ओर से दूसरी ओर या अगर आँगन बड़ा है तो चारों दिशाओं से ढलान केंद्र की ओर भी हो सकती है। आँगन के आकार को देखकर उस पर बरसनेवाली वर्षा के अनुसार केंद्र में एक *कुंड* बनाया जाता था। चूरू मंडल में शुरू से ही पानी का अभाव और कष्ट बहुत अधिक रहा है। बहुत गहराई पर पानी निकलने के बाद भी कई जगह पानी इतना अधिक खारा है कि आदमी तो क्या, पशु भी नहीं पी सकते। इसके लिए यहाँ के लोग 15-15 मील दूर से पानी लाते थे। जिन गाँवों में पानी पूरी तरह खारा होता था, वहाँ वर्षा के जल को इकट्ठा करके रखने के लिए *कुंड* बनाए जाते थे।[14] इन *कुंडों* को बनाते समय इनके भीतर की *चिनाई*[15] इस ढंग से की जाती है कि उसमें जमा होने वाले पानी की एक बूँद भी नहीं रिसे और पानी वर्ष भर सुरक्षित और साफ-सुथरा बना रहे। जिस आँगन से *कुंड* के लिए वर्षा का पानी एकत्रीत किया जाता था, वह *आगोर* या *पायतन* कहलाता है। *आगोर* शब्द का अभिप्राय: आगोरना शब्द से है। इसका अर्थ समेट लेने से है। इसी क्रम में *कुंड* का पायतन धरातल से थोड़ी ऊँचाई पर भी बनाया जाता था और *पायतन* से *कुंड* तक पहुँचने के लिए *कुंड पायतन* को जोड़नेवाला थोड़ा ऊँचा रास्ता भी होता था, जिससे *पायतन* किसी के आने-जाने से गंदा न हो।[16]

---

13. प्रकाश पुरोहित, पूर्वोक्त पृ. 26।
14. गोविंद अग्रवाल, *पत्रों के प्रकाश में स्वामी गोपालदासजी का व्यक्तित्व एवं कृतित्व*, लोक संस्कृति, शोध संस्थान, नगर श्री चूरू वि.सं. 2025, पृ. 135।
15. निर्माण करना।
16. लेखिका द्वारा सर्वेक्षण कर प्लान रविंद्र जांगिड़, सादुलपुर ने तैयार किया एवं मयंक सिंह का भी सहयोग रहा, नई दिल्ली

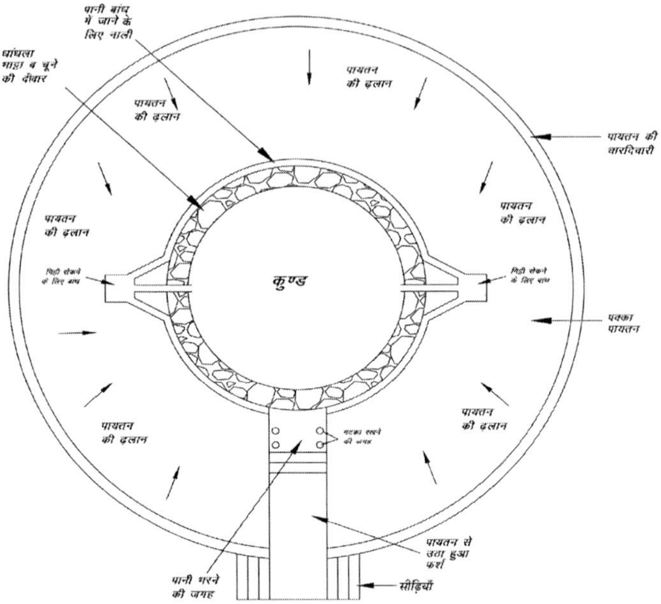

रेखाचित्र 3.1 : पारंपरिक कुंड की संरचना

वहीं *आगोर* को वर्ष भर खूब साफ-सुथरा रखा जाता था। वर्षा से पहले इसकी विशेष रूप से सफाई की जाती थी। *आगोर* की स्वच्छता को ध्यान में रखते हुए इस जगह जूते-चप्पल पहनना सख्त मना होता था।[17] यहाँ के घरों, मंदिरों में सब जगह इस *पायतन* को देवस्थान के तुल्य पूज्य मानते हैं। *कुंड* की *पायतन* की ढलान से जो पानी *कुंड* के घेरों में आ जाता था, वह *कुंडी* के चारों तरफ बने नालों (सुराखों) से भीतर इकट्ठा होता था। पानी के साथ-साथ आ सकनेवाली रेत, घास-फूस को रोकने के लिए इसमें जालियाँ भी लगाई जाती थीं। बड़े-बड़े *कुंडों* में पानी को स्वच्छ और ताजा बनाए रखने के लिए हवा और उजाले के लिए *गोख* (गवाक्ष) यानी झरोखे बनाए जाते थे।[18] *कुंड* चाहे छोटे हों या बड़े, उन्हें ढककर रखा जाता था। पानी के काम में पूरी तरह शुचिता और साफ-सफाई का ध्यान रखा जाता था। अधिकतर *कुंडों* का मुँह गोलाकार होता था। इनकी छत गुंबदनुमा होती, जो उसके सौंदर्य को बढ़ा देती है। यहाँ कुछ *कुंड* पत्थर की बड़ी-बड़ी पट्टियों से ढककर समतल भी बने हुए हैं। कुछ स्थानों पर *कुंड* की

---

17. लेखिका ने स्वयं अवलोकन कर जानकारी प्राप्त की।
18. *राजस्थान सुजस*, पूर्वोक्त, पृ. 3; अनुपम मिश्र, पूर्वोक्त, पृ. 36।

छत को *फोग* नामक पौधे की टहनियों से गूँथकर भी बनाया जाता था, जिस पर मिट्टी और चूने का मोटा लेप लगाया जाता था। छत के एक कोने में पानी निकालने के लिए जगह होती थी। पानी निकालने के बाद इस जगह को लोहे या लकड़ी के ढक्कन से बंद कर दिया जाता था। *फोग* की छत के बीच में पानी निकालने की जगह होती थी।

चित्र 3.1 : कुंड, रेणी (तारानगर)

चूरू मंडल में परिवार के आकार के अनुसार ही छोटे-बड़े *कुंड* बनाए जाते थे। यहाँ अधिकतर *कुंड* इतने बड़े और गहरे हैं कि उनमें से पानी निकालने के लिए *कुंड* पर *जगत*[19] भी बनी होती थी, जिसके ऊपर दो खंभे (मीनार) बनाकर उस पर *चरखी* या *भूणी*[20] लगाई जाती थी। इस *चरखी* या *भूणी* से पानी आसानी से निकाल सकते थे, ये बड़े-बड़े कुंड गाँव से बाहर सार्वजनिक और व्यक्तिगत दोनों रूप से बने होते थे।[21] वर्तमान में भी यहाँ प्रत्येक गाँव के खेतों में छोटे-बड़े *कुंड* बने हुए हैं। खेत पर दिन-भर काम करने के लिए पानी की जरूरत होती है। यहाँ गाँव से खेतों की दूरी ज्यादा होती है, इसलिए यहाँ थोड़ी-थोड़ी दूरी पर *कुंड* बनाए जाते हैं।[22] इन *कुंडों* का पानी खेत के आस-पास से आने-जाने वाला प्रत्येक व्यक्ति पीने के काम में लेता है।

---

19. *कुंड* का वह भाग, जिसकी सहायता से पानी निकाला जाता है।
20. लकड़ी का पहियानुमा यंत्र।
21. साक्षात्कार विष्णुनाथ भाटी (प्राध्यापक), तारानगर, जिसकी पुष्टि अनुपम मिश्र, पूर्वोक्त, पृ. 36 से भी होती है।
22. रामकुमार गुर्जर एवं अन्य, पूर्वोक्त, पृ. 257।

चित्र 3.2 : रेणी की रोही में (खेतों में) निर्मित कुंड

इस क्षेत्र की जमीन रेतीली है। रेत में बननेवाले *कुंड* बीस-तीस हाथ गहरे भी होते हैं। यदि इन *कुंडों* के भीतरी भाग रिसने लगें तो इन्हें खाली होने में कुछ ही देर लगती है, इसलिए *कुंडों* के भीतरी भाग की सर्वोत्तम चिनाई की जाती है। आकार छोटा हो या बड़ा, चिनाई पर विशेष ध्यान दिया जाता था। यहाँ के अधिकतर *कुंड धांधला* (पत्थर) और चूने से बने हैं।[23] *कुंड* की चिनाई करते समय नीचे उतरने के लिए गोलाई में थोड़ी-थोड़ी दूरी पर पत्थर की बाहर निकली छोटी-छोटी पट्टी रोप दी जाती थी। *कुंड* में *आगोर* की साफ-सफाई रखने के बावजूद कुछ रेत पानी के साथ *कुंड* में चली जाती थी, इसलिए कभी-कभी पाँच-सात सालों में बारिश के मौसम से पहले इनकी सफाई की जाती थी। *कुंड* के पैंदे की अच्छी तरह से सफाई हो सके, इसके लिए तल एक बड़े कढ़ाहे की तरह गोलाई और गहराई लिये होता था। यह *कुंडालिया* भी कहलाता है। इसी *कुंडालिए* में आई हुई *गाद* या *काँप* को आसानी से निकालकर साफ कर लिया जाता था, लेकिन *आगोर* में इतनी अधिक सावधानी रखी जाती थी कि इसे साफ करने के लिए बड़े-बड़े *कुंडों* में बीस-तीस साल तक जरूरत नहीं पड़ती थी।[24]

वर्तमान में चूरू मंडल में अमीर-गरीब के अंतर को पाटते हुए प्रत्येक घर में *कुंड-कुंडी* बने हुए हैं। विवेच्य काल में अधिकतर जलाशय सार्वजनिक थे। यहाँ के गाँव दूर-दूर बसे हुए हैं। छितरे हुए इन गाँवों में जल की व्यवस्था बनाए रखने के लिए केंद्रीय

---

23. *सावा बही राजगढ़*, नं. 5, वि.स.1842-44/1785-87 ई., इमेज नं. 194, ऑनलाइन सर्वर, बीकानेर रिकॉर्ड्स, रा.रा.अ.बी.।
24. लेखिका ने स्वयं सर्वे किया।

साधन नहीं थे, इसलिए समाज के लोगों ने पानी का काम बिल्कुल विकेंद्रित रखकर उसकी जिम्मेदारी आपस में बूँद-बूँद बाँटकर सँभाली थी। उनका यह काम यांत्रिक होकर नीरस तकनीक न रहकर एक पवित्र संस्कार में बदल गया।[25] इसी कारण इन *कुंडों* ने काल-अकाल के लंबे समय से यहाँ के जन-जीवन को तंगी होने के बावजूद पानी का अभाव नहीं झेलने दिया। इन *कुंडियों* का रंग सामान्यत: सफेद रखा जाता था। सफेद रंग रखने के पीछे भी वैज्ञानिक कारण रहा है कि तेज धूप और गरमी के इस इलाके में यदि *कुंड-कुंडी* पर कोई गहरा (तेज) रंग होगा तो वह बाहर की गरमी सोखकर भीतर के पानी पर भी असर छोड़ेगा, इसलिए *कुंडियों* को सिर्फ सफेद रंग में रंगा जाता था। सफेद रंग की परत तेज धूप की किरणों को वापस लौटा देती है। *फोग* की टहनियों से बना गुंबद तेज धूप में भी गरम नहीं होता। गरमी से चटककर उसमें दरारें भी नहीं पड़तीं और भीतर का पानी ठंडा बना रहता था। इस कारण *फोग* से बनी *कुंड-कुंडी* को समय सिद्ध *कुंडी* भी कहा जाता है।[26] कहीं-कहीं बड़े *कुंड* के चारों ओर चारदीवारी बनाई जाती थी और इनमें प्रवेश के लिए दरवाजा होता था। इसके सामने दो हौज खुले रहते थे। एक छोटा एवं एक बड़ा। इन्हें *खेळ, थाला, हवाड़ो* या *डब्बारा* भी कहते हैं।[27] इनके आस-पास से गुजरने वाले लोग मवेशी, अर्थात् भेड़, बकरियाँ, ऊँट और गाय अपनी प्यास बुझाते थे।

टांका

कुंड या *कुंडी* का ही एक और रूप *टांका* है, जिसमें पानी आँगन की अपेक्षा छतों से एकत्र किया जाता था। घर की छतों के नाप के अनुसार ही *टांका* छोटा-बड़ा बनाया जाता था। प्रत्येक घर की छत नाले से इस तरह से जोड़ी जाती थी कि उसका जल समुचित रूप से *टांके* में आए। इन छतों की ढलान थोड़ी सी नाले की ओर होती थी। छतों की नियमित रूप से साफ-सफाई की जाती थी, साथ ही इन छतों पर अबोध बालक को सुलाने और चप्पल-जूते ले जाने की मनाही होती थी। छत से आने वाले नाले *टांके* से जुड़ने से पहले दो भागों में बाँटे जाते थे। एक नाला *टांका* से जोड़ा जाता था और दूसरा बाहर की ओर। बरसात से पहले इन दोनों नालों को कपड़े की डाट से बंद करके रखा जाता था। वर्षा ऋतु की सबसे पहली बारिश शुरू होने पर गली की ओर मुड़े हुए नाले को खोल दिया जाता था, ताकि छत की अच्छी तरह से सफाई हो सके। इसके 5-7 मिनट बाद इस नाले पर *डाट* लगाकर *टांका* से जुड़े नाले को खोल दिया जाता था। इन

---

25. अनुपम मिश्र, पूर्वोक्त, पृ. 41।
26. अनुपम मिश्र, पूर्वोक्त, पृ. 40-41।
27. राजकुमार गुर्जर एवं अन्य, पूर्वोक्त, पृ. 257।

नालों के आगे छलनी भी लगी होती थी। इस तरह बारिश का स्वच्छ जल इस *टांके* में भरना शुरू हो जाता था। बारिश के बंद होने पर दोनों नालों को दोनों ओर से तुरंत डाट से बंद कर दिया जाता था।[28] आठ–दस सदस्यों वाले के परिवार का *टांका* प्राय: 15–20 हाथ गहरा और इतना ही लंबा–चौड़ा रखा जाता था।[29] *टांका* घर के अंदर कमरे, बैठक या बरामदे के नीचे बनाया जाता था। कहीं–कहीं इसे छोटे से कमरे के रूप में अलग ही बनाकर उसके आगे दरवाजा भी लगाया जाता था, जिसे पानी निकालने के बाद ताला लगाकर रखा जाता था, ताकि कहीं कोई अबोध बालक *कुंड* या *टांका* खोलकर उसमें गिर न जाए और घर से बाहर बने *कुंड* या *टांका* से कोई पानी चुराकर न ले जा सके।[31] *कुंड* या *टांका* के ऊपर पानी निकालने वाली जगह ढक्कन से ढकी रहती थी। पानी छोटी बालटी या *डोल* से निकाला जाता था।[32] *टांकों* की भी *कुंड* की तरह 5–7 साल में एक

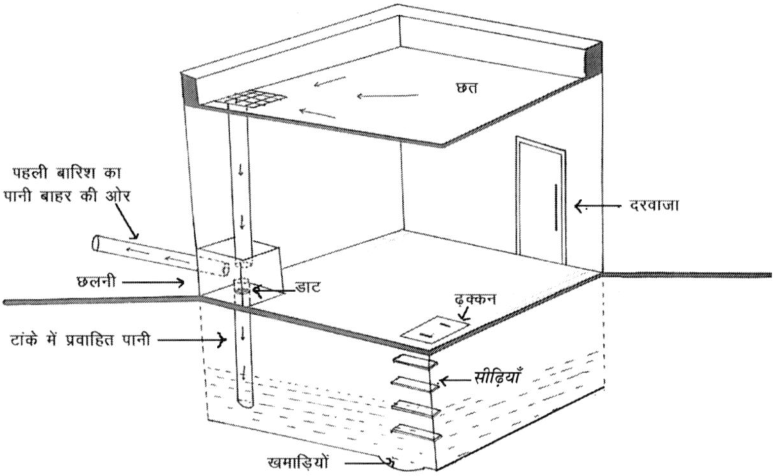

रेखाचित्र 3.2 : पारंपरिक टांका और उसकी बनावट[30]

बार सफाई की जाती थी। इनमें नीचे उतरने के लिए सीढ़ियाँ बनी होती थीं। इनके पैंदे की अच्छी तरह से सफाई हो सके, इसके लिए नीचे *खमाड़िया* (कुंडालिया) बनाई जाती

28. लेखिका ने स्वयं अवलोकन किया।
29. सर्वेक्षण के दौरान एकत्रीत आँकड़ों के आधार पर निष्कर्ष निकाला गया।
30. इस प्लान को भावेश अग्रवाल ने तैयार किया, जिसमें सुधीर अग्रवाल (दिल्ली) का सहयोग भी रहा।
31. *सावा बही राजगढ़,* नं. 5, वि.सं. 1842–1844/1785–1787 ई., इमेज नं. 81, ऑनलाइन सर्वर, बीकानेर रिकॉर्ड्स, रा.रा.अ.बी.।
32. लेखिका ने स्वयं सर्वे किया। इसी दौरान मानसिंह जांगिड़ (किसान एवं पशुपालक) ने जानकारी दी।

थी।[33] कहीं-कहीं *कुंड* और *टांका* का मिश्रण भी दिखाई देता है, जिनमें पानी के लिए *पायतन* छत और आंगन दोनों होते हैं। ये काफी बड़े भी होते हैं, जिन्हें इसके आस-पास का संपूर्ण मोहल्ला काम में लेता है। ये भिन्न-भिन्न *टांके* खेत, गाँव और कस्बों से दूर निर्जन क्षेत्र में, यहाँ तक कि श्मशानघाट में भी बने हुए होते हैं। *कुंड* में दूर तक फैले हुए *आगोर* का पानी पायतन में बने नालों से संगृहीत होता था।[34] ये *कुंड* और *टांका* इस रेतीले क्षेत्र में जल संगृहीत करने की महत्त्वपूर्ण परंपरागत प्रणाली है। इस प्रणाली को संपूर्ण चूरू मंडल ने अपनाया है, क्योंकि यहाँ भू-जल लवणीय है और यह पीने योग्य नहीं, इसलिए वर्षा जल का संग्रह इन *कुंड-कुंडी* और *टांकों* में किया जाता है। इनमें जमा पानी इतना निर्मल होता है कि देश-भर में 'बहता पानी निर्मला' की कहावत को भी निरर्थक सिद्ध कर देता है।[35]

कच्चे जोहड़-जोहड़ियाँ, पक्के तालाब एवं जल संग्रहण

देश के सबसे कम वर्षा के इस क्षेत्र में बसे सैकड़ों गाँवों के नाम ही तालाब के आधार पर मिलते हैं। गाँव के नाम के साथ ही सर जुड़ा हुआ है। 'सर' अर्थात् पानी का स्थान, जैसे—कोडमदेसर, बोबासर, नापासर, कल्याणसर, भादासर इत्यादि।[36] पानी नहीं तो गाँव कहाँ? जहाँ पानी, वहीं आबादी में इजाफा हुआ और नया शहर बना। गाँव, ढाणी या कस्बा बसाने से पहले यहाँ पानी की व्यवस्था करनी होती थी। गाँव, ढाणी का नाम भी तालाब, सरोवर के अनुसार ही रखा करते थे।[37]

तालाब बनाने के लिए वैसे तो सभी दिशाएँ खुली होती थीं, फिर भी जगह का चुनाव करते समय कुछ बातों का खास ध्यान रखा जाता था, जैसे *गोचर* की तरह ताल की जमीन हो और कुछ ढलान लिए निचला क्षेत्र हो। जिस जगह से जल आएगा, वहाँ की भूमि *मुरुम* (कंकरीली जमीन) वाली हो, उस तरफ मृत जानवरों की खाल आदि निकालने वाली जगह हड़वाड़ा भी न हो और लोग शौच आदि के लिए न जा पाएँ। तालाब के लिए जगह निश्चित करने के बाद जिस जगह से जल आएगा, यानी *आगोर* की

---

33. अनुपम मिश्र, पूर्वोक्त, पृ. 43।
34. *सावा बही राजगढ़,* नं. 5, वि.सं. 1842-44/1785-87 ई., इमेज नं. 194, ऑनलाइन सर्वर, बीकानेर रिकॉर्ड्स, रा.रा.अ.बी.।
35. *राजस्थान सुजस,* पूर्वोक्त, पृ. 3; रामकुमार गुर्जर एवं अन्य, पूर्वोक्त, पृ. 257; अनुपम मिश्र, पूर्वोक्त, पृ. 45।
36. श्री डूंगरगढ़ के गाँव के नाम और यहाँ स्थित विभिन्न जलाशयों की सूची परिशिष्ट में देखें (स्वयं सर्वे कर तथ्य संग्रह किए)।
37. *मीना कुमारी, जूनी ख्यात,* पूर्वोक्त, पृ. 63-72; प्रकाश पुरोहित, पूर्वोक्त, पृ. 51।

साफ–सफाई और सुरक्षा–व्यवस्था भी सुनिश्चित कर ली जाती थी। इसी तरह *आगर*[38] या *चौबी*, जहाँ पानी आएगा, उसका स्वभाव भी जाँचा–परखा जाता था।[39]

चूरू मंडल के प्रत्येक गाँव एवं *रोही* में कच्चे *जोहड़–जोहड़ी* मिलते हैं। गाँव में बने इन कच्चे *जोहड़ों* में गाँव के पास *ताल*[40] की जो जमीन होती थी, उससे इसमें पानी आता था, साथ ही कुछ *जोहड़ों* में गाँव में होने वाली बारिश का पानी भी आता था। ये *जोहड़* गाँव की निचली भूमि में कहीं–कहीं अपने आप भी बने हुए थे तो कहीं इन्हें समय–समय पर खोदकर गहरा बनाया जाता था। जिन *जोहड़ों* में गाँव की नालियों का पानी आता था, उन्हें *खंदेड़ा* कहते थे। इन *जोहड़ों* का पानी साल भर पशु–पक्षियों के पीने के काम में आता था। कुछ गाँवों में इनकी संख्या एक से ज्यादा भी होती थी। *जोहड़ों* के सूखने पर इसकी *कांप* (गाद) को निकालकर उसकी कच्ची ईंटें बनाई जाती थीं। बाद में इन्हें भट्ठे में पकाकर ये मकान आदि बनाने के काम में आती थीं। इस तरह जहाँ *कांप* निकलने से *जोहड़* की सफाई हो जाती थी, वहीं *कांप* की नमी को भी व्यर्थ नहीं जाने दिया जाता था। गाँव की *रोही* में *जोहड़ी* होती थी, जो चारों ओर से *बणी*[41] से घिरी रहती थी, इस *जोहड़ी* का पानी मनुष्य और पशु–पक्षियों दोनों के काम में आता था। *जोहड़ी* में आने वाला पानी *बणी* और इसके आस–पास के खेतों से आता था। *जोहड़ी* का पानी तीन–चार महीने तक ही उपलब्ध रहता था, क्योंकि कच्चे *जोहड़–जोहड़ी* में कुछ पानी जमीन सोख लेती थी और कुछ वाष्पीकरण से उड़ जाता था।[42]

तालाब की जगह का चयन करते समय यहाँ बुलई[43] आते थे, जिन्हें नगर, कस्बे की भौगोलिक स्थिति की अच्छी जानकारी होती थी। मरुस्थल में किसी जगह भूगर्भीय जल की उपलब्धता होती थी, इसकी पहचान करने वाले लोग *सिराव* कहलाते थे। इन लोगों की सहायता से ही कुओं की खुदाई का स्थान चयनित किया जाता था।[44] जलाशयों की जगह का चयन एवं निर्माण विभिन्न नक्षत्रों और दिशाओं को ध्यान में रखकर किया जाता था। पंचांग, तिथि के आधार पर पंडित एवं ज्ञानी विद्वानों की सहायता से यह कार्य

---

38. तालाब की वह भीतरी जगह, जिसमें पानी संगृहीत होता हो।
39. प्रकाश पुरोहित, पूर्वोक्त, पृ. 51।
40. समतल और कुछ सख्त भूमि, जहाँ पानी एकत्रीत हो जाता है।
41. *बणी* : घनी वनस्पतियाँ।
42. चूरू के लोहिया कॉलेज के पूर्व प्राचार्य भंवरलाल सामौर ने जानकारी दी।
43. उन्हें यह ज्ञात रहता था कि कहाँ कैसी जमीन है। पहले कौन–सी जगह कुआँ, बावड़ी, तालाब बने हुए थे। अब कौन सी जगह जलाशय बनाया जाए। ये सारी जानकारी उन्हें कंठस्थ होने के साथ–साथ सूक्ष्म रूप से लिखी हुई मिलती थी।
44. *सनद परवाना बही*, नं. 10, वि.सं. 1827/1770 ई., पृ. 281 एफ–1, जोधपुर रिकॉर्ड्स, रा.रा.अ.बी.।

संपन्न किया जाता था।[45] जलाशय निर्माण के लिए जगह चिह्नित करने के बाद ही उस जगह खुदाई प्रारंभ की जाती थी। मिट्टी की खुदाई पूरी करने पर जलाशय के अंदर *धाँधले भाट्ठे* और चूने से चिनाई की जाती थी। चूरू मंडल में जलाशय अधिकतर *धाँधले भाट्ठे* और चूने से बनाए जाते थे।[46]

चिनाई के बाद तालाब का *आगर* (चौबी) बनाया जाता है। तालाब का मुख्य अंग *पायतन*[47] होता है। इसे *आगोर* भी कहते हैं। तालाब में *आगोर* से जल आता था। यह वह ढलान होती है, जिससे उसका जल एक ही दिशा की ओर बहकर यहाँ एकत्रीत होता है। *पायतन* और *आगर* तालाब के मुख्य दो अंग माने गए हैं। तालाब के *आगर* की रक्षा पाल करती है। *पाल* शब्द *पालक* से बना है। *पाल* जितनी सशक्त होगी, वह तालाब में आए जल की रक्षा करने में उतनी ही सहायक होती है। यदि यह जल की रक्षा न कर सके तो *पायतन* से *आगर* में लगातार भरने वाला जल इसे न जाने कब तोड़कर बहा ले जाएगा। जल का प्रचंड वेग देखते ही देखते इसे नष्ट कर देगा। तालाब को टूटने से बचाने वाली *पाल* से एक सीमा से अधिक पानी उसके *परनाले* से निकलना शुरू हो जाता है, इसे *नेष्टा* भी कहते हैं। तालाब बनाते समय *नेष्टा* आकार में छोटा और *पाल* से बहुत नीचे बनाते हैं।[48]

चित्र 3.3 : पीथाणा जोहड़ा, चूरू

45. जगदीश प्रसाद शर्मा, *भारती वास्तु ज्ञान*, जयपुर 1995 पृ. 86।
46. स्वयं सर्वे किया।
47. जहाँ तालाब के पैर पसरे हों।
48. *राजस्थान सुजस*, पूर्वोक्त, मई–जून 2010 पृ. 75–90; प्रकाश पुरोहित, पूर्वोक्त, पृ. 52।

चित्र 3.4 : नाका

नेष्टा मिट्टी की कच्ची *पाल* का कम ऊँचा भाग होता है, लेकिन अधिक दबाव होने की वजह से इसे पक्का, अर्थात् पत्थर और चूने से बनाया जाता है। *नेष्टा* के आस-पास का भाग अर्द्ध वृत्त की गोलाई लिये रहता है, ताकि जल का वेग इससे टकराकर खत्म हो जाए। इस अर्द्ध वृत्त भाग को *नाका* भी कहते हैं।[49]

पायतन की ओर से आने वाले पानी को सुव्यवस्थित रूप से तालाब के *आगर* तक पहुँचाने के लिए बड़े-बड़े नाले बने होते थे। ये नाले बहुत लंबे होते थे। आज भी इनके अवशेष मिट्टी में दबे हुए दिखाई देते हैं। इन नालों से पानी के साथ कंकड़-मिट्टी को *आगर* में जाने से रोकने के लिए *पुलिया* बनाई जाती थी। *पुलिया* के छोटे-बड़े और ऊँचे-नीचे भाग से छनकर जल *आगर* में पहुँचता था। यह ढाँचा *छेदी* कहलाता था।

चित्र 3.5 :छेदी

49. मानसिंह जांगिड़, पूर्वोक्त ने समस्त जानकारी दी; प्रकाश पुरोहित, पूर्वोक्त, पृ. 53।

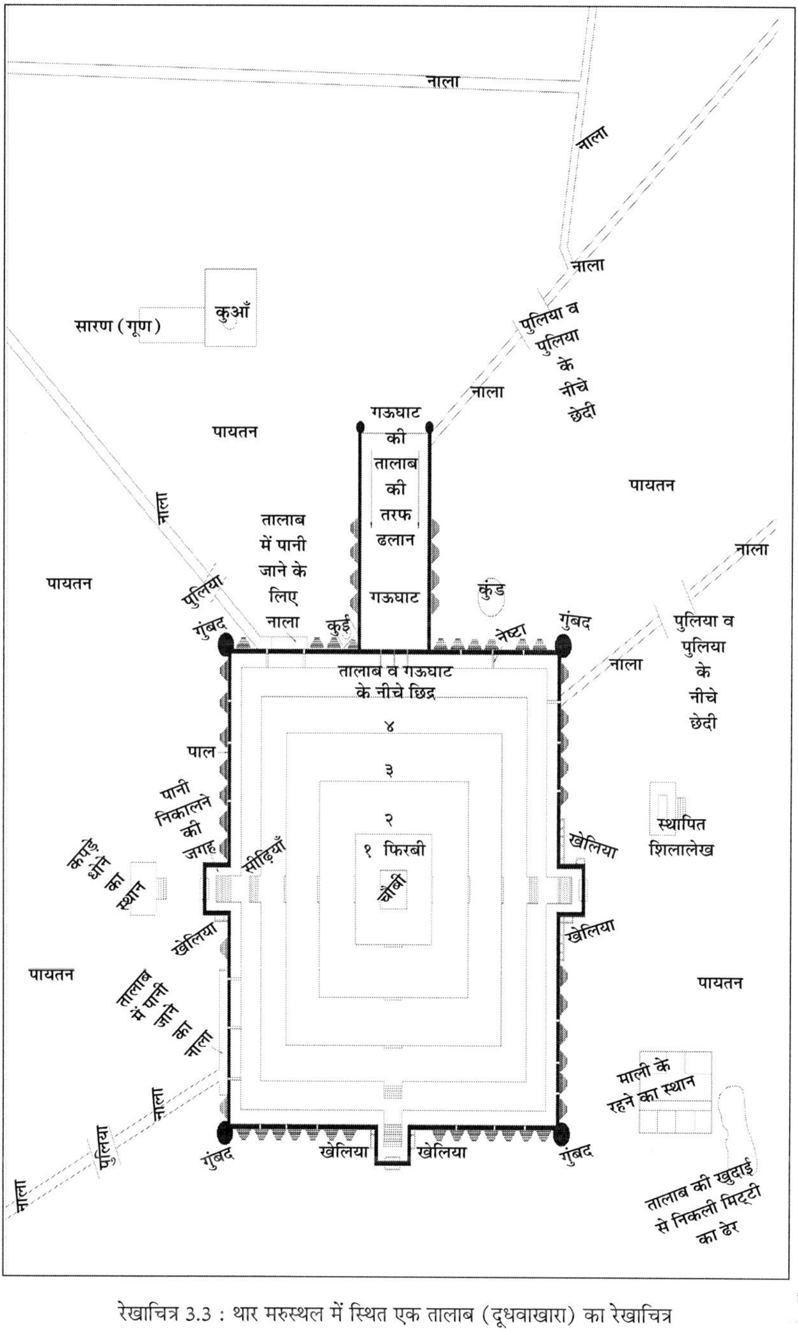

रेखाचित्र 3.3 : थार मरुस्थल में स्थित एक तालाब (दूधवाखारा) का रेखाचित्र

चित्र 3.6 : दूधवाखारा तालाब

इन *जोहड़ों* के अंदर *फिरनियाँ*[50] बनी होती थीं। इनमें सबसे नीची और केंद्र में स्थित *फिरनी* चौबी कहलाती थी। यह *फिरनी* या *चौबी* आमतौर पर *जोहड़* में जल भराव वाले सबसे ऊँचे स्थान से बीस फुट से लेकर तीस फुट तक गहरी होती थीं। इस *चौबी* के चारों ओर धीरे-धीरे चौड़ी होती हुई *फिरनियाँ* बनी होती थीं। इस *फिरनी* तक पहुँचकर *जोहड़े* में जितना पानी होता था, उसे आसानी से निकाला जा सकता था। लोक भाषा में इन *फिरनियों* को *चोपड़ा* भी कहते हैं। इन *फिरनियों* के पानी में डूबने पर ही बारिश का अनुमान लगाया जाता रहा है। कभी-कभी अधिक बरसात होने पर ये *फिरनियाँ* डूब जाती थीं और तालाब लबालब भर जाता था। *फिरनियों* की संख्या प्रत्येक *जोहड़े* में अलग-अलग होती थी। यह संख्या तीन से लेकर आठ-नौ *फिरनियों* तक भी होती थी। *फिरनी* जितनी ज्यादा होंगी, *जोहड़ा* उतना ही ज्यादा बड़ा और गहरा होगा। इन *फिरनियों* को एक तरह से *जोहड़ों* के *पाट* भी कहा जाता है।[51]

समाज को चलाने वालों ने लोगों के लिए जिस तरह जल की व्यवस्था की है, वैसे ही प्रत्येक जलाशय के साथ पशु-पक्षियों के लिए भी पीने के पानी की व्यवस्था की। इसी व्यवस्था के अनुरूप पक्के *जोहड़ों* के साथ गऊघाट बनाया जाता था। इसकी गहराई, तालाब की गहराई से 45 डिग्री के कोण पर तिरछी होती थी।

50. *फिरनी*-तालाब में गहराई के अनुसार बने विभिन्न स्तर।
51. लेखिका ने स्वयं अवलोकन किया। यहाँ की समस्त जानकारी विश्वनाथ भाटी (पूर्वोक्त) ने दी। *राजस्थान सुजस* (लेख-शेखावाटी के सदाबहार जोहड़े), वार्षिकी 1997, पूर्वोक्त, पृ. 28।

चित्र 3.7 : पक्के जोहड़ा में चौबी (आगर) जो जलस्तर को दरशाती है, तारानगर

तालाब और गऊघाट के पैंदे में छिद्र होता है, जिससे दोनों का पानी संतुलित रहता है। गऊघाट के पानी से *रोही* और *गोचर*[52] में चरने वाले पशु आसानी से अपनी प्यास बुझाते थे।[53] जिस तालाब में वर्ष भर पानी रहता था, वह बरसोदिया तालाब कहलाता था।[54]

चित्र 3.8 : पक्के जोहड़ा के पास बना गऊघाट तथा साथ में बना मंदिर। वह छिद्र, जिससे गऊघाट एवं तालाब का जलस्तर एक समान रहता है, रेणी (तारानगर)

52. चारागाह, अर्थात् गायों और अन्य पशुओं के चरने का क्षेत्र।
53. *जूनी ख्यात,* पूर्वोक्त, 63-72।
54. मुहणोत नैणसी, *मारवाड़ रा परगना री विगत,* (संपा.) नारायण सिंह भाटी, राजस्थान पुरातन ग्रंथ मंडल, जोधपुर, पृ. 129।

चूरू मंडल का समाज जिस तरह स्वच्छता से पानी को संगृहीत करता था, उसी तरह जल को सँभालकर रखने वाले *जोहड़ों* के सौंदर्य का भी ध्यान रखा जाता था। पक्के *जोहड़ों* के ऊपर छतरियाँ बनाई जाती थीं, जो इनके सौंदर्य में चार चाँद लगा देती थीं। आने-जाने वाले राहगीर *जोहड़* के पानी से प्यास बुझाकर इन छतरियों में आराम करते थे। यहाँ का सबसे सुंदर *जोहड़ा* सेठाणी का है। यह *जोहड़ा* चारों ओर से छतरियों से सुसज्जित है। यह जितना सुंदर है, उतना ही सुंदर इसका गऊघाट भी है। इसे छोटे-छोटे गुंबदों से सजाया गया है। इसमें दोनों तरफ से पानी निकालने के लिए *पाल* के ऊपर चढ़ने और पानी में उतरने के लिए सीढ़ियाँ बनी हुई हैं।[55]

चूरू से पूर्व-दक्षिण दिशा की ओर प्रेम सरोवर नामक गोल आकृति वाला एक बहुत बड़ा *जोहड़ा* है। चूरू शहर से उत्तर की ओर पिंजरापोल के सामने पिथाणा *जोहड़ा* है। इसके चारों कोनों पर छतरियाँ बनी हुई हैं। गऊघाट पर 'नंदी का गोडा' स्थित है। इस तालाब में सात *चोपटें*[56] हैं। इसके पास ही एक शिलालेख उत्कीर्ण है। पिथाणा जोहड़े से कुछ दूर एक और पक्का *जोहड़ा* है। इसे कालरा जोहड़ा कहते हैं। इसके चारों ओर बहुत घनी *बणी* है, जिसमें तालाब में पानी लाने के लिए पक्की नालियाँ बनी हुई हैं। यहाँ पशुओं के लिए गऊघाट भी बना है। इसी तरह एक और तालाब *सवाई सागर* है। चूरू में ही *जौहरी सागर तालाब* है। इसे कोई 200 वर्ष पूर्व जौहरीमल पोद्दार ने बनवाया था।[57] यह तालाब बहुत सुंदर है। इसी तरह के *जोहड़ों* में तारा नगर का पक्का *जोहड़ा*, सुजानगढ़ का नाथोलाव तालाब, सरदारशहर का बीदासर का तालाब, राजगढ़ में फतेहपुरियाँ तालाब, दूधवाखारा का पक्का तालाब यहाँ के प्रमुख तालाबों में शुमार हैं। इन *जोहड़ों* की श्रृंखला यहाँ बहुत लंबी है।[58]

ढाब

इन तालाबों का ही एक बड़ा रूप *ढाब* थी, जो कच्ची होती थी। यह *ढाब जोहड़े* से गहरी, बड़ी तथा झीलनुमा होती थी।

---

55. लेखिका ने स्वयं अवलोकन किया।
56. *फिरनी* का ही अन्य नाम।
57. *मरुश्री*, वर्ष 11, अंक 4 वर्ष 12, जुलाई-सितंबर 1982, पृ. 44-45।
58. लेखिका ने स्वयं अवलोकन किया, साथ ही बलवीर सिंह जांगिड़ एवं श्योराम जांगिड़ के साथ यहाँ के वयोवृद्ध लोगों ने जानकारी दी।

चित्र 3.9 : अगली ढाब, रेजड़ी (राजगढ़)

यहाँ के कई गाँवों में बड़ी-बड़ी *ढाब* होती थीं, जिनमें प्रमुख साहवा तथा सोमासी की *ढाबे* हैं। चूरू के तारानगर के बूचावास गाँव में भी एक *ढाब* थी। आज इसके केवल अवशेष ही शेष हैं। चूरू मंडल की सबसे प्रमुख *ढाब* ददरेवा की ढाब है। ढाब वर्षा जल के संग्रहण का बहुत बड़ा पारंपरिक तरीका है।[59]

चित्र 3.10 : साहवा की ढाब, साहवा

59. लेखिका ने स्वयं अवलोकन किया (यहाँ के वयोवृद्ध लोगों ने जानकारी दी)।

झील

वर्षा जल के संग्रहण के साधनों में झील भी एक महत्त्वपूर्ण स्रोत रहा है। झील अर्थात् तालाब का विस्तृत रूप, जिसका *फैलाव* नदी जैसा होता है। झील को वर्षा जल के संग्रह का शीर्ष स्थल माना जाता है।[60] झील प्राकृतिक तथा मानवकृत साधनों द्वारा पानी का एकत्रीकरण एवं खारे तथा मीठे पानी का संग्रह करने का प्रयास है।[61] चूरू मंडल में मीठे पानी की कोई झील नहीं है। केवल सुजानगढ़ के छापर में एक छोटी झील है, जिसकी लंबाई छह मील और चौड़ाई दो मील है।[62] इस झील की गहराई बहुत कम है, इसलिए यह ग्रीष्म ऋतु के प्रारंभ में ही सूखने लगती है। इस झील में वहाँ की पहाड़ियों से आने वाला वर्षा का जल एकत्रीत होता है। जमीन खारी होने की वजह से यह जल पीने के काम में नहीं आता। इस झील के पानी से नमक बनाया जाता है। इस कारण इस झील का आर्थिक महत्त्व है।[63]

चूरू मंडल का समाज पानी की कमी का समाधान पहले से ही ढूँढ़ लेता था। वर्षा की विफलता और निरंतर पड़ने वाले सूखे का सामना करने के लिए प्रत्येक गाँव में *जोहड़-जोहड़ी* और पक्के तालाब एवं *ढाब* बनाए जाते थे। इन्हीं से जल ग्रहण क्षेत्र की प्रतिरक्षा की जाती थी। वर्षा से पूर्व इन सभी की खुदाई और साफ-सफाई की जाती थी, ताकि इनमें ज्यादा से ज्यादा जल जमा हो सके।[64] इस काम में सामाजिक दायित्व समझकर प्रत्येक ग्रामवासी भाग लेता था। प्रत्येक घर में जल संग्रह के लिए *कुंड-कुंडी* और *टांका* आज भी मिल जाते हैं। लोग इन जल संग्रहण माध्यमों से वर्षा से प्राप्त *पालर* जल को व्यर्थ नहीं होने देते थे।[65]

---

60. प्रकाश पुरोहित, पूर्वोक्त, पृ. 33।
61. वाई.डी. सिंह, *राजस्थान में पारंपरिक नहरें,* राजस्थानी ग्रंथागार, जोधपुर, 2008, पृ. 24।
62. गोविंद अग्रवाल, पूर्वोक्त, पृ. 6।
63. बी.एल. भादानी, 'जैसलमेर सेटलमेंट पैटर्न, डेम टेक्नोलॉजी ऐंड इकोनॉमी इन द फर्स्ट हाफ ऑफ द सेवन्टीन सेंचुरी', फेलिसिटेशन वॉल्यूम—प्रोफेसर अगम कुमार माथुर, दादाजी महाराज अभिनंदन ग्रंथ वोल्यूम -111, हजूरी भवन, आगरा, 1995, पृ. 149-157, 'मयंक कुमार, 'एडप्सन टू क्लाइमेटिक वैरिएबिलिटी; इर्टिगेशन ऐंड सेटलमेंट पैटर्न्स इन अर्ली मेडिवल राजस्थान', *मेडिवल हिस्ट्री जर्नल,* ऋषि प्रकाशन, दिल्ली, 2014, पृ. 57-86।
64. मीना कुमारी, 'चूरू में जल प्रबंधन की निर्बाधता के लिए शासकीय एवं गैर शासकीय प्रयास (1728 ई -1949 ई.) एक सर्वेक्षण', *सेंट्रल इंडिया जर्नल ऑफ हिस्टोरिकल ऐंड आर्कियोलोजिकल रिसर्च* (संपा.) विद्या कैरियर रिसर्च फाउंडेशन, वॉल्यूम 5, नं. 17, जनवरी-मार्च, पन्ना, 2016, पृ. 195-197।
65. यहाँ के बुजुर्गों ने भी इनकी (जलाशय) सफाई को लोगों का सामाजिक एवं धार्मिक कर्तव्य बताया, वाई.डी. सिंह, *राजस्थान की झीलें और तालाब,* राजस्थानी ग्रंथागार, जोधपुर, 2002, पृ. 8; वाई.डी. सिंह, *राजस्थान की पारंपरिक नहरें,* पूर्वोक्त, पृ. 23।

खडीन

ढलानवाले क्षेत्र के भू-भाग में कृषि कार्य करने की इस तकनीक में पहाड़ी ढलानों वाली भूमि के बीच मिट्टी की मेड़ बनाकर वर्षा जल का संग्रहण किया जाता था, जिससे मिट्टी की नमी बनी रहती थी। इसमें गेहूँ और चने की फसलें उगाई जाती थीं। कृषि की इस अनूठी परंपरा या पद्धति को *खडीन* कहते थे।[66]

इन *खडीनों* में गेहूँ और चने के साथ-साथ राई, जीरा, इसबगोल, बाजरा, मूँग, ग्वार जैसी फसलें भी पैदा की जाती हैं। इस समय की *खडीन* पद्धति में पहाड़ी ढलान वाली जगह 5 से 10 फुट ऊँचा बाँध बनाकर जल रोका जाता है। इसके एक सिरे पर पत्थर एवं सीमेंट की मजबूत दीवार बनाई जाती है। स्थानीय बोली में इसे *चादर* या *पंखा* कहते हैं। *पंखे* से लगती कुछ दूरी तक पत्थर की *मेड़* बनाई जाती है, जिसके *ऊपर खडीन* भरने के बाद जल की अधिक आवक, यानी अतिरिक्त पानी बहकर निचले *खडीनों* में चला जाता है।[67]

इस पद्धति की विशेषता यह है कि *खडीन* के बीच में *मेड़* दिखती नहीं है, जिससे सभी *खडीन* एक जैसे लगते हैं। *खडीनों* से बहकर जाने वाला जल अपने साथ उपजाऊ मिट्टी भी बहाकर लाता है, जिससे उत्तम फसलें होती हैं।[68] *खडीन, खडाल* क्षेत्र एवं खेत का तुलनात्मक अध्ययन करने पर ज्ञात होता है कि तीनों के अलग-अलग अर्थ हैं।

खडीन में संगृहीत वर्षा जल से कृषि कार्य किया जाता है तथा इसमें ऊँची खड़ी ढलान के बीचोबीच जल स्थायी रूप से इकट्ठा होता है। चारों तरफ मिट्टी की *मेड़* बनाई होती है। इसमें जल लंबे समय तक संगृहीत रहता है, जिससे मिट्टी की उर्वरता बढ़ जाती है। *खडीन* में रबी और खरीफ दोनों ही फसलें पैदा की जाती हैं। गेहूँ, चना, बाजरा, सरसों, जीरा, मूँग, ग्वार, जौ, ज्वार इत्यादि।[69] *खडीन* पर किसी भी व्यक्ति, विशेष का अधिकार नहीं होता है, बल्कि संपूर्ण समाज की सहभागिता होती है। इसकी देख-रेख

---

66. *खडीन*-पालीवाल ब्राह्मणों द्वारा मिट्टी की *मेंड़* बनाकर जल संरक्षण करने की पुरातन व्यवस्था। पारंपरिक कृषि के लिए सिंचाई की यह विधि जैसलमेर में विशेषतः अपनाई गई।
67. बी.एल. भादानी, 'जैसलमेर सेटलमेंट पैटर्न, डेम टेक्नोलोजी ऐंड इकोनमी इन द फर्स्ट हाफ ऑफ द सेवन्टीन सेंचुरी', पूर्वोक्त, पृ. 149-157; मयंक कुमार, 'एडप्सन टू क्लाइमेटिक वैरिएबिलिटी; इर्टिगेशन ऐंड सेटलमेंट पैटनंस इन अर्ली मेडिवल राजस्थान', *मेडिवल हिस्ट्री जर्नल*, ऋषि प्रकाशन, दिल्ली, 2014, पृ. 57-86।
68. सर्वेक्षण के दौरान प्राप्त जानकारी।
69. जिब्राईल, *वाटर मैनेजमेंट सिस्टम इन द डेजर्ट रिजन आफ राजस्थान— थर्टीन्थ-एटीन्थ सेंचुरीज*, एनी बुक्स प्राइवेट लिमिटेड, नई दिल्ली, 2018, पृ. 118; अशोक गाड़ी, 'थार मरुस्थल में जलीय संसाधन खडीन के विशेष संदर्भ में', *जल, जीवन और समाज* (संपा.) जिब्राईल, एनी बुक्स प्राइवेट लिमिटेड, नई दिल्ली, 2019, पृ. 152-157।

सामूहिक रूप से होती है। *खडीन* कृषि की एक परंपरागत पद्धति है। खेत पर व्यक्ति विशेष का स्वामित्व होता है। खेत में वर्षा के पानी से वर्षालु फसलें ही बोई जाती है। खेत के चारों तरफ काँटों की *बाड़* बनी होती है तथा जल को रोकने के लिए एक तरफ मिट्टी का *धोरा* बना होता है। खेत में फसलें बोई जाती हैं।[70]

कुएँ

पालर जल के समुचित उपयोग के लिए जिस प्रकार यहाँ पारंपरिक प्रणालियाँ थीं, वैसे ही *पाताल जल* को प्राप्त करने के लिए कुओं और बावड़ियों जैसी पारंपरिक प्रणालियां थीं। चूरू मंडल और इससे जुड़े मरुक्षेत्र में कुएँ का अर्थ है धरातल से सचमुच पाताल में उतरना।[71] क्योंकि भारत के कछारी मैदानों एवं नदी घाटी में भूमि के अंदर पानी जमीन की सतह के काफी समीप होता था, जिसे आसानी से बड़े-बड़े गड्ढे खोदकर (कच्चा कुआँ बनाकर) प्राप्त किया जा सकता था।[72]

राजस्थान में जहाँ वर्षा अधिक होती है, वहाँ पाताल जल भी कम गहराई पर है। जिस क्षेत्र में वर्षा कम होती है, वहाँ उसी अनुपात में भू-जल की गहराई बढ़ती जाती है। मरुभूमि में यह गहराई 100 से 130 मीटर तक, यानी 300 से 400 फुट तक है। इस गहराई को भी यहाँ के लोग अपने हाथों से बहुत ही आत्मीय तरीके से नापते थे। नाप का मापदंड यहाँ *पुरुष* या *पुरस* था।[73] अच्छे गहरे कुएँ की गहराई साठ पुरुष होती थी, जिसे यहाँ *साठी* कहते थे।[74] थार मरुस्थल में कुओं की गहराई अधिक होती थी। यहाँ के लोग इस निर्माण कार्य में बड़े ही निपुण थे, मरुस्थलीय क्षेत्र में अधिकतर कुएँ कच्चे तालाबों के इर्द-गिर्द ही बनाए जाते थे, क्योंकि तालाब क्षेत्र विशेष के निचले क्षेत्र में ही होते थे, जिससे कुओं में जल की उपलब्धता की गहराई कुछ कम होती थी। वहीं तालाब के पानी के रिसाव से कुएँ में जल भी लंबे समय तक बना रहता था। तालाब के किनारे स्थित

70. वही।
71. प्रकाश पुरोहित, पूर्वोक्त, पृ. 27; अनुपम मिश्र, पूर्वोक्त, पृ. 69।
72. इरफान हबीब, *मध्यकालीन भारत में प्रौद्योगिकी (ई. 650-1750)*, राजकमल प्रकाशन, दिल्ली, 2018 पृ. 20-21।
73. *पुरुष* या *पुरस*-जब एक व्यक्ति अपने दोनों हाथों को फैलाकर भूमि के समानांतर फैलाकर खड़ा हो जाए तो उसके एक हाथ की हथेली से दूसरे हाथ के बीच की दूरी *पुरुष* कहलाती है। यह माप लगभग पाँच फुट होती है।
74. यहाँ के वयोवृद्ध लोगों ने बताया, जिसकी पुष्टि '*राजस्थान की रजत बूँदें*, अनुपम मिश्र कृत पुस्तक के पृ. 69 से हुई है। चूरू मंडल के गाँवों में कच्चे जोहड़ों के आस-पास बने इन कुओं की संख्या 6-7 और कहीं-कहीं इससे भी अधिक मिलती है।

इन कुओं का पानी भी स्वाद में अच्छा होता था, बजाय तालाब से अलग-थलग बने कुओं से। चूरू में उस समय समाज के लोगों की ओर से तालाब के किनारे कुएँ बनाने

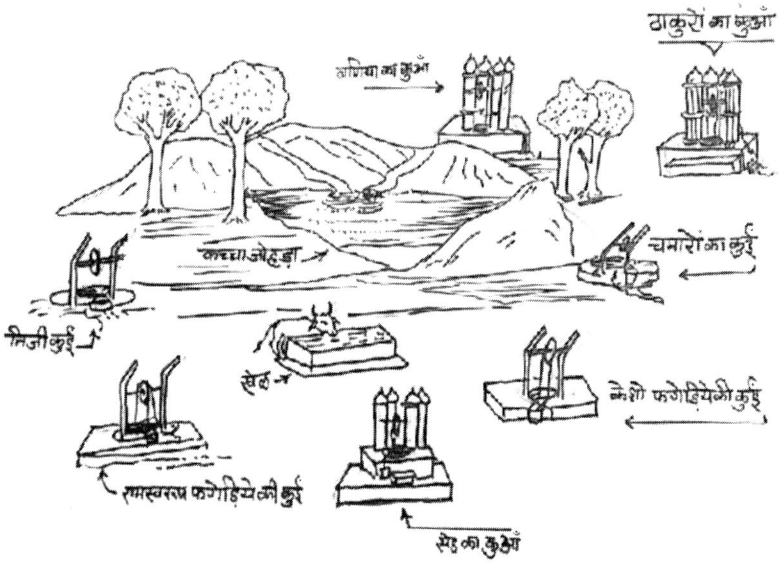

रेखाचित्र 3.4 : ग्रामीण जलीय संरचना, लंबोर बड़ी

का उद्देश्य वर्षा जल की एक-एक बूँद को संरक्षित रखना था अर्थात् कच्चे तालाब का पानी कच्ची जमीन सोख लेती थी और वही पानी रिस-रिसकर कुओं में संगृहीत होता रहता था। इसका दूसरा मकसद पानी का खारापन दूर कर उसके स्वाद में सुधार करना भी था। तालाब के चारों ओर जिस प्रकार के कुएँ बने होते थे, उसी तरह से तालाब के आगर में, तालाब के तले या पैंदे में भी छोटे-छोटे कुएँ बनाए जाते थे, जिन्हें स्थानीय भाषा में बेरी कहा जाता था। तालाब के सूखने पर इस *बेरी* से तालाब के नीचे रिसे हुए जल को प्राप्त किया जाता था। इस प्रकार पारंपरिक समाज वर्षा जल की एक-एक बूँद का संरक्षण कर उपयोग में लेना जानता था।[75] इसके अलावा कुछ लोग मिट्टी देखकर, सूँघकर तथा मिट्टी की अन्य तरीकों से जाँचकर यह बतला देते थे कि किस जगह कुआँ खोदना है और कितना गहरा खोदना है। कहाँ तक खोदने पर खारा पानी आएगा

75. उद्धृत-आलेख, मीना कुमारी, *'बीकानेर राज्य के गाँवों की जलीय संरचना'*, प्रोसिडिंग राजस्थान आर्कियोलॉजिकल ऐंड एपिग्राफिक कांग्रेस, प्रथम अधिवेशन बीकानेर, 8-9 फरवरी, 2019, पृ. 234-39।

और कहाँ तक खोदने पर मीठा पानी मिलेगा।[76] यहाँ का अनुभवी व्यक्ति यह भी जानता था कि कुएँ में अगर यहाँ 30 हाथ पर पानी मिलता है तो उससे थोड़े से फासले पर जो दूसरा कुआँ है, उसमें पानी पहले वाले कुएँ से दो-तीन हाथ नीचे या ऊपर मिलेगा। पानी का स्तर एक जैसा नहीं होगा। यही नहीं; स्तर के साथ-साथ पानी के स्वाद और वजन में भी कुछ अंतर होगा। यह भी अनुभव के साथ देखा गया है कि जो कुआँ पानी की उत्तम *शीर* (तासीर) के ठीक ऊपर खोदा जाता है, उसमें पानी अधिक आएगा और जो कुआँ पानी की *शीर* के किनारे पर या कमजोर *शीर* पर खोदा गया है, उसमें पानी कम आएगा, अर्थात् जो पानी की *शीर* कुएँ के पैंदे से निकलती है, वह अधिक पानी वाली और उत्तम होगी। जो *शीर* पूर्व, पश्चिम, उत्तर, दक्षिण दिशा की होती है, वह मध्यम और जो पूर्व-दक्षिण, दक्षिण-पश्चिम, उत्तर-पश्चिम और पूर्व-उत्तर कोण की होती है, वह बहुत कम पानी वाली कनिष्ठ *शीरें* होती हैं।

यही कारण है कि यहाँ किसी कुएँ में पानी कम तो किसी में ज्यादा पाया जाता है। यहाँ पर पानी की *शीर* ऊँट की गर्दन की भाँति बहती है।[77] यहाँ के समाज में इस तरह का अनुभव रखनेवाले व्यक्तियों की कमी नहीं थी। इन लोगों को *सीरली* या *सीरवी* (ये किसी भी जाति के हो सकते थे) कहते थे।[78] बाद में इन्हें पानीवाला बाबा या महाराज भी कहा जाने लगा।[79] कुएँ की खुदाई का स्थान निश्चित करने के बाद आवश्यकता अनुसार कुएँ की खुदाई का कार्य होता था। गहरे कुएँ खोदते समय उनकी मिट्टी थामना बहुत ही कठिन काम होता है। इस कठिन काम को करने के अनेक सरल तरीके यहाँ के समाज ने खोज लिये थे। *कीणना* कुआँ खोदने की क्रिया है और *कीणियाँ* कुआँ खोदने वाले को कहा जाता है। मिट्टी का कण-कण पहचानते है *कीणियाँ*।[80] इन कुओं की खुदाई मिट्टी देखकर किया करते थे। कुएँ का व्यास भीतर बह रहे जल की मात्रा से निर्धारित होता था। अगर ज्यादा मात्रा में जल मिलने का अनुमान हो तो व्यास बड़ा होगा। तब

---

76. वाई.डी. सिंह, *राजस्थान के कुएँ और बावड़ियाँ*, पृ. 18।
77. *मरु देशे भवति शिरा, यथा तथात परं प्रवक्ष्यामि।*
    ग्रीवा करमाणा मिव, भूतल संस्था शिरा यंति॥

    —वराहमिहिराचार्य, *वृहत् संहिता*; रघुनाथमल राय, पूर्वोक्त, पृ. 72
78. *सावा बही राजगढ़*, नं. 5, वि.स. 1842-44/1785-87 ई., पृ. 56 एफ-1 बीकानेर रिकॉर्ड्स, रा.रा.अ.बी।
79. वाई.डी. सिंह, *राजस्थान के कुएँ और बावड़ियाँ*, पृ. 69; अनुपम मिश्र, पूर्वोक्त, पृ. 69।
80. *सावा बही राजगढ़*, नं. 6, वि.सं. 1844-46/1787-1789 ई. पृ. 14 एफ-1, बीकानेर रिकॉर्ड्स, रा.रा.अ.बी.; वाई.डी. सिंह, *राजस्थान के कुएँ और बावड़ियाँ*, पृ. 18; अनुपम मिश्र, पूर्वोक्त , पृ. 69; प्रकाश पुरोहित, पूर्वोक्त, पृ. 27।

पानी निकालने के लिए एक नहीं, बल्कि दो या चार *चड़स* भी लग सकती थीं। *चरसें* ऐसे लगाई जाती थीं कि ऊपर-नीचे आते-जाते हुए आपस में टकराए नहीं।

राजस्थान में जहाँ पाताल जल ज्यादा गहरा नहीं होता, वहाँ खुदाई करने पर जल स्रोत के मिलने के बाद नीचे से चिनाई की जाती थी। चिनाई साधारण पत्थर और ईंट से होती थी।[81] ऐसी चिनाई *सीध* या *सीधी* कहलाती थी। जिस जगह भू-जल गहरा होता था, वहाँ लगातार खुदाई करने से ऊपर की मिट्टी धँसने का डर रहता था, इसलिए खुदाई के साथ-साथ ऊपर से चिनाई भी की जाती थी। ऐसी उलटी चिनाई *उँध* कहलाती थी। जहाँ पानी और भी ज्यादा गहरा होता था, वहाँ चिनाई साधारण पत्थर से नहीं की जाती, बल्कि चिनाई में लगने वाले प्रत्येक पत्थर को सचमुच में तराशा जाता था। प्रत्येक टुकड़ा अपने पास वाले टुकड़ों में गुटकों और फाँस के सहारे फँसा दिया जाता था। गुटके में फाँस दाएँ-बाएँ, ऊपर-नीचे रहती थी, इसे *सूखी चिनाई* कहते थे।

चित्र 3.11 : घरट (स्रोत : ओमप्रकाश शर्मा, चूरू)

इस तरह एक घेरे की चिनाई करने पर फिर नीचे एक घेरे की खुदाई की जाती थी। कहीं-कहीं ज्यादा गहराई के साथ मिट्टी का स्वभाव ऐसा होता था कि तीनों तरीके

81. मीना कुमारी, 'मध्यकालीन राजस्थान के पारंपरिक जल स्रोत, चूरू के संदर्भ में', *जूनी ख्यात,* मरु भूमि शोध संस्थान, वर्ष 2, अंक-1, जुलाई-सितंबर, श्रीडूँगरगढ़, 2012, पृ. 66-69।

भी कारगर सिद्ध नहीं होते, तब पूरे कुएँ की थोड़ी सी खुदाई गोलाकार में की जाती थी। अच्छी गहराई आने पर पूरी खुदाई रोककर *फाँक*[82] की खुदाई की जाती थी। अब कुएँ के वृत्त के चौथे भाग की खुदाई करके उस हिस्से की चिनाई की जाती थी। इसके बाद अब इस हिस्से के आगे वाले दूसरी *फाँक* की खुदाई कर चिनाई की जाती थी। इस तरह से चिनाई करके पाताल जल तक उतरते जाते हैं। बीच में यदि कोई चट्टान आ जाती है, तो उसे बारूद से नहीं तोड़ा जाता, बल्कि छैनी-हथौड़े से संयमपूर्वक तोड़ा जाता था[83] समय-समय पर आवश्यकता के अनुसार *वीढ़ो*[84] की सहायता से कुएँ की मरम्मत भी की जाती है।

कुएँ का धरातल और पाताल कहीं एक न हो जाए, इसलिए तरह-तरह की चिनाई की जाती थी। इस चिनाई में प्रयोग होने वाला *गारा*[85] भी साधारण नहीं होता था। यह *गारा* चूने से ही नहीं बना होता था, बल्कि इसमें ईंट की राख, बेल का फल, सन के बारीक कुतरे हुए टुकड़े, गुड़, गुग्गल, मेथी आदि पदार्थ मिलाए जाते थे।[86] कभी-कभी मोटा चूना भी मिलाया जाता था, जो *घरट* से बनाया जाता था। *घरट* बैलों से चलने वाली पत्थर की चक्की होती थी। बाद में हाथ की चक्की से भी पीसा जाता था, ताकि इतने गहरे और वजनी कार्य को आसानी से सहन कर सके।[87] कुएँ की *नाल* को ताकत देने के बाद ऊपर धरातल का काम शुरू होता था। यहाँ के कुओं पर सिर्फ *जगत* ही बनी हुई नहीं होती, बल्कि उसके ऊपर काफी काम मिलता है। इसमें मुख्य अंग *धिरणी, मूण, ढाणा, मुरवे, कोठा, खेळ, सारण, बाड़ी* इत्यादि होते थे। कुएँ के आस-पास इन सभी अंगों के बनाने का कारण था कि यहाँ पानी बहुत गहराई से ऊपर उठाना होता था। छोटी बालटी से पानी निकालने पर परिश्रम ज्यादा करना पड़ता था और जल बहुत कम मिलता था, इसलिए बड़े *डोल* या *चड़स* से पानी खींचा जाता था।[88] *चड़स,* अर्थात् लोहे के गोलाकार बने ढाँचे को पशु की खाल के साथ मजबूती से बाँध दिया जाता था। लोहे

---

82. छोटे-छोटे हिस्सों में खुदाई करना।
83. अनुपम मिश्र, पूर्वोक्त, पृ. 70-71।
84. *वीढ़ो* अर्थात् कुएँ में नीचे उतरकर मरम्मत करने के लिए बनाया गया ढाँचा-*सावा बही* राजगढ़, नं. 18, वि.सं. 1893 से 1894, इमेज नं. 286, ऑनलाइन सर्वर, बीकानेर रिकॉर्ड्स, रा. रा.अ.बी.।
85. मिश्रण/घोळ।
86. *बड़ा कमठाणा बही,* नं. 2, वि.सं. 1749/1692 ई., पृ. 3 एफ-1, बीकानेर रिकॉर्ड्स, रा.रा.अ.बी.
87. वाई.डी. सिंह, *राजस्थान के कुएँ और बावड़ियाँ,* पूर्वोक्त, पृ. 19-20; अनुपम मिश्र, पूर्वोक्त, पृ. 71-72।
88. *सावा बही* राजगढ़, नं. 5, वि.सं. 1842-44/1785-87 ई., इमेज नं. 53-54, ऑनलाइन सर्वर, बीकानेर, रिकॉर्ड्स, रा.रा.अ.बी.।

का यह गोलाकार ढाँचा *मांडल* कहलाता था। *मांडल* के चारों ओर छोटे-छोटे गोल छल्ले लगे होते हैं, जिन्हें *अंखियाँ* कहा जाता था। इन *अंखियों* की संख्या 20 होती थी। *अंखियों* और चमड़े के थैलेनुमा भाग के चारों ओर इतने ही छेदों को आपस में रस्सी से बाँध दिया जाता था। पाँच *अंखियों* के बीच लोहे की एक छड़ लगी होती है, जिसे *भुजा* कहते हैं। चार *भुजाओं* को जोड़ते हुए एक *आँकुड़िया* (कुंडा) लगा होता है, जिससे *लाव* बाँधी जाती है।[89]

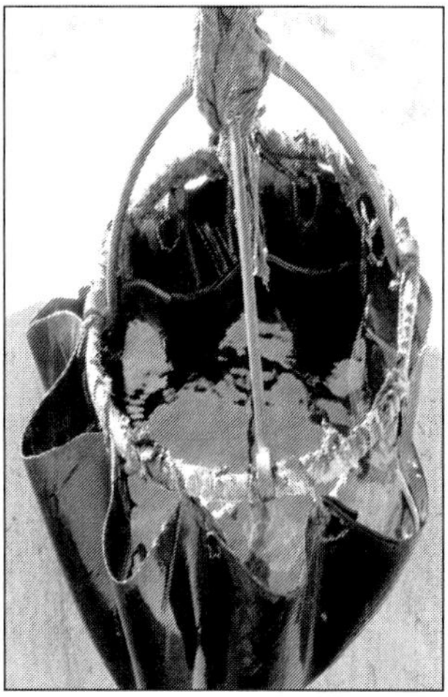
चित्र 3.12 : चड़स

चड़स से एक बार में आठ-दस बालटी पानी मिल जाता था। इतने वजन को सहन करने के लिए जो *घिरनी* या *भूण* लगता था[90] उसे भी मजबूती चाहिए होती थी, इसलिए उसे पत्थर के दो मजबूत खंभों पर लगाया जाता था।[91] इन खंभों को उस क्षेत्र में *गुड्डी* कहते हैं। *गुड्डी मुरवे* के नीचे थोड़ी ऊँचाई पर लगे सपाट पत्थर पर लगाई जाती है, जिसे *पाट* कहा जाता है। दोनों *गुड्डियों* और *भूण* के बीच में लोहे की जो छड़ लगी होती है, उसे *कणों* कहा जाता है।[92]

जब चड़स से पानी इतनी मात्रा में आएगा तो उसे ठीक से खाली करने के लिए *ढाणा* बना होता था। *ढाणे* से पानी पहले एक छोटे *कोठे* (*कुंड*) और फिर *कुंड* से बड़े *कोठे* (कुंड) में एकत्रीत हो जाता है। यहाँ से पानी को आसानी से लिया जा सकता था। इस क्रिया-कलाप के समय थोड़ा-बहुत जो पानी इधर-उधर गिर जाता था, उसे पशुओं के लिए बनी *खेळियों* में एकत्र कर लिया जाता था। इस उपक्रम में जो जल बहता था, वह *बाड़ी* में चला जाता था। *बाड़ी* कुओं के पास माली के जीवनयापन के लिए बनी होती थी। कुओं से पानी खींचने अथवा धनवानों के यहाँ वेतन पर पानी की आपूर्ति करने का काम ज्यादातर माली समाज किया करता था। माली *बाड़ी* में फल-सब्जी उगाकर उन्हें बेचता था। तब कुएँ रात के ही समय ज्यादा चलते थे। माली दिन में अपना दूसरा धंधा सँभालते थे। यहाँ के कुओं पर मिनारे (*मुरवे*)[93] और गुंबद बनाकर उसको आकर्षक

---

89. साक्षात्कार—श्यामसुंदर शर्मा, पूर्वोक्त।
90. *भूण* लकड़ी का बना होता था—*सावा बही राजगढ़*, नं. 5, वि.सं 1842-44/1785-87 ई., इमेज नं. 62, ऑनलाइन सर्वर, बीकानेर रिकॉर्ड्स, रा.रा.अ.बी.।
91. सुखदेव मीणा, *रतन नगर का ऐतिहासिक* वैभव, रतन नगर, पृ. 86; अनुपम मिश्र, पूर्वोक्त, पृ. 72
92. साक्षात्कार—श्यामसुंदर शर्मा, पूर्वोक्त।
93. *मुरवे*-कुएँ पर लगे स्तंभ, जिन्हें दूर से देखकर पता चल जाता था कि वहाँ कुआँ है।

स्वरूप दिया जाता था। इनसे कुआँ अपने आप में दर्शनीय हो उठता था। बिना *मुरवे* का *कुआँ बोड़िया कुआँ* कहलाता है।

रेखाचित्र 3.5 : मुरवे सहित टीकमाणी कुएँ का प्रारूप

1. मुरवे, 2. भूण, 3. लाव, 4. चड़स, 5. नाळ, 6. ढाणा, 7. छोटा कोठा, 8. बड़ा कोठा, 9. खेळ, 10. कुएँ के पास बना मंदिर, 11. कणों, 12. गुड्डी, 13. पाट व 14. सीढ़ियाँ।

चित्र 3.13 : दो मुरवे का कुआँ (बिंजारों की छतरी के पास), चूरू

चित्र 3.14 : चार मुरवे का फतेहपुरिया कुआँ, राजगढ़

कुओं पर इतना निर्माण कार्य होने के बाद कुएँ कभी-कभी छोटे भवन और कभी महल जैसे लगने लगते थे।[94]

एक साधारण घड़े में 20 लीटर पानी आता था। *डोल* दो-तीन घड़ों के बराबर पानी

94. गोविंद अग्रवाल, *चूरू मंडल का शोधपूर्ण इतिहास*, पूर्वोक्त , पृ. 515; चूरू *चंद्रिका*, तृतीय स्वर्ण पदक समर्पण समारोह, चूरू, अक्तूबर 1976 पृ. 16; *जूनी ख्यात*, पूर्वोक्त , पृ. 63-70।

लाता था।[95] *चड़स* सात घड़े की होती थी। इसके और नाम *कोस, पुर* और *गांजर* भी थे।[96] इन सब में खूब पानी आता था। इन्हें खींचने और फिर खाली करने में कई तरह के साधन और उतनी ही सावधानी बरतनी पड़ती थी। पानी से भरी *चड़स* बैल जोड़ी या ऊँट से खींची जाती थी। *चड़स* के बँधी मजबूत रस्सी अथवा *लाव* की सहायता से पानी निकाला जाता था। *लाव* को खींचने में ज्यादा परिश्रम न करना पड़े, इसके लिए कुओं के साथ *सारण* बनाई जाती थी। *सारण* एक ढलवाँ रास्ता होता था, जिस पर बैल चड़स को खींचते समय चलते थे। *सारण* की ढाल के कारण ही उनका कठिन काम आसान बनता था। कुएँ की जितनी गहराई होती थी, उतनी ही लंबी *सारण* रखने पर ज्यादा जगह की जरूरत होगी और फिर बैल की जोड़ी *सारण* के एक छोर से चलेगी, वह इस लंबी *सारण* के दूसरे ढलवा छोर पर जाकर बहुत धीरे-धीरे ऊपर चढ़ पाएगी। इससे दोबारा पानी खींचने में काफी समय लगेगा। इसी कारण *सारण* की लंबाई कुएँ की गहराई से आधी रखी जाती है, जिसमें दो जोड़ी बैलों की सहायता से आधे-आधे रास्ते *चड़स* को खींचा जाता था।[97] समय-समय पर *सारण* की मरम्मत भी की जाती थी।[98] भूण के ऊपर से चड़स का लाव निकालकर बैल अथवा *ऊँट* के *जुओं*[99] में बाँधी जाती थी। *लाव* के एक छोर में गाँठ में *कीली* ठोंकी जाती थी, जिसे *पोछड़ी* भी कहते थे। तीन सौ हाथ गहरे कुएँ में *चड़स* के भरते ही पहली जोड़ी ढलवा *सारण* पर डेढ़ सौ हाथ उतरकर *चड़स* को कुएँ में आधी दूरी तक खींच लाती थी। तब बारा खींचनेवाला (जिसे *गोसी* कहा जाता था।[100] आवाज लगाता था कि *आयो रे आयो, कीली छोड़ो राजाराम*¨। यह आवाज कुएँ के अंदर मुँह करके निकाली जाती, जिससे *कीलिया* (बैल हाँकने वाला) उसी समय रस्सी को बड़ी सूझ-बूझ के साथ दूसरी जोड़ी से जोड़ देता था और पहली जोड़ी को

---

95. इसी प्रकार चमड़े से निर्मित *पखाळ* भी पानी भरने में उपयोग में लाई जाती थी। *सावा बही राजगढ़,* नं. 5, वि.सं. 1842-44/1785-87, पृ. 39 एफ-2, बीकानेर, रिकॉर्ड्स, रा.रा.अ.बी.।
96. *सावा बही राजगढ़,* नं. 5, वि.सं. 1842-44/1785-87 ई. पृ. 39 एफ-2, बीकानेर रिकॉर्ड्स, रा. रा.अ.बी.।
97. *सावा बही राजगढ़,* नं. 5, वि.सं. 1842-44/1785-87 ई., पृ.39 एफ-2, बीकानेर रिकॉर्ड्स, रा. रा.अ.बी.।
98. *सावा बही राजगढ़,* नं. 18, वि.सं. 1893-94, इमेज नं. 286, *सावा बही राजगढ़,* नं. 6, वि.सं. 18 44-46/1787-89 ई., इमेज नं. 38, *सावा बही सूरतगढ़,* नं. 2, वि.सं. 1945/1888 ई. इमेज नं. 13, *सावा बही राजगढ़,* नं. 5, 1842-44, इमेज नं. 53-54, ऑनलाइन सर्वर, बीकानेर रिकॉर्ड्स, रा.रा.अ.बी.।
99. *जुआ* बैल या ऊँट के गले में लकड़ी का एक ढाँचा।
100. *सावा बही राजगढ़,* नं. 5 वि.सं. 1842-44/1785-87 ई. पृ. 271 एफ-1-2, 39 एफ-2 बीकानेर, रिकॉर्ड्स रा.रा.अ.बी.।

खोलकर रस्सी से अलग कर चढ़ाई पर हाँककर ऊपर लाया जाता था।[101] इधर, दूसरी जोड़ी बचे हुए डेढ़ सौ हाथ की दूरी तक *चड़स* को खींच लाती थी। *चड़स* के *भूण* के पास ऊपर आने पर उसको विपरीत दिशा में जोर का धक्का दिया जाता था। तब वह विपरीत दिशा में जाती थी, लेकिन पानी के वजन से वह *चड़स* पुनः बड़े वेग से लौटती थी, तब उसको एक आदमी पकड़ता और आवाज लगाने वाला पानी *ढाणे* में डाल देता था।[102] *भूण* की गति को रोकने के लिए एक छोटी *डोरी* भूण के चारों तरफ लपेट दी जाती थी। यह डोरी *भूण* में ब्रेक का काम करती थी। इसे *नेह* और *थामणी* भी कहते थे। जहाँ पानी और ज्यादा गहरा होता था, वहाँ उस कुएँ से *चड़स* ऊँट खींचता था। चड़स खींचते समय ऊँट की पीठ पर *पिलाण* नहीं होता था। जहाँ रस्से और गाँठ ऊँट के शरीर को छूते थे, उन जगहों पर बोरी या पुराने कपड़ों की मोटी और लंबी गद्दियाँ बनाकर बाँधे जाने वाले रस्सों को उन पतली रस्सियों से सिल दिया जाता था। *तगं* और पट्टियाँ भी इन रस्सों से जुड़ी रहती थीं। इन *तंगड़-पट्टियों* में ऊँट की गरदन पर नीचे की ओर कपड़े या बोरी *खाइए* (पुरानी बोरी का टुकड़ा) से बनी की एक छोटी सी गद्दी होती थी, जिसे *पट्टियाँ* कहा जाता था। इसे दोनों ओर से मजबूत रस्सी से ऊँट के पेट पर आगे वाले पैरों के पीछे बाँधा जाता था, जिसे *तंग/तंगड़* कहते थे। इसी *तंग पट्टियों* से दोनों तरफ दो और रस्सियाँ ऊँट के कूबड़ के आगे की तरफ रखी पतली-लंबी बोरी की गद्दी के दोनों ओर लगे *कुंडों* से निकाली जाती थीं। इस गद्दी को *नाड* कहते थे। यही रस्सी कूबड़ के पीछे की ओर बनी गद्दी से बाँधी जाती थी। इस मोटे पट्टे से दोनों ओर मोटी एवं मजबूत रस्सी *पिनणी* से बाँध दी जाती थी, जिसे ऊँट की पूँछ के नीचे रखते थे। *पिनणी* आगे से धनुषाकार लकड़ी की बनी होती थी।

पिनणी के बीचे के भाग में *लाव* बाँधा जाता था, इसे *नाकी* कहते थे। ऊँट के कूबड़ के पीछे की ओर *पिनणी* को *झोला* नाम से भी जाना जाता था, जो ऊँट के लिए ब्रेक का काम भी करता था। *नाकी* में *लाव* की गाँठ डालकर उसे 8-10 इंच की *किल्ली* डालकर *पिनणी* में फँसा दिया जाता था। *लाव* के छोर को *नाकी* से लपेट दिया जाता था, जैसे ही *चड़स* कुएँ की *नाल* के किनारे पहुँचने वाली होती थी तो ऊँट के पीछे *नाकी* को पकड़कर चलने वाला *झोलिया* झोले को पकड़कर झटके से *लाव* को अपने पैरों के नीचे दबा लेता था और इसी झटके से *चड़स* को *बारिया ढाणे* की ओर खींचकर पानी को *ढाणे* में डाल देता था। *झोलिया नाकी* से *किल्ली* को निकाल देता और *चड़स* को पुनः कुएँ से पानी भरने के लिए छोड़ देता। तब तक *झोलिया* ऊँट को कुएँ के पास हाँककर ले

101. मनोहर लाल माली, सेखसरियों के कुएँ का माली, उम्र 85-87, चूरू ने समस्त जानकारी दी। *राजस्थान सुजस*, पृ. 410।

102. वाई.डी. सिंह, *राजस्थान के कुएँ और बावड़ियाँ*, पृ. 26; अनुपम मिश्र, पूर्वोक्त, पृ. 75।

आता था।[103] जल विशेषज्ञ अनुपम मिश्रजी ने *लाव* को *पिलाण* से बाँधकर पानी निकालने का उल्लेख किया है, परंतु ऊँट से पानी निकालने के लिए *तंग-पट्टियों* की सहायता ली जाती थी, वहीं *पिलाण* ऊँट गाड़ी बाँधने, हल जोतने एवं बोझा ढोने के काम आता था।

चित्र 3.15 : ऊँट तंग/तंगड़ पट्टियों सहित

चित्र 3.16 : हाथ से चड़स खींचते हुए

103. साक्षात्कार—रघुबीर सिंह जांगिड़, उम्र 60; बलबीर सिंह पूनिया, उम्र 57, भिरानी, हनुमानगढ़।

बड़े बुजुर्ग बताते हैं कि उस समय ऐसे शक्तिशाली लोग भी थे, जो अपने बाहुबल से इतनी गहराई से पानी खींच लेते थे।

चित्र 3.17 : बोड़िया कुएँ से चलता लाव, लंबोर बड़ी, राजगढ़

इन *कुओं* पर *लाव* से बँधी *चड़स* से *बोरियों*[104] के बारे की गूँज के साथ कुएँ से निकला पानी जब *खल्लाटे* से *ढाणे* में गिरता था, तब *कीली* जोड़ने वाले के साथ सबका मन भी हर्षित हो उठता था। कुओं पर पनघट का नजारा भी देखने योग्य होता था। बड़े *कोठे* से महिलाएँ *घड़ा, दुघड़, तिघड़, माट या मंगलियाँ* से पानी भरने के लिए उतावली होती थीं और पानी के भरे-खाली घड़े सहित जाती-आती पनिहारिणें बहुत ही सुंदर लगती थीं। एक बार की यह पूरी क्रिया *बारी* या *बारो* कहलाती थी। यह *बारी* गाँव के परिवार के सदस्यों एवं पशुओं के अनुपात में मिलती थी।[105] जब राज्य इन कुओं की व्यवस्था सँभालता था, तब कुएँ से पानी खींचने वाले बैलों और पानी निकालने वाले मजदूरों को राज्य की ओर से भुगतान किया जाता था। राज्य की एक वही से इस प्रकार

---

104. मनोहरलाल माली, सेखसरियों के कुएँ का माली, उम्र 85-87, चूरू ने समस्त जानकारी दी। *बोरियो, चड़सियो* का ही एक संबोधन है, अर्थात् *चड़स* खाली करने वाला। इन बोरियों का समाज में बहुत सम्मान होता था। गाँव में जब बारात आती थी, तब सबसे पहले इन्हें पंगत में आदर के साथ बिठाया जाता था और भोजन कराया जाता था।

105. मानसिंह जांगिड़, पूर्वोक्त ने जानकारी दी; अनुपम मिश्र, पूर्वोक्त , पृ. 75।

की सूचना प्राप्त होती है, जिसका विवरण इस प्रकार है—

१५ ।।।=) कुवा जोड़ाया ताहारो खरच रो लागो

३ । =) कुवो परिजात फठायो तेरे मुजरव माली बुधरीये ने हस्ते नायच अकबर

१ ।।।) माली टीपड़े वगैर री जोड़ी १ दीवस ७ कुवे वही तेरा रोज १ रुपए

५ ।।=) कुवा बहण ने मजुर राखीया तने मास" [106]

कुएँ से पानी निकालने के लिए बैलों की जोड़ी और *चड़स* को जोड़ने वाली घास या रेशों वाली लंबी *लाव* (रस्सी) इतनी मजबूत नहीं हो सकती थी कि दो मण की *चड़स* दिन भर ढोती रहे। दूसरा कारण बार-बार पानी में डूबते-उतारते रहने के कारण वह जल्दी सड़ भी सकती थी, इसलिए *चड़स* की रस्सी चमड़े की लंबी-लंबी पट्टियों को जोड़कर बनाई जाती थी।[107] उपयोग के बाद इसे ऊँची जगह पर टाँग दिया जाता था, ताकि चूहे आदि इसे कुतर न पाएँ। *लाव* का एक अन्य नाम *बरत* है। *बरत* में भैंसे का चमड़ा काम में आता था। यह *लाव* कुएँ की गहराई से कुछ बड़ा होता था। *चड़स* खींचने के लिए बैलों की जोड़ी के कंधों पर जुआनुमा जो चीज बाँधी जाती थी, उसको *पिंजरो*[108] भी कहा जाता था। स्थानीय बोली में इसे *जूड़ों* या *पंजाळी* भी कहते हैं। *पिंजरो* ऊँट के *तंगड़* से बाँध दिया जाता था।

पंजाळी की ऊपर वाली लंबाई में लगने वाली वजनी लकड़ी, *लोढ़* या *कोकरा* कहलाती थी,उसके नीचे लगी हलकी लकड़ी *सलोटी* या *फट* कहलाती थीं। *जुए* के दोनों ओर लगी सण की बनी रस्सियाँ *नूगल* कहलाती थी। एक तरफ रस्सी और दूसरी तरफ की लकड़ी *धूसर* होती थी। *धूसर* और लकड़ी के बीच एक और लकड़ी होती थी, जिस पर रस्सी का घेरा होता था। इस घेरे को *पोथलिया* नाम से जाना जाता था। *पोथलिया* चमड़े का बना होता था। यह चमड़ा ज्यादातर ऊँट की खाल से बनाया जाता था, जिसे *बाध* कहते थे। *पोथलिया* के घेरे और दूसरी तरफ *लाव* का घेरा एक साथ रखकर दोनों में *किल्ली* डाल दी जाती थी। *लाव* की गाँठ का जो घेरा होता था, वह *कढ़ाई* कहलाता था।[109] दूसरी तरफ *चड़स* या बड़ा ढोल बँधा होता था। *चड़स* और *लाव*

---

106. *सावा बही राजगढ़*, नं.18, वि.सं. 1893-94/1836-37 ई., इमेज नं. 199, ऑनलाइन सर्वर, बीकानेर रिकॉर्ड्स, रा.रा.अ.बी.।

107. *सावा बही राजगढ़*, नं. 5, वि.सं. 1842-44/1785-87 ई., इमेज नं. 53, 54, 76, 110-111, ऑनलाइन सर्वर, बीकानेर रिकॉर्ड्स, रा.रा.अ.बी.।

108. इन *पिंजरों* में दोनों बैलों की गर्दन फँसाई जाती थी। *पिंजरों* में चार तरह की लकड़ियाँ लगती थीं और चारों के नाम अलग-अलग थे। ऊपर लंबाई में लगने वाली वजनी लकड़ी *कोकरा* कहलाती थी। नीचे की हलकी लकड़ी *फट* या *तनोटि* कहलाती थी। चौड़ाई में लगने वाली दो पट्टियों का नाम *गाटा* और भीतर की दो का नाम *धूसर* था, उन्हें बैलों के गले से बाँध दिया जाता था।

109. साक्षात्कार—श्यामसुंदर शर्मा, पूर्वोक्त।

को बाँधने वाली जो रस्सी काम में आती थी, वह बांधनों कहलाती थी।[110] बाद में *लाव* की सहायता से *चड़स* को पानी से भरी *लाव* को खींचकर निकाला जाता था। इसी तरह जिस कुएँ में एक साथ दो, तीन या चार *लाव* चलते थे, क्रमशः— *दुलावा, तिलावा* और *चौलावा* कुआँ कहलाता था।[111]

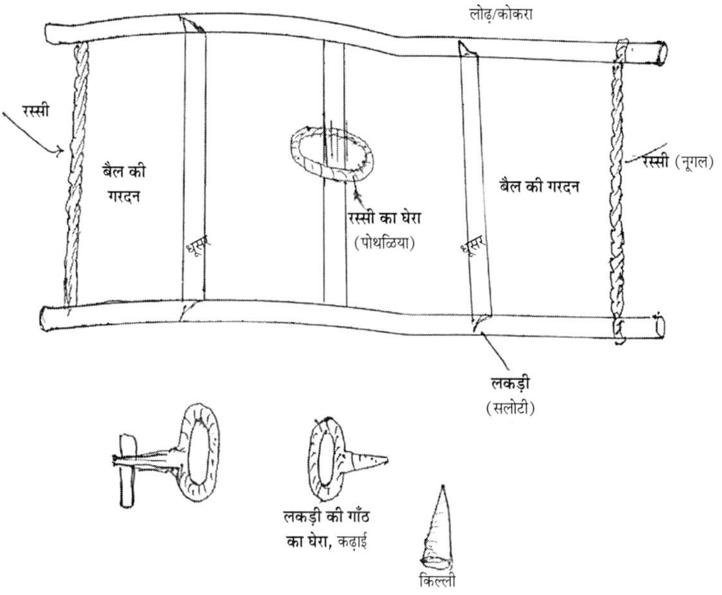

रेखाचित्र 3.6 : पंजाळी/जुओं का प्रारूप

इस प्रकार अगर पानी पाताल से उठाकर लाना हो तो कई वस्तुओं की सहायता चाहिए होती थी। इस विशाल प्रबंध का छोटे से छोटा अंग भी महत्त्वपूर्ण होता था। इनकी कमी से बड़े अंग भी किसी काम के नहीं होते थे। कुएँ के विभिन्न प्रकारों में *कोसीटा, डीमड़ा, कोहर* आदि थे।[112] इनके अलावा भी राजस्थान में इन कुओं को विभिन्न नामों

110. मनोहरलाल माली, सेखसरियों के कुएँ का माली, उम्र 85–87, चूरू ने समस्त जानकारी दी; वाई. डी. सिंह, *राजस्थान के कुएँ और बावड़ी,* पृ. 23, 26।

111. कुएँ की बनावट संकरी और गहरी हो तो उसे *कुई* के आधार पर *चौलाई कुई* कहते थे। चूरू में चौलावा कुआँ, जिसे ठाकुर संग्रामसिंह ने बनवाया था। गोविंद अग्रवाल, *चूरू मंडल का शोधपूर्ण इतिहास,* पूर्वोक्त, पृ. 205।

112. बी.एल. भादानी, *पिजेंट्स, आर्टिजंस ऐंड एंट्रप्रिन्योर्स, इकोनॉमी ऑफ मारवाड़,* जयपुर, 1999, पृ. 41–53; प्रकाश पुरोहित, पूर्वोक्त, पृ. 72।

से जाना जाता था। *आशरिया, नाल, तला, वीछरौ, बैरो, पावटा, अरट, बावड़ी, पेटवाणी, गूघरी, बंधवों कोहर* आदि नाम भी मिलते थे।[113]

बावड़ियाँ

चूरू मंडल में *पाताल* जल प्राप्ति का दूसरा स्रोत बावड़ियाँ थीं। यहाँ बावड़ियाँ बहुत कम बनी हुई हैं। प्राचीन शिलालेखों में बावड़ी को वापी के नाम से भी जाना जाता था। बावड़ी, यानी बड़ा और चौड़ा कुआँ, जिसमें नीचे तक उतरने के लिए सीढ़ियाँ होती थीं।[114] अर्थात् सीढ़ियों से नीचे उतरकर *पाताल* जल को प्राप्त किया जा सके। इस तरह बावड़ी भी कुएँ जैसा वह जल स्रोत था, जिसके जल का उपयोग पीने के साथ नहाने-धोने, पशुधन के लिए समेत सिंचाई के लिए भी होता था। बावड़ी जहाँ जल का प्रमुख स्रोत था, वहीं इसका धार्मिक और सामाजिक महत्त्व भी था।[115] बावड़ी की खुदाई कुएँ की तरह जाँच-परख करके की जाती थी। इनको बनाने से पूर्व इनका नक्शा भी बनाया जाता था। प्राचीन ग्रंथों में बावड़ी के निर्माण से संबंधित जानकारी मिलती है। इनमें बावड़ियों के चार प्रकार बताए गए हैं। नंदा, जिसमें एक प्रवेश द्वार और तीन कूट हों। ऐसी बावड़ी मनोकामनाएँ पूर्ण करती है। दो द्वारों एवं शट्कूटवाली सुंदर बावड़ी भद्रा कहलाती है। देवताओं के लिए भी दुर्लभ बावड़ी जया में तीन द्वार तथा नौ कूट होते

---

113. मुहणौत नैणसी, *मारवाड़ रा परगना री विगत,* (संपादक) नारायण सिंह भाटी, पृ. 129।
आशरिया : वह कुआँ, जिसमें से एक बार पानी निकालने के बाद कुछ समय ठहरकर पानी निकाला जा सकता है
कोसीटा : वह कुआँ, जिसका पानी अधिक गहराई पर न हो और हाथी की सूँड़ के आकार के *चड़स* (*सूँड़िया*) से पानी निकाला जाता है।
कोहर : गहरा कुआँ
चांच : साधारण कच्चा कुआँ, जिसमें से पानी निकालने के लिए एक लंबे लट्ठे के पीछे पत्थर बाँधकर अगले हिस्से में बर्तन लटकाकर हाथों से उसको ऊपर-नीचे करके पानी निकाला जा सकता है।
दीमड़ा : एक प्रकार का कुआँ
तला : गहरा कुआँ
पगवाय : वह बावड़ी, जिसमें सीढ़ियों से उतरकर पानी भरा जा सकता है
पीछ रौ बेरो : वह कुआँ, जिसमें से केवल पीने के लिए पानी निकाला जाता है।
नाल : संकरा कुआँ
बंधवो कोहर : वह कुआँ, जो अंदर से पत्थर आदि द्वारा पक्का बँधा होता है।
114. *शोध सरस्वती,* आर.डी. सागर (संपादित) इंप्रूव शोध संस्थान, जोधपुर, 2011, पृ. 13; प्रकाश पुरोहित, पूर्वोक्त, पृ. 41; राज. सुजस, *वार्षिकी* पूर्वोक्त, 1997, पृ. 8; अनुपम मिश्र, पूर्वोक्त, पृ. 73।
115. *डाइंग विज्डम (ट्रेडिशनल वाटर हार्वेस्टिंग),* (संपा.), अनिल अग्रवाल और सुनिता नारायण, सी.एस.ई., दिल्ली, 2005, पृ. 104-107।

हैं। प्राचीन ग्रंथों और विश्वकर्मा वास्तुशास्त्र के 33वें अध्याय में इसकी विशेषताओं का वर्णन मिलता है।[116] जिस भूमि में मीठे पानी की स्थिति हो, वहीं बावड़ी बनाई जाती है। सामान्यतया बावड़ी चतुस्त्र वर्तुल अथवा दीर्घ बनाई जाती है। बावड़ियों के निर्माण के संबंध में विभिन्न विधियाँ भी देखने को मिलती हैं।[117]

चूरू मंडल में बावड़ियों की संख्या न के बराबर है। चूरू मंडल में अनुश्रुतियों के अनुसार बायं गाँव में भीम बावड़ी महाभारत काल की बनी हुई है। इसका निर्माण भीम ने करवाया था।[118] इसका निर्माण *धांधले भाट्ठे* (पत्थर) से किया हुआ है। बावड़ी लगभग 25 फीट गहरी है। यह ऊपर से चौकोर आकार की तथा नीचे से गोलाई में *कुंड* के आकार की है। इसमें गोलाई में पूर्व-पश्चिम, उत्तर-दक्षिण में बैठकर नहाने की *बुर्जियाँ* (चौकियाँ) भी बनाई गई हैं। इसमें छह फुट नीचे मीठा पानी है। बावड़ी में प्रवेश के लिए पूर्व से पश्चिम की ओर सीढ़ियाँ बनी हुई हैं। प्रवेश द्वार उत्तर में है।

चित्र 3.18 : भीम बावड़ी, बायं, रेणी (तारानगर)

116. *दैनिक भास्कर*, जयपुर, धर्म चर्चा, (कृष्ण जुगनू) 13 जून, 2010; *राजस्थान सुजस*, 1997 पूर्वोक्त, वार्षिकी, जयपुर, पृ. 10।

117. इसका नाप तीन, चार, पाँच, छह या दस दंड हाथ हो और गहराई भी पानी से नीचे दस हाथ हो और गहराई भी इतनी हो कि इसके ऊपर दीवार बनाई जा सके, जो ईंट या पत्थर की होती है। पानी की सतह के निकट एक दंड का चौकोर खुला आँगन हो, जिसके ऊपर की ओर सीढ़ियाँ बनें और इन्हीं सीढ़ियों पर खंभों के सहारे चबूतरे बने होते थे। इस बात का ध्यान रखा जाता था कि स्थापत्य सपाद या खंभे पर टिका हो अथवा विपाद (बिना खंभे) पर टिका हो, पर जुड़ाई स्थायी और मजबूत हो। पाद, सोपान, सीढ़ियाँ और स्तंभों से बावड़ी टिकाऊ और मजबूत होती थी तथा आकर्षक लगती थी। यदि बावड़ी गोल हो तो सीढ़ियाँ घुमावदार-भुजंग, आवेष्टन आकृति की होनी चाहिए। यदि वापी का आकार गोल नहीं है तो सीढ़ियाँ सीधी बनानी चाहिए— *राजस्थान सुजस*, 1997, पूर्वोक्त, पृ. 8-10।

118. मुंशी सोहनलाल, *तवारीख राजश्री बीकानेर*, पृ. 35; गोविंद अग्रवाल, *चूरू मंडल का शोधपूर्ण इतिहास*, पृ. 514, 189; *परिषद् पत्रिका*, वर्ष 5, अंक 1, पृ. 14, 15, 42, 43।

बावड़ी के पास राजा-महाराजाओं की श्मशान भूमि स्थित है। इसके पास ही जागीरदारों के परिवार की पुरानी गुंबजनुमा आकार की छतरियाँ बनी हुई हैं। छतरियों और बावड़ी के पास उत्तर में ठाकुरजी का मंदिर है। बावड़ी के उत्तरी किनारे पर श्यामजी की छोटी-सी गुमटी बनी हुई है।[119] वर्तमान में इस बावड़ी को कचरे का पात्र बना दिया गया है। जल का मुख्य स्रोत यह बावड़ी कभी बहुत ही आकर्षक और महत्त्वपूर्ण रही है।[120]

कुइयाँ

रेजाणी जल को प्राप्त करने वाला तीसरा साधन *कुई* थी। *कुई,* कुएँ से बिल्कुल अलग होती थी। कुआँ *पाताल जल* को प्राप्त करने के लिए होता था, लेकिन कुई *पाताल* से ऐसे नहीं जुड़ती है, जैसे कुआँ जुड़ा होता था। *कुई* वर्षा जल को विचित्र ढंग से समेटती थी, तब भी जब वर्षा नहीं होती थी, यानी *कुई* में न पालर जल आता है और न ही *पाताल जल*। *कुई* में *रेजाणी जल* संरक्षित होता है। मरुभूमि में रेत का विस्तार और गहराई असीम है। यहाँ वर्षा अधिक होने पर भी पानी जल्द ही भूमि में समा जाता है। मरुभूमि में रेत की सतह के नीचे प्राय: दस-पंद्रह हाथ से पचास-साठ हाथ नीचे खड़िया पत्थर की पट्टी चलती है। यह पट्टी चूरू मंडल में भी है, जो बहुत लंबी-चौड़ी है, परंतु रेत के नीचे दबी रहने के कारण ऊपर से दिखाई नहीं देती है। इस क्षेत्र में बड़े कुएँ खोदते समय मिट्टी में हो रहे परिवर्तन से खड़ियाँ पट्टी का पता चल जाता है।[121] चूरू मंडल के बहुत बड़े भू-भाग में पानी खारा था, इसलिए यह पानी पीने के काम में नहीं आता था। तब इस क्षेत्र में *कुइयाँ* बनाई जाती थीं। पट्टी खोजने में भी पीढ़ियों का अनुभव काम आता था। बरसात का पानी जिस क्षेत्र में एकदम नहीं बैठे तो पता चल जाता था कि नीचे ऐसी पट्टी चल रही है। यही पट्टी वर्षा के मीठे जल को *पाताल* के खारे पानी में मिलने से रोकती थी। इस तरह इस मरुस्थल के रेतीले भाग में वर्षा जल जमीन में समाकर और नीचे चल रही पत्थर की पट्टी के बीच में ही फैल जाता था। मई-जून के महीने में चलने वाली लू से इस पानी के भाप बनकर उड़ने की आशंका रहती थी, फिर भी यहाँ प्रकृति की एक और अनोखी उदारता काम करती है। रेत के कण बहुत बारीक होते हैं। वे अन्यत्र

---

119. बलवीर सिंह जांगिड़ (एडवोकेट) एवं मानव प्रकाश शर्मा के साथ लेखिका ने अवलोकन किया और वहाँ के बुजुर्गों ने इसके बारे में समस्त जानकारी दी।

120. *स्टेप ऑफ वाटर, द एनशियंट स्टेप वैल ऑफ इंडिया,* मॉर्नू लाइकिंग स्टोन, प्रिंस टॉन आर्किटेक्चरल, प्रेस न्यूयॉर्क, 2002।

121. *जूनी ख्यात,* पूर्वोक्त, पृ. 64-72; *इलाश्री* (संपा.), इस क्षेत्र के जल स्रोत, भंवरसिंह सामौर, 2005, पृ. 16, प्रकाश पुरोहित, पूर्वोक्त, पृ. 74; अनुपम मिश्र, पूर्वोक्त, पृ. 25।

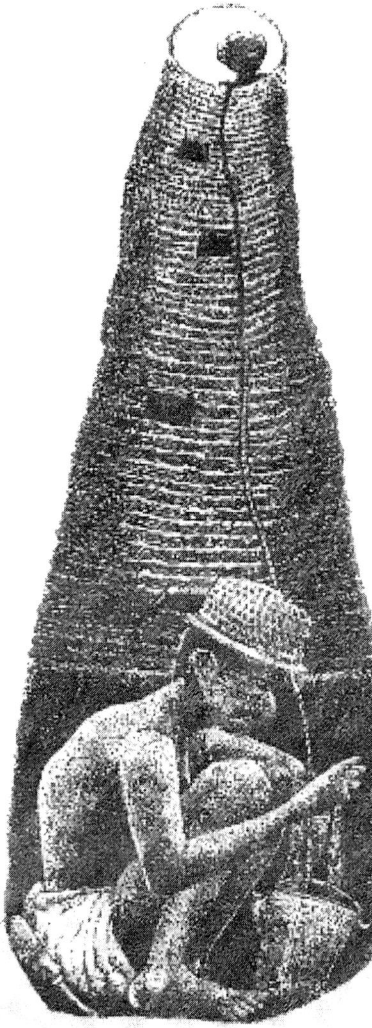

रेखाचित्र 3.7 : कुईं खोदता चेजारा
(स्रोतः अनुपम मिश्र, राजस्थान की रजत बूंदें, राजस्थानी ग्रंथागार, जोधपुर)

मिलने वाली मिट्टी के कणों की भाँति एक-दूसरे से चिपकते नहीं हैं, जहाँ मिट्टी के कण परस्पर चिपकते हैं। वे अपनी जगह को भी छोड़ते हैं और इसलिए वहाँ कुछ स्थान खाली छूट जाता है। जैसे दोमट, यानी काली मिट्टी के क्षेत्र में वर्षा होने के बाद धूप निकलने पर धरती, खेत, आँगन में दरारें पड़ जाती हैं। गरमी पड़ते ही धरती की नमी इन दरारों से वाष्प बनकर वापस वातावरण में लौटने लगती है, लेकिन यहाँ स्थान विशेष में तो इनके बिखरेपन में भी एकता है। मरुभूमि में रेत के कण समान रूप से फैले रहते हैं। पानी गिरने पर कण थोड़े भारी हो जाते हैं, पर अपनी जगह नहीं छोड़ते, इसी कारण यहाँ की जमीन में दरारें नहीं पड़तीं। इस क्षेत्र में बरसी बूँद-बूँद रेत में समाकर नमी में बदल जाती है। ऐसे स्थान पर *कुईं* बन जाए तो उसके पैंदे की खाली जगह चारों तरफ रेत में समाई नमी को फिर से बूँदों में बदल देती है, रिसती है और *कुईं* में पानी जमा होने लगता था। खारे पानी के सागर में अमृत जैसा मीठा पानी।[122] यह पानी *झारे का पानी* भी कहलाता है। इसी का दूसरा नाम *सेझों* भी है। *सेझों* पृथ्वी तल में समाया हुआ वर्षा का पानी होता है। दो-चार हाथ के व्यास वाली

122. अनुपम मिश्र, पूर्वोक्त, पृ. 25-27।

30–35 हाथ की गहरी खुदाई करने वाले कारीगर हर गाँव में मिल जाते थे। *कुई* का व्यास, यानी घेरा बहुत संकरा होता था। कारीगर इसकी खुदाई *उंखरूं* (पैरों के बल) होकर करता था।[123] *उंखरूं* बैठे *चेजारे*[124] की पीठ और छाती से एक-एक हाथ की दूरी पर मिट्टी होती थी। इतनी संकरी *कुई* की खुदाई *बसौली*[125] और कभी-कभी नुकीले कटोरे से भी की जाती थी।

आस-पास के किसी जलाशय का पानी भी रिसकर या झरकर *कुई* में आ जाता था।[126] खुदाई करते समय बहुत सावधानी बरतनी पड़ती थी। जरा सी असावधानी या चूक चेजारे के प्राण ले सकती थी। *चेजारे* का *चेजों,* यानी चिनाई का श्रेष्ठतम काम ही *कुई* का प्राण होता था। खुदाई करते-करते *डोल* से मलबा निकाला जाता था फिर आगे की खुदाई रोककर अब तक खोदी जा चुकी जगह की चिनाई की जाती थी, ताकि मिट्टी धँसे नहीं। बीस-पच्चीस हाथ की गहराई तक जाते-जाते गरमी बढ़ जाती थी और हवा कम होने लगती थी। तब ऊपर से मुट्ठी भर-भरकर रेत नीचे फेंकी जाती थी। मरुभूमि में जो हवा रेत के विशाल टीलों तक को यहाँ से वहाँ उड़ा देती है, वही हवा यहाँ *कुई* की गइराई में एक मुट्ठी रेत से उड़ने लगती थी। इस क्रिया से ताजी हवा नीचे जाती थी और दमघोंटू गरम हवा ऊपर की ओर लौटती थी। इससे पसीने से तरबतर *चेजारे* को राहत मिलती थी। इतने ऊपर से फेंकी जा रही रेत के साथ पत्थर आदि नीचे काम कर रहे *चेलवांजीयों* के सिर पर लग सकते थे, इसलिए वे अपने सिर पर काँसे, पीतल या अन्य किसी धातु का बर्तन (टोपिया) टोप की तरह पहन लेते थे।

कुछ जगह *कुई* बनाने का काम और भी कठिन होता था। किसी-किसी जगह ईंट की चिनाई से मिट्टी को रोकना संभव नहीं होता था, तब *कुई* को रस्से से बाँधा जाता था। पहले दिन *कुई* की खुदाई के साथ-साथ *खींप* नामक घास का ढेर इकट्ठा कर लिया जाता था। चेजारा खुदाई शुरू करता और बाकी लोग *खींप* की घास से करीब तीन अँगुल मोटा रस्सा बनाने में लग जाते थे। पहले दिन का काम पूरा होते-होते *कुई* लगभग दस हाथ गहरी हो जाती थी। इसके तल पर दीवार के साथ सटाकर रस्से का पहला गोला बिछाया जाता था। इस गोले के ऊपर दूसरा, तीसरा करते-करते ऊपर आते-जाते थे।

खींप घास से बना खुरदरा मोटा रस्सा प्रत्येक घेरे पर अपना वजन डालता था और बटी हुई लड़ियाँ एक-दूसरे में फँसकर मजबूती से एक के ऊपर एक करके बैठती जाती

---

123. *जूनीख्यात,* पूर्वोक्त; *इलाश्री,* पूर्वोक्त, पृ. 16,17।

124. जलाशय का निर्माण करने वाला।

125. *बसौली*—लोहे का लकड़ी के हत्थेयुक्त *फावड़े* जैसा औजार।

126. *सावा बही राजगढ़,* नं. 5, वि.सं. 1842–44/1785–87 ई., इमेज नं. 133, ऑनलाइन सर्वर, बीकानेर रिकॉड्र्स, रा.रा.अ.बी.।

थीं। रस्से का आखिरी छोर ऊपर रहता था। दूसरे दिन फिर कुछ हाथ मिट्टी खोदी जाती थी और रस्से की पहले दिन जमाई गई कुंडली दूसरे दिन खोदी गई जगह में सरका दी जाती थी। ऊपर शेष दीवार में अब नया रस्सा बाँधा जाता था। रस्से की कुंडली को टिकाए रखने के लिए बीच-बीच में कहीं-कहीं चिनाई भी की जाती थी।

लगभग पाँच हाथ के व्यास की *कुईं* में रस्से की *कुंडली* का सिर्फ एक घेरा बनाने के लिए पंद्रह हाथ लंबा रस्सा चाहिए होता था। एक हाथ की गहराई में रस्से के आठ-दस लपेटे खप जाते थे। इतने में ही रस्से की कुल लंबाई डेढ़ सौ हाथ हो जाती थी। यदि तीस हाथ गहरी *कुईं* की मिट्टी को थामने के लिए रस्सा बाँधना हो तो रस्से की लंबाई चार हजार हाथ के आस-पास बैठती थी। अनजान लोगों को तो समझ ही नहीं आएगा कि यहाँ *कुईं* खुद रही है या रस्सा बन रहा है।

रेखाचित्र 3.8 : खींप रस्सी से कुईं बाँधते हुए
(स्रोत: अनुपम मिश्र, राजस्थान की रजत बूँदें, राजस्थानी ग्रंथागार, जोधपुर)

खींप घास हर जगह नहीं मिलती थी और न ही पत्थर, लेकिन जहाँ *रेजाणी* पानी हो और जल प्राप्ति का कोई दूसरा साधन न हो तो फिर भी *कुईं* अवश्य बनती थी। ऐसी जगहों में *कुईं* के भीतर की चिनाई लकड़ी के लंबे-लंबे लट्ठों से की जाती थी। ये लट्ठे *अरणी,* केर या कुंबट के पेड़ों की डालों से बनाए जाते थे। सबसे अच्छी लकड़ी *अरणी* की मानी जाती थी। लट्ठे नीचे से ऊपर की ओर एक-दूसरे में फँसाकर सीधे खड़े किए जाते थे, फिर इन्हें *खींप* की रस्सी से बाँधा जाता था। यह बँधाई भी कुंडली का आकार लेती थी, इसलिए इसे *सांपणी* भी कहते थे। नीचे खुदाई और चिनाई का काम कर रहे *चेलवांजी* को मिट्टी की खूब परख रहती थी। खड़िया पत्थर की पट्टी या गीली मिट्टी आते ही सारा काम रुक जाता था। इस क्षण नीचे धार लग जाती थी। *चेजारा* ऊपर आ जाता था।

कुईं बनते ही जो सफलता मिलती थी, उसे उत्सव के रूप में मनाया जाता था। *कुईं* के बनने से लेकर उसके सफल होने तक *चेजारों* का विशेष ध्यान रखा जाता था। *कुईं* बनने के बाद भी चेजारे का संबंध लोगों से नहीं टूटता, बल्कि तीज-त्योंहारों और शादी-ब्याह के अवसर पर उसे नेग या भेंट दी जाती थी। फसल आने पर खलिहान में उनके नाम से अनाज का एक अलग ढेर रखा जाता था।

कुईं का मुँह छोटा रखने के भी खास कारण थे। *कुइयों* में रेत में जमा नमी से पानी की बूँदें बहुत धीरे-धीरे रिसती थीं। इतने धीरे कि दिनभर में *कुईं* में मुश्किल से दो-तीन घड़े भर सकें। *कुईं* के तल पर पानी की मात्रा इतनी कम होती थी कि अगर उसका व्यास बड़ा हो तो कम मात्रा का पानी ज्यादा फैल जाएगा और उसे ऊपर निकालना संभव नहीं होगा। छोटी *कुइयों* से पानी छोटी बालटी या छोटी चड़स से निकाला जाता था। दूसरा, *कुईं* के व्यास का संबंध इन क्षेत्रों में पड़ने वाली तेज गरमी से भी था। व्यास बड़ा हो तो *कुईं* के भीतर पानी ज्यादा फैल जाएगा, तब पानी को भाप बनकर उड़ने से रोका नहीं जा सकेगा। तीसरा कारण यदि *कुईं* का मुँह छोटा होगा तो उसे आसानी से ढका जा सकेगा। प्रत्येक *कुईं* को ढकने के लिए लकड़ी से बने ढक्कन मिलते थे। कहीं-कहीं खस की टट्टी की तरह घास-फूस या छोटी-छोटी टहनियों से बने ढक्कनों का भी उपयोग किया जाता था।

कुछ *कुइयों* की गहराई अधिक होती थी, इसलिए उनसे पानी निकालने के लिए इनके ऊपर *घिरनी* या *चकरी* लगाई जाती थी। *घिरनी* या *चकरी* प्राय: *गुलेल* के आकार के एक मजबूत तने को काटकर उसके दोनों कोनों पर आर-पार छेद बनाकर लगाई जाती थी। इसे *ओड़ाक* कहते थे। इससे पानी आसानी से सीधा निकाला जाता था और बीच में छलककर नीचे नहीं गिरता था। ये *कुइयाँ* यहाँ के गाँव में सार्वजनिक ताल पर प्रत्येक परिवार की अलग-अलग होती थीं। इन *कुइयों* पर ग्राम समाज का नियंत्रण होता

था। बहुत आवश्यकता पड़ने पर नई *कुई* के लिए स्वीकृति दी जाती थी। गोधूलि (सायं) के समय पूरा गाँव यहाँ पानी लेने के लिए उमड़ता था। उस समय यहाँ का माहौल बड़ा ही रमणीय लगता था।[127]

चित्र 3.19 : पक्की कुई, लंबोर बड़ी, राजगढ़

चूरू मंडल की तारानगर तहसील के बूचावास, गाजवास, पुनरास, मेहरी, तोगास और भालेरी गाँवों में *कुइयों* की संख्या बहुत ज्यादा थी। उपेक्षा के चलते ये *कुइयाँ* मिट्टी से ढकी हुई दिखती हैं, लेकिन यहाँ पानी की बहुत कमी है। इसी कारण अब गाँववासियों का ध्यान फिर से *कुइयों* पर जाने लगा है। ये *कुइयाँ* सचमुच *स्वयंसिद्ध* और *समयसिद्ध* प्रमाणित हो रही हैं।[128] यहाँ एक कहावत है *'भूण थारा बारह मास, इंद्र थारी एक घड़ी'*

127. अनुपम मिश्र, पूर्वोक्त, पृ. 24-34।

128. स्वयं सर्वे किया एवं अमर चंद सुथार, बूचावास (तारानगर) ने यहाँ की कुइयों के बारे में निर्माण की जानकारी दी। इसकी पुष्टि अनुपम मिश्र, *राजस्थान की रजत बूँदें*, पृ. 98 से भी होती है।

अर्थात् *भूण* को यहाँ बारह महीने काम करने का मौका मिलता है और इंद्र को तो बस एक घड़ी मिलती है। यह कहावत इंद्र की सम्मानसूचक है या *भूण* की सम्मानसूचक, यह तो कहा नहीं जा सकता, लेकिन इसके दो भिन्न अर्थ हैं कि इंद्र देवता एक घड़ी में, अर्थात् एक बार में ही इतना बरसा देते हैं कि जितना बेचारा *भूण* बारह महीने घूमकर दे पाता है, तो दूसरा संकेत यह भी है कि मरुभूमि में देवताओं के देवता इंद्र के लिए बस एक घड़ी लिखी है, लेकिन *भूण* तो बारह महीने चलता है। दोनों में समीचीन तथ्य यह है कि यहाँ तो इंद्र और भूण अर्थात् *पालर* पानी और *पाताल,* अर्थात् *रेजाणी जल* का शाश्वत संबंध है। एक पल में बरसा पानी धीरे-धीरे जमीन में समाकर *रेजाणी* और पाताल तक पहुँचकर पाताल पानी के रूप में हमें बारह महीने मिलता रहता है। इनका रूप सजीव है, जिसमें इंद्र के रूप में *पालर* पानी दिखता है और *भूण* का *रेजाणी* और पाताल पानी दिखता नहीं।[129]

यहाँ के समाज ने पानी के इस काम को विनम्रता के साथ कर्तव्य की भावना से किया है, जिसका जीवंत रूप हमें यहाँ के *कुएँ, कुई, कुंड, टांका,* तालाब, *जोहड़,* बावड़ी और *ढाब* में मिल जाता है। यही संस्कार यहाँ के समाज ने पीढ़ी-दर-पीढ़ी प्रदान करके जल को प्रेम, स्नेह एवं मितव्यता से काम में लेकर वास्तव में इसे रजत बूँदों के रूप में प्रमाणित कर दिया। अतः इस अध्याय में जल प्रबंधन के विभिन्न रूपों यथा कुआँ, बावड़ी, तालाब, वर्षा जल आदि के साथ-साथ इन जल स्रोतों के आकार-प्रकार का गहराई से अन्वेषण किया गया है, साथ ही शोध की सुगमता के लिए विभिन्न तरह के जल के महत्त्व को ऐतिहासिक जल स्रोतों के चित्रों के माध्यम से भी समझने का प्रयास किया गया है।

□

---

129. श्यामसुंदर शर्मा, सचिव, नगर श्री, चूरू ने इस मुहावरे की सवर्णन जानकारी दी।

4

जल प्रबंधन : शासकीय एवं गैर-शासकीय प्रयास तथा सामाजिक-सांस्कृतिक जीवन में जल

जल जीवन है। जीवन को बनाए और बचाए रखने के लिए जल बेहद जरूरी है। चूरू मंडल में प्राणी समूह के जीवन चक्र से संबंधित विभिन्न क्रियाओं-प्रतिक्रियाओं की आपूर्ति के लिए जल की उपलब्धता बनाए रखना तथा इस मंडल के तहत आने वाले ग्रामों, कस्बों, नगरों आदि में जल की जरूरतों को पूरा करने के लिए जलाशयों के निर्माण के लिए शासक वर्ग, श्रीमंत वर्ग तथा जनसामान्य ने स्तुत्य एवं सराहनीय कार्य किए हैं। प्रस्तुत अध्याय में इन्हीं प्रयासों का ऐतिहासिक दृष्टि से अध्ययन किया जा रहा है।

सामान्य जनजीवन, सामाजिक-धार्मिक अनुष्ठान एवं जल का महत्त्व

जल जीवन और संस्कार है। संस्कार, अर्थात् जिसके होने से कोई व्यक्ति या पदार्थ किसी कार्य के योग्य हो जाता है। *संस्कारो नाम स भवति यस्मिन्जाते पदार्थों भवति योग्य कस्यचिदेथस्य।* जल में निर्मलता, पवित्रता और सौम्यता छिपी हुई है, जो हमारे जीवन को सहज, सुंदर और सुगम बनाते हैं। भारतीय संस्कृति के प्रत्येक पहलू, हमारे धार्मिक कृत्यों में पग-पग पर, मानव की हर साँस के लिए जल की महत्ती आवश्यकता है। निश्चित तौर पर जल के बिना मानव पशु-पक्षी, जीव-जंतुओं और पेड़-पौधों का जीवन असंभव है। मानव जीवन के प्रत्येक शुभ-अशुभ कार्य में जल की न केवल उपयोगिता है, बल्कि किसी कार्य में विजय प्राप्ति या सफलता के लिए जो संकल्प लिया जाता है, वह भी हाथ में जल लेकर लिया जाता है।

मानव के जीवन को सुसंस्कृत और पवित्र करने वाले संस्कारों की संख्या सोलह बताई गई है। प्रत्येक संस्कार में जल की मुख्य आवश्यकता रहती है। जन्म से लेकर जीवन पर्यंत जल ही इन्हें पूर्ण संस्कार का स्वरूप देता है। विवेच्य क्षेत्र और काल में मानव जीवन

के लिए जल कितना महत्त्वपूर्ण है, यह इस बात से पता चलता है कि जीवन के विभिन्न सोपानों में शुभ-अशुभ, सभी अवसरों पर जल की आवश्यकता एवं महत्त्व बतलाया गया है। जन्म के बाद बच्चे को गुनगुने पानी से नहलाया जाता है। बच्चे के जन्म के बाद जच्चा एवं बच्चा, दोनों के सिर की ओर चारपाई के नीचे जल से भरा पात्र रखा जाता है।[1] तत्पश्चात जलाशय की पूजा के बाद ही प्रसूता अपने परिवार के दैनिक कार्यों को सँभाल पाती है। लोकभाषा में इसे *पाणी लाना* (जलवा पूजना) कहते हैं— *पीळों तो ओढ़ म्हारी जच्चा पाणी न चाली*।[2] मुंडन, कर्णभेदन, चूड़ाकर्म आदि अनेक संस्कारों में भी मंत्रों के साथ गरम जल से सिर धोया जाता है। इन कार्यों में काम आने वाले औजारों को भी गरम पानी से धोया जाता है, ताकि वे कीटाणुरहित हो सकें। इसकी तुलना हम आज की वैज्ञानिक विधि से कर सकते हैं।[3] उपनयन संस्कार में ब्रह्मचारी को जल की उपयोगिता की तरह-तरह की जानकारियाँ दी जाती थीं। आचमन, प्राणायाम, *मार्जन,*[4] *अर्घ्य*[5] उपासना की ये सभी क्रियाएँ जल से परिपूर्ण होती हैं। यज्ञोपवीत के पुराने होने, कट जाने या टूट जाने पर तीन *आपो हिष्टा* (ऋग्वेद : 10/9/1-3) मंत्रों सहित जल छिड़ककर नई यज्ञोपवीत धारण करने की विधि संपन्न की जाती थी।[6] आज भी यह विधि अपनाई जाती है।

विवाह संस्कार में भी वर-वधू को परिणय सूत्र में बाँधने से पहले मंगल गीतों के साथ स्नान करवाया जाता है।[7] किसी भी व्यक्ति के अंतिम संस्कार से पहले पार्थिव शरीर को गंगाजल मिले पानी से नहलाया जाता है और पार्थिव शरीर को श्मशान लेकर जाते समय घर से जीवनरूपी जल साथ ले जाते हैं। वहाँ दाह संस्कार करने वाला उत्तराधिकारी जल से भरे घड़े को कंधे पर रखकर (घड़े में छेद किया जाता है) अर्थी के चारों ओर उलटा चक्कर लगाकर घड़ा पीछे की ओर गिराकर फोड़ता है। यह क्रिया *घटफोड़* कहलाती है। दाह संस्कार के बाद समस्त संबंधीगण पास के तालाब में स्नान करके घर लौटते थे।[8] वर्तमान में यह प्रथा हाथ धोने तक सीमित रह गई है। दाह संस्कार के बाद अस्थियाँ चुनकर

---

1. पांडुरंग वामन काणे, *धर्मशास्त्र का इतिहास,* प्रथम भाग, हिंदी समिति, सूचना विभाग, उत्तर प्रदेश, लखनऊ संस्करण, पृ. 176,178,192।
2. सर्वे के समय वयोवृद्ध महिलाओं के विभिन्न अवसरों पर गाए जाने वाले लोकगीतों से जानकारी एकत्रीत की।
3. पांडुरंग वामन काणे, पूर्वोक्त , पृ. 204।
4. मंत्रोच्चारण के बीच अपने ऊपर तीन बार पानी छिड़का जाता है।
5. सूर्य को जल देना।
6. पांडुरंग वामन काणे, पूर्वोक्त, पृ. 220,228,229।
7. *1. हळ-खळ, हळ-खळ नदी ए बहवै, म्हारी बनड़ी/बन्ना मळ-मळ न्हावै जी।*
   2. मैं तनै पुंछू ए लाड़ली तनै न्हावण रो कुंड कुण घड़्यो¨ ॥
8. सुखवीर सिंह गहलोत, *राजस्थान के रीति-रिवाज,* रोशनलाल जैन ऐंड संस, जयपुर, 1966, पृ. 37।

गंगाजल में विसर्जित की जाती हैं। विष्णु धर्म सूत्र (19/11-12) एवं अनुशासन पर्व (26/32) के अनुसार संचित अस्थियाँ गंगा में बहाने से जितने वर्ष अस्थियाँ गंगा में रहेंगी, उतने सहस्त्र वर्ष दिवंगत आत्मा स्वर्ग में रहेगी।[9] ऐसा विश्वास दिलाया जाता था कि व्यक्ति के मरने के 12 दिन बाद गोमूत्र और गंगाजल मिले पानी का छींटा देकर समस्त परिवार के सदस्यों को शुद्ध करके घर को पवित्र करने का कार्य संपादित किया जाता रहा है।

जल की शुद्धि के बारे में स्मृतियों में कहा गया है कि भूमि पर एकत्रीत जल का आचमन करने से व्यक्ति पवित्र हो जाता है एवं अशौच करने के बाद अनाज, वस्त्र, भूमि, पात्र, बास इत्यादि सभी पानी से धोने या छू देने से शुद्ध हो जाते हैं।[10] इसी तरह सामाजिक और धार्मिक उत्सव तालाबों अथवा अन्य जल स्त्रोतों यथा कुओं, *कुंडों* इत्यादि के पास ही होते थे। *कागद बही* के अनुसार जल के अभाव वाले चूरू मंडल में वर्षा को आकर्षित करने के लिए *जोहड़े* के किनारे होम (हवन) किया जाता था।[11] इसी प्रकार यदि आषाढ़ महीने के दिन आकाश में बादल छाएँ और बिना बरसे आगे बढ़ जाएँ या फिर बादल बने और मिटें तो सभी लोग गुड्डे-गुड्डियाँ खेलने वाली लड़कियों को उनकी गुड़ियों को तालाब के किनारे जलाने के लिए कहते थे। गुड़ियों को जलाने (अंतिम संस्कार) के उपरांत अच्छी वर्षा की कामना करते काज (मृत्युभोज) के लिए गेहूँ और चने की *बाकली* या *गुगरी*[12] बनाकर खिलाई और बाँटी जाती थी, जैसे ही यह सब किया जाता है, वैसे ही अच्छी वर्षा हो जाती थी। खुशी से झूमती लड़कियाँ गुड्डे-गुड्डी का खेल छोड़कर खेत के कार्यों में अपने माता-पिता की सहायता करती थीं।[13] अलग-अलग तालाबों के पास अलग-अलग उत्सव मनाए जाते थे। सावण-भादों के महीने (वर्षा-ऋतु) में होने वाली वर्षा यहाँ के लोक जीवन में ढेर सारी खुशियाँ भर देती है। तदुपरांत लोग सावन की हरियाली तीज एवं भादों की कजली तीज के मेले का धीर सागर तालाब के पास आयोजन करके इस त्योहार को बड़े ही उत्साह के साथ मनाते थे।

यहाँ सरोवर के किनारे तीज का हिंडोला लगाकर छोटे-बड़े सभी झूलते थे। पूर्णत: शाही लवाजमे के साथ तीज की सवारी निकाली जाती थी। तालाब में नारियल फेंककर

9. पांडुरंग वामन काणे, पूर्वोक्त, तृतीय भाग, पृ. 1123-27, 1141,1143 अस्थियों को चुनने को स्थानीय भाषा में *फूल चुगना* कहते हैं।
10. पांडुरंग वामन काणे, पूर्वोक्त, तृतीय भाग, पृ. 1190,1193,1194; वियोगी हरि, *हमारी परंपरा*, प्रथम संस्करण, 1967, सस्ता साहित्य मंडल, नई दिल्ली, पृ. 344।
11. *आसोज बदी* 15, 1895 *होम कराया बिरखा बास्ते*। *चौपड़े सी नीवं जगाई दीवाली 1895 वि. संवत ̈ ब्राह्मण ने दिया ̈ कागद बही*, वि.सं. 1894-95, राजस्थान राज्य अभिलेखागार, बीकानेर।
12. अनाज को उबालकर बनाया गया भोजन, जिसे गुड़ या शक्कर के साथ खाया जाता था।
13. साक्षात्कार—रामकोरी पूर्वोक्त।

चित्र 4.1 : ढाब के किनारे ठाकुर हरिसिंह (स्रोत : नगर श्री, चूरू)

उस पर बंदूक से निशाना लगाया जाता था। चूरू के पिथाणा जोहड़े के पास गोपाष्टमी (कार्तिक अष्टमी) का मेला भरता था।[14]

सामाजिक और धार्मिक उत्सवों में यहाँ गणगौर त्योहार मुख्य है। होलिका दहन के दूसरे दिन से 15 दिन तक गणगौर की पूजा की जाती हैं। सुहागिनें और कन्याएँ प्रात:काल सिर पर कलश रखकर किसी प्रमुख तालाब, बावड़ी, कुएँ पर जाकर पूजा करती हैं। पूजा के बाद घर आते समय अपने-अपने कलशों में स्वच्छ जल भरकर घर पर बनी गौरी की पूजा करतीं और सुहागिनें अपने लिए अखंड सौभाग्य और कन्याएँ सुयोग्य वर की कामना करती हैं—

करवा रै करवा आठ कुआँ नौ बावड़ी
करवा रै करवा सोलहा सौ पणिहार...

चूरू के पावटा कुएँ पर गणगौर की सवारी पधारती थी।[15] राज परिवार में गणगौर का

---

14. गोविंद अग्रवाल, पूर्वोक्त, पृ. 510-511; चूरू मंडल के भित्ति चित्रों में हिंडोला के चित्रण प्रचुर मिलते हैं। हिंडोला, सरोवर की पाल पर, चंपा की डाल पर रेशम की डोर से डालने का आग्रह पत्नी अपने पति से करती है। —*मरुभारती,* वर्ष 13, अंक 2
15. वरदा (संपा.), मनोहरलाल शर्मा, उदयवीर शर्मा, राजस्थान साहित्य समिति, बिसाऊ (राज.), गौरी पूजा का एक लोक गीत, पृ.13; *चूरू चंद्रिका,* तृतीय स्वर्ण पदक समर्पण समारोह, चूरू (दिनांक 23-24 अक्तूबर, 1979 के अवसर पर प्रकाशित), पृ. 17।

त्योहार बड़ी धूमधाम से मनाया जाता था। इसकी जानकारी हमें राजपत्रों और *बहियों* से मिलती है।[16] यहाँ ज्येष्ठ महीने की शुक्लाष्टमी को सावित्री की पूजा की जाती थी, जिसमें पीपल को जल से सींचकर पुत्र-प्राप्ति की कामना की जाती थी। गाँव या कस्बे में *जोहड़ों* के किनारे ही अधिकतर पीपल के पेड़ होते थे। तालाब को मजबूती देने के साथ-साथ ये तालाब के पानी को सूर्य की तपिश से भी बचाते थे। चूरू के जौहरी सागर तालाब के पास तीज का त्योहार मनाया जाता था।[17] भाद्रपद की तीज श्रावण की तीज से ज्यादा महत्त्वपूर्ण होती थी। स्त्रियाँ जल से भरे कलश अपने सिर पर रखकर खुशी से गीत गाकर पार्वती का पूजन करती थीं।[18] चूरू मंडल में ही नहीं, बल्कि संपूर्ण राजस्थान में नारियाँ अश्विन शुक्ल शरद पूर्णिमा से कार्तिक स्नान आरंभ करती थीं। प्रतिदिन ब्रह्ममुहूर्त में उठकर नित्यकर्म से निवृत्त होने के बाद महिलाएँ और कन्याएँ एक मंडली बनाकर मंगल गीत गाते हुए ऐसे *जोहड़*, कुएँ या बावड़ी पर जाती थीं, जहाँ सामूहिक तौर पर नहाने की व्यवस्था होती थी। सामूहिक स्नान करने के बाद महिलाएँ *पथवारी*[19] के चारों ओर बैठकर भगवान् कृष्ण के *हरजस* भजन करतीं और *पथवारी* सींचती थीं।[20] महिलाएँ देवऊठनी एकादशी के दिन गीतों के *रमझोल* के साथ पास के तालाब से मिट्टी निकालकर आती थीं।[21] वर्षा ऋतु के बाद *जोहड़े* के किनारे पर जो कांप (गाद) बनती थी, वह इस समय साज हो जाती थी और *जोहड़े* का पानी लंबे समय तक साफ बना रहता था। दीवाली के दिन तालाब के पास बैठकर धन की कामना करते हुए पूजा करतीं और तालाब में दीपक तैराती थीं। यहाँ हर दिन त्योहार के रूप में मनाया जाता था। इसी तरह माघ मास की शुक्ल पंचमी के दिन भी बसंत ऋतु पर कन्याएँ फूलों से सज-धजकर किसी जलाशय के पास जाकर गीत गाते हुए माँ सरस्वती की पूजा करने के लिए फूल लेकर घर आती थीं।[22]

16. शशि अरोड़ा, *राजस्थान में नारी की स्थिति* (1600–1800 ई.), तरुण प्रकाशन, बीकानेर, प्रथम संस्करण 1981, पृ. 101, उद्धृत कोटा भंडार, नं. 1, वि.सं. 1784/1728 ई., बस्ता नं. 121, कोटा रिकॉर्ड्स *हकीकत बही*, वि.सं. 1851–52/1794–95 ई., नं. 6, पृ. 555, जोधपुर रिकॉर्ड्स।
17. *मरुश्री*, जुलाई-दिसंबर, 1982, वर्ष 11, अंक-4, वर्ष 12 अंक-1, पृ. 44।
18. शशि अरोड़ा, पूर्वोक्त, पृ. 44; जी.एन. शर्मा, *सोशल लाइफ इन राजस्थान*, पृ. 168; कर्नल टॉड, *एनाल्स ऐंड एंटीक्यूटीज ऑफ राजस्थान*, पूर्वोक्त, पृ. 134।
19. *पथवारी*—पृथ्वी माता के प्रतिरूप में जोहड़ की *गाद* से बना हुआ छोटा सा गुंबद, जिसमें चारों ओर दीपक रखने के लिए साँचे बने होते थे।—लेखिका स्वयं इस कार्य की सहभागी रही है।
20. *सात सहेल्यां रौ झूमखो ए, राधा गौरी पाणी नै गई तालाब, गम गई इंडूणी, हरे राम*
—वरदा (संपा.) मनोहरलाल शर्मा, उदयवीर शर्मा, राजस्थान साहित्य समिति, बिसाऊ (राज.), गौरी पूजा का एक लोक गीत,पृ. 15; *मरुभारती*, वर्ष 6 अंक 1, अप्रैल 1948।
21. सुबोध कुमार अग्रवाल, *माटी की महक*, लोक संस्कृति शोध संस्थान, नगर श्री, चूरू, प्रथम संस्करण, 1987, पृ. 2।
22. शशि अरोड़ा, पूर्वोक्त, पृ. 108 उद्धृत *पंचशील रा दूहा*, संख्या 5–7, पृ. 30; जी.एन. शर्मा, *सोशल लाइफ इन मिडिवल राजस्थान*, पृ. 173।

माघ महीने में शिवरात्रि के दिन शिवलिंग पर विशेष रूप से जल अर्पित किया जाता था। मकर संक्रांति के दिन सूर्य के उत्तरायण में चलना शुरू होने पर सूर्य को गुड़-तिलों के साथ जल अर्पित किया जाता था। हर त्योहार प्रसन्नता और उत्साह लाता है। सबसे अधिक उत्साह के रूप में गुलाल बिखेरने वाला उत्सव होली होता है। इसमें प्रेम और स्नेह के रूप में एक-दूसरे पर गुलाल मिले पानी की पिचकारियां मारी जाती है। वहीं जब होलिका का दहन (*मंगलाई*) किया जाता तो चारों ओर जल से सींचकर अनाज चारों दिशाओं में छिड़का जाता और कामना की जाती है कि देश की चारों दिशाओं में सम्मत (अच्छी पैदावार) हो। होलिका दहन के समय आग की *झल (लपटें) दिखणाद* के अलावा किसी और दिशा में हो तो अशुभ मानी जाती हैं, वहीं यदि लपटें दक्षिण की ओर जाएँ तो अच्छा जमाना होने का संकेत होती हैं।[23]

चूरू मंडल में जल के महत्त्व को व्यक्त करने वाले पर्वों में गंगादशमी, जल-झूलनी एकादशी मुख्य तिथियाँ हैं। चूरू मंडल के राजगढ़ से आठ मील पश्चिम में ददरेवा गाँव है। यहाँ लोक देवता गोगाजी की मेड़ी और *ढाब* है। यह स्थान हिंदू-मुसलमान की एकता का आधार स्तंभ है। यह मेड़ी शीश मेड़ी कहलाती है। यहाँ भादों महीने की बदी नवमी एवं सुदी नवमी को मेला भरता है। यहाँ माथा टेकने और धोक के लिए लोग राजस्थान के साथ-साथ उत्तर प्रदेश व अन्य राज्यों से आते हैं। सभी दर्शनार्थी ददरेवा की *ढाब* में स्नान करते हैं और इस पानी से चावल बनाकर प्रसाद स्वरूप अपने साथ ले जाते हैं। तारानगर तहसील में साहवा कस्बे में *ढाब* के पास गुरुद्वारा है। यह *ढाब* सिखों का तीर्थस्थल मानी जाती है।[24]

जिस समय महिलाओं को घर से निकलने की आजादी नहीं थी, उस समय यहाँ की महिलाएँ जल प्रबंधन एवं जलाशय निर्माण में निर्विरोध रूप से पुरुष की सहभागी होती थीं। यहाँ की नारी जल के प्रत्येक कार्य को बड़े ही चाव से उत्सव के रूप में करती हैं। यहाँ किसी कुएँ या तालाब से पानी लाना भी उत्सव से कम नहीं था। इसी उत्सव स्वरूप यहाँ कई महिलाएँ एकत्रीत होकर सज-धजकर *पणिहारी* गाती हुई *टोकणी* (मटकी) भरने जाती हैं।[25]

---

23. साक्षात्कार—कृष्णा देवी लदोइया, उम्र 65 वर्ष, गाँव डाबड़ी।
24. भंवरसिंह सामौर (निवर्तमान प्राचार्य) ने यहाँ ददरेवा की ढाब की जानकारी भी दी; श्रवणसिंह, *बीदावत राठौड़ों का इतिहास, यूनिक ट्रेडर्स*, चौड़ा रास्ता, जयपुर, प्रथम संस्करण, 2006, पृ. 208।
25. *मेरे सिर पर बंटा टोकणी, मेरे हाथ पर नेजूं डोर।*
सागर पानी लेबां जाऊ सा नजर लग जाए'' । वरदा, राजस्थान साहित्य समिति, बिसाऊ (राज.), गौरी पूजा का एक लोक गीत, पृ. 17
मूण : लगभग 30 लीटर पानी
मटका : 30-35 लीटर पानी
मटकी : 15 लीटर पानी

चित्र 4.2 : पनिहारी

जलाशय महिलाओं के विचारों के आदान-प्रदान का प्रमुख साधन थे। जलाशय पर महिलाओं के इस जमघट को 'पनघट' नाम से जाना जाता था।

चित्र 4.3 : जलप्रबंधन के लिए बनाए गए जलाशयों से जनसामान्य द्वारा पानी भरने, अपने घरों में जल संग्रहण करने तथा सेठ-साहूकारों द्वारा राहगीरों के लिए धर्मार्थ लगाई जाने वाली प्याऊ में जल की व्यवस्था करने के लिए निर्मित एवं पक्षियों के लिए जल भरने के लिए घड़ा-मटका, माट, मुण, कुंडालियाँ और मिट्टी के पात्र होते थे।

मगलिया : 10-15 लीटर पानी

झाब : 40-45 लीटर पानी 1 पणिहारी *दोघड़* (दो घड़े एक साथ लेकर चलने वाली औरत) और *तीघड़* (तीन घड़े एक साथ, दो घड़े सिर पर और एक हाथ में लेकर चलती थी)—श्याम सुंदर शर्मा, सचिव नगर श्री लोक संस्कृति शोध संस्थान, चूरू।

कुओं से पानी निकालने के इस उत्सव को यहाँ की कई हवेलियों में भित्ति चित्र के रूप में भी उकेरा गया है,[26] जिससे इस कार्य की उपयोगिता एवं विशिष्टता दृष्टिगोचर होती है। साथ ही जलाशयों से यहाँ के समाज का भावनात्मक लगाव भी स्पष्ट होता है।

चित्र 4.4 : गोयनका की हवेली पर पनघट का भित्ति चित्र, चूरू

चूरु मंडल में जन-जीवन पर जल अभाव का प्रभाव

आदिकाल से ही सभ्यता में पशुपालन मानव जीवन का अभिन्न अंग रहा है। मरुभूमियों में जल के अभाव के कारण बड़े पैमाने पर पशुपालन अत्यंत कठिन कार्य माना जाता था, फिर भी चूरू मंडल में पशुपालन में किसानों ने कम पानी उपभोग करने वाले पालतू पशुओं को अपनी अजीविका का आधार बनाया। चूरू मंडल में गाय-भैंस, भेड़-बकरी, ऊँट, गधा इत्यादि जानवर पाले जाते रहे हैं। इनमें भेड़ एवं ऊँट का अनुपात अधिक रहा है।[27] चूरू मंडल में पानी की कमी के साथ-साथ पानी खारा एवं *बिरावणा* है। यहाँ पशुधन का जीवन वर्षा पर ही अधिक निर्भर था। वर्षा का जल जोहड़ों एवं तालाबों में एकत्रीत होता था। घर या सार्वजनिक जलाशय के खारे पानी को ऊपरी कार्यों में काम में लिया जाता था। पशुओं को खारे पानी में कुछ मीठा पानी मिलाकर पिलाया जाता था, जैसा दोहे से विदित है।[28]

न्हावण पाणी और है, पीवण पाणी और।
धन-धामण न और है, वाह रे नंदकिशोर॥

जल के अभाव वाले इस क्षेत्र में जल बचाने के अनेक अनोखे तरीके थे, जिनमें एक सप्ताह के कुछ दिन एवं महीने की कुछ तिथियों को महिलाओं को बाल और कपड़े

26. चूरू के गोयनका की हवेली में पनघट की जीवंत झाकी उकेरी हुई देखने को मिलती है।
27. गोविंद अग्रवाल, पूर्वोक्त, पृ.12, 1961; *राजस्थान डिस्ट्रिक्ट सेंसस हैंडबुक,* चूरू, पृ. 282।
28. *मरुश्री,* जुलाई 1973, *अकाल एवं गणपति शताब्दी विशेषांक।*

धोने की मनाही थी। इन सभी को समाज के प्रबुद्ध लोगों ने धार्मिक आस्था से जोड़ दिया था।[29] ज्येष्ठ के महीने में चूरू मंडल के लगभग सभी जलाशय सूखने के कगार पर पहुँच जाते थे। तदुपरांत अकाल और सूखे के दिनों में लोग प्यास के अनुसार पानी नहीं पीते थे, बल्कि थोड़ा सा पानी पीते थे। ऐसी स्थिति में पशुओं को कौन भरपेट पानी पिलाएगा? उनको तो *इकांतरै*[30] पानी पिलाया जाता था। अगर पानी आस-पास नहीं मिलता था तो लोग दो-तीन मील दूर जाकर अपने पशुओं को पानी पिलाकर लाते थे, साथ ही अपने पीने के लिए भी पानी ले आते थे। जिस वर्ष अनावृष्टि हो जाती थी, उस वर्ष जल के अभाव में लोगों को जगह छोड़नी पड़ती थी। घर के *भींटखे* (कँटीली सूखी झाड़ियाँ) लगा दिए जाते थे और पशुओं को खुला छोड़ दिया जाता था।[31]

चूरू मंडल में जल की कमी के कारण प्रत्येक परिवार पशुओं की संख्या अपनी इच्छा अनुसार नहीं बढ़ा सकता था। उन्हें निश्चित संख्या में ही पशु रखने पड़ते थे। कुओं से पानी भी निश्चित पशु संख्या के अनुसार सीमित मात्रा में ही मिलता था।[32] यहाँ पशुधन का मुख्य भोजन घास भी कम वर्षा में पनप जाता था, जिसमें *बुई, पाला* (झाड़ी की पत्तियाँ), *लूँग* (खेजड़े की पत्तियाँ), *सरकणा, फोग, कडबी* (बाजरे का सूखा पौधा) इत्यादि शामिल हैं। पशुओं के साथ-साथ पक्षियों का भी मानव-जीवन से गहरा नाता है। प्राचीनकाल से पक्षियों को पालने की परंपरा रही है। मरु अंचल में जल पक्षियों की बात करना नामुमकिन बात मानी जा सकती है, लेकिन तालछापर झील में प्राकृतिक जल के समुचित भंडारण को देखते हुए यहाँ देशी-विदेशी पक्षियों के झुंड के झुंड दिखाई देते हैं। यहाँ 100 से अधिक पक्षियों की प्रजातियाँ विभिन्न मौसमों में देखी जा सकती हैं। मई-जून में पक्षियों को पीने का पानी नहीं मिलता था, इसलिए यहाँ के लोग पक्षियों के

---

29. सोमवार एवं शुक्रवार को सभी बाल धोते थे। वहीं रविवार को एक भाई की बहन, बुधवार को एक बेटे की माँ, बृहस्पतिवार को घर की मालकिन को बाल धोने की मनाही थी। वहीं मंगलवार को सुहागिनें बाल नहीं धोतीं।
    —मंगल को धोवे जुड़ो, कद्दे न पहने चुड़ो।
    पूर्णिमा को बाल धोना अच्छा माना गया
    —पूनम धोवे सिळि सपुती।
    अमावस्या को सुहागिन बाल नहीं धोती
    —मावस धोवे बावली निपुती।
    ग्यारस को (एकादशी) भी बाल नहीं धोने चाहिए।
    —साक्षात्कार, कृष्णादेवी लदोईया, पूर्वोक्त
30. एक दिन छोड़कर दूसरे दिन।
31. गोविंद अग्रवाल, पूर्वोक्त, पृ.13।
32. मानसिंह जांगिड़, आयु 93-94 वर्ष, राजगढ़ ने जल की कमी से त्रस्त पशुओं के बारे में जानकारी दी।

पीने के लिए अपनी छतों, खेत, *बीहड़* आदि जगहों पर टूटे हुए घड़ों के आधे भाग में पानी भरकर रखते थे। इस आधे भाग को *तगरा* कहा जाता है। *तगरे* में सायंकाल पानी डाला जाता था। चूरू मंडल में पानी की कमी के बावजूद पेड़-पौधे, जीव-जंतु अपने आपको यहाँ के मौसम के अनुकूल बनाकर प्रकृति को रमणीय बनाने में विशेष सहयोग देते हैं। थोड़ी-सी वर्षा होने पर यहाँ *भुरंट, गंठील, जटाब, सींवण, भांखड़ी, खींप* आदि घास जल की कम मात्रा में भी उगकर यहाँ का प्राकृतिक सौंदर्य बढ़ा देते हैं। यहाँ के मनभावन वातावरण को देखकर कोई भी यह कहेगा—*टीबे कै गैलने पोह फाटतां आभै ने सोनै स्यूं मंढ दियो हौवे जाणै। कुदरत की इस सोवणी झाँकी देख भायलो मुग्द होग्यो। को-को करतो मोरियो उड्यो। बड़ो सोवणो देश है। सावण भादवो जदि बरसज्या तो ओ देश साच्याणी सुर्ग है। कै करै तेरो कश्मीर र कंया के लागै काशी।* तभी इस पर्यावरण का वर्णन यहाँ के कवि कन्हैयालाल सेठिया ने इस गीत में किया है।[33]

आ तो सुरगां ने सरमावै, ईं पर देव रमण नै आवै।
चंदो इमरत रस बरसावै। धरती धोरा री॥

मरुभूमि में गाँव बसाने के लिए प्राय: ऐसे स्थान का ही चयन किया जाता था, जहाँ वर्षा का पानी एकत्रीत किया जा सके और जो निचला क्षेत्र हो, ताकि वहाँ से पानी रिसकर भूमिगत जल के रूप में कम गहरे कुएँ से प्राप्त हो सके।[34] राजस्थान के ख्यात इतिहासकार श्री गौरीशंकर ओझा ने लिखा है कि इस भू-भाग पर जहाँ भी पानी जमा होने का स्थान था, आरंभ में वहीं बस्तियाँ बस गईं। यही कारण है कि यहाँ के गाँव के नाम के आगे 'सर' जुड़ा हुआ मिलता है, जैसे—बीदासर, आबसर, शोभासर, मलकीसर, भोजासर, लूणासर, बोबासर, सोनपालसर, नापासर आदि। इसका यही आशय है कि उन स्थानों में कुएँ अथवा तालाब भी हैं।[35] श्री डूंगरगढ़ के 54 गाँवों में से 34 गाँवों के नाम के आगे 'सर' मिलता है।[36]

जल अभाव वाले इस क्षेत्र में जलाशयों एवं समाज का घनिष्ठ अंत: संबंध था, क्योंकि जलाशयों के आस-पास ही विभिन्न उत्सवों के लिए सभी वर्गों और समुदायों के लोग एकत्रीत होते थे। वहीं जलाशय सामाजिक आचार-विचारों के आदान-प्रदान

---

33. सुबोध कुमार अग्रवाल, पूर्वोक्त, पृ. 27-28।
34. पूनमचंद जोईया, सहायक निदेशक, राजस्थान राज्य अभिलेखागार ने जानकारी दी।
35. गौरीशंकर हीराचंद ओझा, *बीकानेर राज्य का इतिहास,* प्रथम भाग, बीकानेर, प्रथम संस्करण, 1927, पृ. 10; बृजरतन जोशी, *जल और समाज,* पुस्तक संसार सेवा पंथ, जयपुर, 2005, पृ. 11; श्रवणसिंह, पूर्वोक्त, पृ. 214।
36. लेखिका ने खुद सर्वेक्षण किया। गाँव और जलाशयों के सर्वेक्षण की सूची परिशिष्ट सं. 10 में दी गई है। (सूची तैयार करने में मोहर सिंह जांगिड़, बीओबी बैंक प्रबंधक, सादुलपुर का विशेष यागदान रहा)।

प्रमुख केंद्र भी थे। इसके साथ ही ये जलाशय अमीरी-गरीबी और जाति भेद की खाई को पाटते हुए इस लोकोक्ति को सार्थक करते थे कि राम राज्य में शेर-बकरी एक ही घाट पर पानी पीते थे। उदाहरणार्थ चूरू का सवाई सागर तालाब विभिन्न समुदाय की संस्कृतियों के मिलन का प्रमुख केंद्र था। वहाँ तालाब के चारों ओर अलग-अलग जातियों के श्मशान घाट, चूरू मुख्य मुक्तिधाम, ओसवाल मुक्तिधाम, हरिजन मुक्तिधाम, खातियों का मुक्तिधाम, मालियों का मुक्तिधाम एवं कब्रिस्तान बने हुए हैं। किसी व्यक्ति के निधन के बाद दाह-संस्कार के उपरांत सभी सवाई सागर तालाब के घाट पर नहा-धोकर या हाथ पैर धोकर घर जाते थे।[37]

चित्र 4.5 : सवाई सागर, चूरू

इसी क्रम में, अगर गाँव की जल संरचना देखें तो गाँव के कच्चे तालाबों के इर्द-गिर्द ही सभी जातियों के कुएँ बने होते थे। उदाहरणार्थ लंबोर बड़ी गाँव में कच्चे तालाब के पास ठाकुरों, ब्राह्मणों, चमारों, फगोड़ियों और अन्य भिन्न-भिन्न जाति, वर्ग और समुदायों के कई कुएँ बने हुए हैं। इससे यहाँ सामाजिक और भौगोलिक एकता दृष्टिगत होती है।[38]

जल संकट से निपटने और जीवन सुगम बनाने के लिए जल प्रबंधन

चूरू मंडल के इतिहास के अनुसार कई तालाब नगर स्थापना के समय से पूर्व और कई स्थापना के समय से ही यहाँ की संस्कृति के अंग रहे हैं। जल के महत्त्व को स्वीकार करते हुए भारतीय धर्मसूत्रों में जोर दिया है कि राजा और प्रजा को तालाब और कुएँ बनवाने चाहिए।[39] इस क्षेत्र में जल संग्रहण की आवश्यकता अधिक थी, इसीलिए यहाँ

37. सर्वेक्षण के दौरान श्यामसुंदर शर्मा, पूर्वोक्त ने तथ्यात्मक जानकारी दी।
38. उद्धृत आलेख, मीना कुमारी, 'बीकानेर राज्य के गाँव की जलीय संरचना', पूर्वोक्त।
39. ईश्वर सिंह राणावत, पूर्वोक्त, पृ. 93 उद्धृत *विष्णु धर्मसूत्र,* 91/1, *वशिष्ठ धर्मसूत्र* 17/8; ओमप्रकाश, *प्राचीन भारत का सामाजिक एवं धार्मिक इतिहास,* पृ.12; *राजवल्लभ,* सर्ग 1, श्लोक 21 और 4/36।

जलाशयों की संख्या सैकड़ों में नहीं अपितु हजारों में है, क्योंकि प्रत्येक गाँव में तालाब अवश्य था चाहे कच्चे हों या पक्के। विवेच्य काल में सबसे ज्यादा कच्चे *जोहड़* एवं *जोहड़ियाँ* थीं, क्योंकि ये आसानी से और कम लागत में बन जाते थे। कच्चे जोहड़ों के बाद यहाँ कुआँ और *कुई* का स्थान था। राजस्थान में प्राचीनकाल से ही कुओं, बावड़ियों, तालाबों, *कुंडों*, सरोवरों आदि के निर्माण का काम जारी रहा है। निर्माण की इस परंपरा में संपूर्ण समाज की समान भागीदारी रही है। कहीं-कहीं इन जल स्त्रोतों पर शिलालेख उपलब्ध हो जाते हैं, जिनमें इनके बनाने का समय, बनाने वाले का नाम भी अंकित होता है। कभी-कभी इन्हें बनाने में आने वाली लागत का संपूर्ण विवरण भी दिया जाता था।[40] चूरू मंडल में शासकों और सेठ-साहूकारों ने अनेक जलाशयों का निर्माण करवाया, जो जहाँ पेयजल आपूर्ति के महत्त्वपूर्ण स्त्रोत थे, वहीं सिंचाई के भी मुख्य साधन थे। ऐसा नहीं है कि इनके निर्माण में राजा-महाराजाओं, सेठ-साहूकारों अथवा समर्थ लोगों का ही योगदान रहा हो, बल्कि ऐसे उदाहरण भी हैं, जब सामान्य लोगों ने किसी अच्छे कार्य की स्मृति, किसी व्यक्ति विशेष की स्मृति या किसी संकल्प के फलस्वरूप मिलकर अथवा निजी तौर पर इनका निर्माण करवाया। चूरू मंडल में एक प्राचीन बावड़ी है। यह बावड़ी तारानगर तहसील के बांय गाँव में भीम बावड़ी के नाम से स्थित है।[41] किंवदंती है कि महाभारत काल में भीमसेन ने यहाँ पानी की कमी दूर करने के लिए यह बावड़ी बनाई थी।[42]

शासक वर्ग एवं जल प्रबंधन

चूरू मंडल में जलाशय निर्माण की, जो परंपरा प्राचीनकाल से चली आ रही है, उसे निभाते हुए यहाँ के शासक वर्ग/सामंत वर्ग या ठाकुर-सरदारों ने भी कुछ जलाशयों का निर्माण करवाया और निर्माण में सहयोग दिया।[43] चूरू मंडल बीकानेर रियासत के अंतर्गत आता था, इसलिए चूरू मंडल में जलाशयों के निर्माण से पहले बीकानेर के शासक सदैव कुछ शर्तों के साथ जलाशय निर्माण की सहमति देते थे। *कागद बही* से ज्ञात हुआ कि बीकानेर के महाराजा गंगासिंह ने (1887-1943) रतनगढ़ में पानी की समस्या को दूर करने के लिए वि.सं.1943/1886 ई. को सदाराम चाँदगोठिया को कुआँ बनाने की अनुमति दी, जिसमें शर्त रखी गई थी कि कुआँ व्यक्तिगत न होकर सार्वजनिक होगा।[44]

---

40. बी.एल. भादानी, पूर्वोक्त, पृ. 31।
41. गोविंद अग्रवाल, पूर्वोक्त, पृ.16, 189; मुंशी सोहनलाल, *तवारीख राज श्री बीकानेर*, पृ. 35।
42. एडवोकेट बलवीरसिंह जांगिड़ और मानव प्रकाश शर्मा के साथ बाँय गाँव का सर्वेक्षण किया। बांय गाँव के हरिमोहन पेड़ीवाल ने भीम बावड़ी की समस्त जानकारी दी।
43. गोविंद अग्रवाल, पूर्वोक्त, पृ. 355,356; श्रवण सिंह, पूर्वोक्त , पृ. 215, 216।
44. *कागद बही*, नं. 88, वि.सं. 1942-43/1885-87 ई, पृ. 2 (अ) राजस्थान राज्य अभिलेखागार, बीकानेर।

इस कालखंड में मीठे जल के स्रोतों और सिंचाई के जल स्रोतों को किराए (*मुकाते*) पर चढ़ाने का उल्लेख भी मिलता है। उदाहरणार्थ राजगढ़ में कुछ लोगों ने मीठे पानी की *कुइयाँ* मुकाते पर ली थीं।[45]

२ ॥)। कुईं १ मुकाते फतीये पठाण गुमानीये कामखानी वगैरे रासती कराई बँधाई तेरा दिया मीती चेत बदी २ हस्त दायमदायमा

१)२। कुईं १ सोनार सांवतीये लीवी तेनु फागुण सुद १ हस्तु आईदान पड़ीहार, १)। कुईं १ हस्तु पंवार रायधण तेरी मीती आसाढ़ बदी १० दियो सु ४॥)२।

इसी प्रकार किसी गाँव की जनता के लिए निर्मित सार्वजनिक कुआँ, तालाब और *तलाई* का निर्माण उसी गाँव की सीमा के भीतर ही किया जा सकता था। किसी गाँव के द्वारा उसकी सीमा से सटे अन्य गाँव की सीमा के भीतर इन जलाशयों का निर्माण नहीं किया जा सकता था।

उदाहरणार्थ *गाँव भोजासर रो भोगतो चौधरियों समसुतो जोग तिथा गाँव राजासर फगेड़िये रे भाटी सेरे खेत सिंघोत श्री दरबार मालम कराई मैं म्हारा गाँव री काँकड़ में तलाई खोदता था सु यो बुर दीवी खोदण दीवी नहीं सु आछो काम न कियो हमे आपरे गाँव री काँकड़ में तलाई खोदण देजो झगड़ो अडबी हूवे तो श्री दरबार आय जाब करजो मीती आसाढ़ सुदी*।[46]

चूरू मंडल के ज्ञात इतिहास के अनुसार सबसे पुराने कुएँ का उल्लेख ददरेवा के राणा जैतसी के समय के एक अभिलेख में मिलता है। अभिलेख में संवत् 1273 माघ सुदी 14 चंद्रवार/सोमवार, 23 जनवरी, 1217 ई. और इसमें मंडलेश्वर गोपाल के पुत्र राणा जैतसी का नाम अंकित है। इस अभिलेख में एक कुआँ खुदवाए जाने का उल्लेख है।[47] बीकानेर के चतुर्थ शासक राव जैतसी (1526-42 ई.) के समकालीन रोहड़िया बारहठ नगराज के

---

45. *सावा बही राजगढ़*, नं. 5, वि.सं. 1842-44, इमेज नं. 133, ऑनलाइन सर्वर, बीकानेर रिकॉर्ड्स, रा.रा.अ.बी.।

46. *कागद बही*, नं. 32, वि.सं. 1882, पृ. 119 एफ 1-2 बीकानेर रिकाड्र्स, रा.रा.अ.बी.।

47. गोविंद अग्रवाल, पूर्वोक्त, पृ. 54 उद्धृत इस अभिलेख का संपादन इतालवी विद्वान तेसीतोरी ने किया था, जिसमें भूलवश सं. 1273 की बजाय 1270 लिखा गया और परवर्ती इतिहासकार उसे वैसा ही लिखते आ रहे हैं। ओझा ने भी वि.सं. 1270 (ई. 1213) लिखा है (ओझा, *बीकानेर राज्य का इतिहास*, पृ. 63), चूरू *जिला गजेटियर* में भी पृ. 22 पर उसे इसी रूप में उद्धृत किया गया है। पहले यह किसी कुएँ पर लगा होगा, लेकिन अब ददरेवा स्थित गोगाजी की मेड़ी में रखा गया है। शिलालेख काले रंग का है, जिसकी लंबाई करीब साढ़े चार फीट है। इसके एक किनारे पर 6''×12'' में लेख उत्कीर्ण है। लेख की छाप सुबोध कुमार अग्रवाल, नगरश्री, चूरू के सौजन्य से प्राप्त हुई।

बीदावतों की ख्यात, (सपा.) ठा. बहादुरसिंह, पृ. 34-36 (अप्रकाशित); गौरीशंकर हीराचंद ओझा, प्रथम भाग, पूर्वोक्त, पृ. 63-64।

पुत्र सूजा ने पाबूसर में एक कुआँ सूजासर नाम से बनवाया था। इस कुएँ के पास कुलदेवी डूँगरेवा का मंदिर आज भी स्थित है।[48] चूरू मंडल में ठाकुर सरदारों ने भी कई जलाशयों का निर्माण करवाया था। बीदावत सरदार राव सांगा के पुत्र सांवलदास ने वि.सं. 1635/1578 ई. में पड़िहारा गाँव में सुधासर कुएँ का निर्माण करवाया। यह कुआँ सांवलदास ने अपनी माँ के नाम पर बनवाया था। इस कुएँ पर लगा कीर्तिस्तंभ लेख संवत् 1635 मार्गशीर्ष बदी 5, बुधवार, नवंबर 19,1578 ई. का है तथा इसमें 22 पंक्तियाँ हैं। इस कुएँ का निर्माण पड़िहारा में पानी की आपूर्ति के लिए करवाया गया था। कुएँ पर *चाठ, घड़ोई* एवं *कोठा* बने हुए हैं।[49] बीदासर के ठाकुर जालमसिंह ने बीदासर गाँव और माणकसर तालाब के बीच वि.सं. 1815/1758 ई. में फताणा तालाब बनवाया। ठाकुर जालमसिंह ने यह तालाब अपनी बड़ी बहन फतह कँवर बाईसा की स्मृति में निर्मित करवाया, जिनका अल्पायु में देहांत हो गया था। तालाब के पास ही फतह कंवर के नाम पर गऊघाट बना हुआ है।

जालम सिंह ने वि.सं. 1840/1783 ई. में अजीताणा तालाब और अजीत सागर नामक कुआँ बनवाया था। इन जलाशयों का निर्माण ठाकुर ने अपने पुत्र कुँवर अजीतसिंह की स्मृति में करवाया था। कुँवर अजीत सिंह गोरक्षा करते हुए वीरगति को प्राप्त हुए थे। अजीताणा तालाब मूमासर गाँव की पूर्व दिशा में बना हुआ है। इसके पास कुँवर अजीत सिंह की *देवली* लगी हुई है। बीदासर गणगौर की सवारी अजीत सागर तालाब पर पधारती है। तालाब के एक ओर गऊघाट एवं *खेळ* बने हुए हैं। अजीत सागर कुआँ बीदासर में स्थित है। ठाकुर जालम सिंह ने शोभासर ठिकाने के गाँव धीरदेसर में तालाब की *पायतण* के लिए मूमासर गाँव का एक खेत दिया था। भींवसर का मोहिलाणा तालाब ठाकुर भींवराजजी ने बनवाया था। पक्के तालाब से पहले यहाँ कच्चा तालाब (जोहड़ा) था। ठाकुर भींवराज ने बुसड़ी खेड़ा गाँव में चौतीना कुआँ बनवाया। ठाकुर भींवराज ने ही यहाँ धुमणा कुआँ बनवाया, जो आज भी यहाँ स्थित है।[50] एक ताम्रपत्र के अनुसार 11 सितंबर, 1812 ई. में बीकानेर महाराजा सूरतसिंह (1787–1828 ई.) ने रतनगढ़ में एक मंदिर एवं एक कुआँ बनवाया था। कुएँ के नीचे *बाड़ी* के लिए 5 बीघा जमीन भी दी थी।[51] वि.सं. 1869/1812 ई. में बीदासर के ठाकुर उम्मेद सिंह ने अकाल पीड़ित लोगों

48. मीना कुमारी, 'चूरू मंडल में जल प्रबंधन : बीकानेर के शासकों एवं उनके अधीन सामंतों के प्रयास —एक सर्वेक्षण', अभिलेख (संपा.) महेंद्र खड़गावत, राजस्थान राज्य अभिलेखागार, बीकानेर 2016, पृ. 136, 137।
49. श्रवणसिंह, पूर्वोक्त, पृ. 213; गोविंद अग्रवाल, पूर्वोक्त, पृ. 335 कीर्ति स्तंभ में राव जोधा (योधा) से लगाकर सांवलदास तक का वंशक्रम भी दिया है। *सूत्रधार* का नाम वीरदास है।
50. श्रवणसिंह, पूर्वोक्त, पृ. 216, उद्धृत कु. राजेंद्रसिंह, *बीदावत राठौड़ों का इतिहास,* पृ. 178, 179, 225।
51. गोविंद अग्रवाल, पूर्वोक्त, पृ. 355।

को रोजगार देने के लिए बीदासर में एक तालाब खुदवाया था। इसे बीदासर तालाब के नाम से जाना जाता है। तालाब के पास वर्षा ऋतु में गाँव का गंदा पानी आने से रोकने के लिए एक बाँध भी बनवाया था।[52]

ताम्रपत्र के अनुसार महाराजा श्री रतनसिंहजी (1828–52 ई.) ने सिंढ़ायच मेघराज को गाँव धीरासर में एक कुआँ बनाने के लिए 22 फरवरी, 1830 ई. को जमीन दी थी।[53] चूरू के जिला मुख्यालय में बना हुआ किला इतिहास प्रसिद्ध किला है। इस किले में एक प्राचीन कुआँ है। इसका वर्णन वि.स.1894/1737 ई. की *चूरू रे साहे री बही* में भी मिलता है। इससे प्रतीत होता है कि यह कुआँ 1837 ई. से पहले निर्मित था।[54] मेवाड़ के महाराणा सरदारसिंह ने वि.सं.1896/1840 ई. को गया जाते समय चूरू मंडल के रास्ते में आने वाले गाँवों में अपनी सेना के लिए पानी की व्यवस्था की थी और रास्ते के कई *कुंडों* में उन्होंने पानी भरवाया था।[55] चूरू मंडल की रेणी तहसील के ददरेवा गाँव में ढाब के पास लगभग 150 वर्ष पुराना एक कुआँ खेतसिंह मुसाहिब का बनवाया हुआ है। कुएँ के पास *खेळ–कोठा, सीढ़ियाँ, कुएँ* की *नाळ* के कुछ अवशेष आज भी दिखाई देते हैं।[56]

बीकानेर राजदरबार ने लोकहितार्थ नीति निभाते हुए चूरू के लोहिया के कुएँ–बाड़ी की जमीन का पट्टा श्रावण सुदी 2 वि.सि. 1921/ 1864 ई. को दिया। जौहरी सागर तालाब एवं उसकी *पायतण* के लिए मिति वैसाख बदी 4 संवत् 1921/1864 ई. को प्रदत्त पट्टे में स्पष्ट किया गया कि यदि इस पट्टे के बाद कोई वाद–विवाद करता है तो श्री दरबार की तरफ से वादी के दावे को अमान्य माना जाएगा। बीकानेर के महाराजा सरदार सिंह (1851–1872 ई.) ने वि.सं. 1924/1867 ई. में चूरू में मगनी सागर कुआँ बनाने के लिए बीकानेर राजदरबार के पोतेदार मगनीराम मोतीराम को जमीन के पट्टे प्रदान करने की मंजूरी दी थी।[57]

---

52. श्रवणसिंह, पूर्वोक्त, पृ. 215,216।
53. गोविंद अग्रवाल, पूर्वोक्त, पृ. 356।
54. *संवत्* 1894 (1837) की *चूरू रै साहे री बही में 711)॥ की एक रकम कमठाणै खातै नाम लिखी है 711)॥ कमठाणै खाते बारी 1 तीगरी सफील 1 उतरादी आथणवी हाथ 140 भुरज 1 नवों करायो अर कुवो 1 कोट में छै तैरै मरम्मत नै।* राज. राज्य. अभि. बीकानेर; गोविंद अग्रवाल, पूर्वोक्त, पृ. 317।
55. *फागण में महाराजाजी श्री सिरदार सिंहजी गया जी जात्रा करण सारू उदैपुर सूं कूच कियो··अरू श्री दरबार सूं चूरू रै रास्तै गाँव–गाँव में पाणी रो वा घास बलीतै रो जाबतों करायो, पाणी रा कुंड भराया··दयालदास री ख्यात।*
(*बीकानेर रै राठौड़ा री ख्यात,* अप्रकाशित, अनूप संस्कृत पुस्तकालय, बीकानेर), सिंढ़ायच दयालदास, पत्र 366; गोविंद अग्रवाल, पूर्वोक्त, पृ. 287।
56. सर्वे में महादेवसिंह, उम्र 74, ददरेवा निवासी एवं यहाँ के वयोवृद्ध लोगों ने इस कुएँ की जानकारी दी।
57. *मरुश्री,* जुलाई–दिसंबर 1982, वर्ष 11, अंक 4, वर्ष 12, अंक 1, पृ. 39–48।

चूरू तहसील के सातड़ा गाँव में एक कुआँ फतेहपुर के ठाकुरसी दास देवड़ा ने वि.स.1937/1880 ई. में बनवाया था। इस कुएँ पर निर्माण का शिलालेख लगा है। *संवत् 1637 मिंगसर सुदी 7 कूवो करायो ठाकुरसी दास देवड़ा बेटा गंगाराम वासी फतेहपुर का।*[58] चूरू मंडल के घंटेल गाँव के ठाकुर धीर सिंह ने घंटेल में एक पक्का तालाब बनवाया। यहीं एक कुआँ ठाकुर फूल सिंह के बेटे नारायणसिंह ने बनवाया। घंटेल में कई कच्चे जोहड़े हैं, जैसे—*बीजाणा, पन्नाणा, तेजाणा* और *फूलाणा*। यहाँ ठाकुर विजयसिंह का खुदवाया गया बीजाणा *जोहड़ा* सबसे बड़ा *जोहड़ा* है। घंटेल में धीरसागर कुएँ के पास बना हुआ खारिया कुआँ गाँव का सबसे प्राचीन कुआँ है। इस कुएँ के पास एक चबूतरे पर संगमरमर की देवली है। कहा जाता है कि यह देवली कुएँ से निकली थी। इस देवली का आकार 28''×19'' है। देवली के ऊपर एक हाथ में खाँडा लिए हुए घुड़सवार है और दूसरे हाथ से वह घोड़े की लगाम पकड़े हुए है। घोड़े के आगे सती हाथ जोड़े खड़ी है। नीचे दो पक्तियों का लेख है—

संवत् 1658 मिती जेठ बदी 12 भटाणी आँबा
महासती हुई लीशंत राजी कराई।[59]

बीदासर के ठाकुर मानसिंह ने अपने छोटे पुत्र मालदेव के नाम पर मालाणा तालाब का निर्माण करवाया था। तालाब बीदासर के दक्षिण में स्थित है। इस तालाब पर गऊघाट बना हुआ था। वर्तमान में तालाब के कुछ ही अवशेष शेष हैं। बीदासर का बीदाणा कुआँ राव बीदा ने बनवाया था। यह बीदासर के उत्तर में नीमणा धोराँ के पास बना हुआ है। इस कुएँ का पानी मीठा है। बीदासर गढ़ में इस कुएँ के पानी की आपूर्ति होती थी। इस कुएँ को जैतसरिया कुएँ के नाम से भी जाना जाता है। कुएँ के पास बीदाणी माता नौरंगदे सांखली की छत्रशाला बनी हुई है।[60] चूरू के ठाकुर संग्राम सिंह ने 18वीं शताब्दी के उत्तरार्द्ध में चूरू नगर में चौलावा कुआँ बनवाया था। ठाकुर संग्राम सिंह के समय यहाँ व्यापार-वाणिज्य उन्नति पर था। इससे अच्छी *जगात* की प्राप्ति होती थी। चौलावा कुआँ ठाकुर संग्राम सिंह ने जगात से प्राप्त आय से बनवाया था।[61] राव बीदा ने गोपालपुरा (द्रोणपुर) में सिरोलाव तालाब का निर्माण करवाया था। इस तालाब के पश्चिमी किनारे पर राव बीदा का चबूतरा बना हुआ है। सांडवा के ठाकुर जीवराज सिंह और बीदावत के सरदारों के सहयोग से वि.सं. 1989/1932 ई. में यहाँ एक बारह स्तंभ वाला छत्र और संगमरमर की देवली प्रशस्ति भी स्थापित की गई। यहाँ संपूर्ण बीदावत वासी एकत्रीत

58. *मरुश्री,* अप्रैल-जून 1972, वर्ष 1, अंक 3।
59. *मरुश्री,* अप्रैल-जून 1972 वर्ष 1 अंक 3 (चूरू मंडल का ग्राम घंटेल)।
60. श्रवणसिंह, पूर्वोक्त, पृ. 211, 212, 215, 216।
61. गोविंद अग्रवाल, पूर्वोक्त, पृ. 205।

होकर प्रतिवर्ष माघ सुदी नवमी के दिन अपने पूर्वजों को श्रद्धांजलि अर्पित करते हैं। इस तालाब में वर्षभर पानी रहता है। इसे बीदोलाव तालाब के नाम से भी जाना जाता है। इस तालाब के चारों ओर पक्के घाट बने हुए हैं। यह बीदावत समुदाय का तीर्थस्थल है।[62]

बीदासर के ठाकुर मानसिंह की ठकुराइन माणक देवी किसनावत भटियानी ने बीदासर के पश्चिम में डेढ़ मील दूर अपने नाम पर माणकसर तालाब बनवाया। यह तालाब यहाँ के लगभग सभी तालाबों से बहुत बड़ा है। इस तालाब के एक तरफ पशुओं के लिए गऊघाट और *खेळ* बने हुए हैं। तालाब की सुरक्षा करने और इसके सौंदर्य को बढ़ाने के लिए इसके चारों ओर जालीदार दीवार बनी हुई है।

स्थानीय लोगों के साथ-साथ राहगीर भी इस तालाब के पानी से अपनी प्यास बुझाते हैं। आसासर गाँव में ठाकुर रामसिंह की ठकुराइन ने एक चौतीना कुआँ बनवाया था। इस कुएँ के पानी को अब भी पीने के काम में लिया जाता है। कुएँ का पानी मीठा है।[63] ठाकुर कल्याण सिंह (बीदावाटी) ने भींवसर में रामसागर कुएँ का निर्माण करवाया। ठाकुर कल्याण सिंह लोकदेवता रामदेवजी के भक्त थे। बीदावाटी में पानी खारा था और लोग पीने के पानी के लिए तरसते थे। किंवदंती है कि रामदेवजी ने ठाकुर कल्याण सिंह के सपने में आकर मीठे पानी का स्थान बताया। जब उस स्थान पर कुआँ खोदा गया तो वहाँ मीठा पानी निकला। इसी कारण इस कुएँ का नाम 'रामसा पीर' पड़ा। इस कुएँ के पास दयालदासजी और दादा गुरु गंगादास की छतरी भी बनी हुई है। कुआँ गाँव के दक्षिणी किनारे पर स्थित है।[64]

बीकानेर रियासत के शासकों ने जल की समस्या दूर करने के लिए सदैव चूरू मंडल के स्थानीय समाज का साथ दिया। इसके अलावा साधु-संतों के लिए भी जल की व्यवस्था करवाई जाती थी। उदाहरणार्थ वि.सं. 1827/1770 ई. में मोतीधाणे गाँव में गुसाई कांहड़पुरी दयापुरी भोजपुरी का चेला सदामद बसने के लिए आया था। उनके लिए राज्य सरकार ने वहाँ के चौधरी को आदेश दिया था कि चेले को *डोहली* की खेती के लिए *डोहली* की जमीन और पीने के लिए पानी की व्यवस्था की जाए।[65] विवेच्य काल में शासक वर्ग यहाँ जो भी कुआँ, तालाब, बावड़ी आदि बनवाना चाहता था, उसके निर्माण के लिए नि:शुल्क अथवा नाममात्र मूल्य पर जमीन देता था। उन दिनों जमीन अधिक और उस पर आबादी का दबाव अपेक्षाकृत कम होता था, इस कारण दरबार

---

62. गोविंद अग्रवाल, पूर्वोक्त, पृ.327; श्रवणसिंह, पूर्वोक्त, पृ. 213- 214, 215 उद्धृत राजेंद्र सिंह, *बीदावत राठौड़ों का इतिहास*, पृ. 53।
63. श्रवणसिंह, पूर्वोक्त, पृ. 212, 215।
64. श्रवणसिंह, पूर्वोक्त, पृ. 211-213।
65. *कागद बही*, नं. 03, वि.सं. 1827/1770 ई., पृ. 16 एफ-2, बीकानेर रिकॉर्ड्स, रा.रा.अ.बी.।

को ऐसे कार्य करने में हानि की अपेक्षा दोहरा लाभ होता था। ऐसे लोक कल्याणकारी कार्य करने से उस क्षेत्र की वीरानगी कम होकर आबादी और सुख-समृद्धि बढ़ती थी। सुख-समृद्धि के साथ दरबार की आय में वृद्धि भी होती थी।[66] शासक वर्ग ने चूरू मंडल में विभिन्न जलाशयों के निर्माण के पट्टे की मंजूरी देकर सहयोग दिया।

श्रीमंत वर्ग एवं जल प्रबंधन

यहाँ के शासक वर्ग ने जलाशयों के निर्माण में जितनी रुचि दिखाई थी, उतनी ही रुचि यहाँ के श्रीमंत वर्ग ने भी दिखाई और सैकड़ों जलाशयों का निर्माण करवाया था। पानी के नितांत अभाव से परिचित और पुण्यार्थ प्राप्ति के लिए श्रीमंत वर्ग ने चूरू मंडल के लगभग प्रत्येक नगर, कस्बे एवं गाँव में छोटे-बड़े अनेक जलाशय बनवाए थे।[67] इस क्षेत्र के मनुष्यों, पशु और पक्षियों का जीवन मुख्य रूप से वर्षा जल पर निर्भर करता था। यहाँ अनावृष्टि ही अकाल का मुख्य कारण रही है। दूसरी परिस्थिति में यहाँ टिड्डियों के झुंड आसमान में फैलकर यहाँ खड़ी संपूर्ण फसल को नष्ट कर देते थे। अकाल में यहाँ की जनता का कष्ट असहनीय हो जाता था। उनके पास आमदनी का कोई साधन नहीं होता था। मजदूरी के लिए गाँव के लोग पास के किसी कस्बे या शहर में चले जाते थे। कष्ट के ऐसे समय में श्रीमंत वर्ग यथाशक्ति अकाल पीड़ितों की सहायता के लिए सार्वजनिक स्थानों का निर्माण करवाते थे या गाँव में बने कच्चे *जोहड़ों* को गहरा करवाते थे। पक्के तालाब और कुएँ बनवाते समय पशुओं के लिए गऊघाट या *खेळ* अवश्य बनवाते थे।[68] इसके अलावा सेठ-साहूकार किसी की स्मृति, किसी अच्छे कार्य के फलस्वरूप या कोई संकल्प पूरा करने के लिए मिल-जुलकर अथवा व्यक्तिगत रूप से *कुंड*, कुएँ, तालाब इत्यादि बनवाते थे। मरुभूमि में पानी का इतना अभाव था कि यहाँ मृतक की आत्मा शांति के लिए सबसे बड़ा पुण्य कार्य जलाशय निर्माण करवाना माना जाता था। चूरू मंडल में श्रीमंत वर्ग द्वारा बनवाए गए मुख्य जलाशय इस प्रकार हैं—

सेठ उदयराम बागला के कुएँ पर लगे शिलालेख से पता चलता है कि सेठ ने पुण्य प्राप्ति के लिए अपने नाम पर एक कुएँ का निर्माण वि.सं. 1837/1780 ई. को करवाया। कुएँ पर 24''× 7'' के आकार में 23 पक्तियों वाला एक कीर्तिस्तंभ लगा हुआ है।[69] चूरू

---

66. *मरुश्री*, जनवरी-जून 1983 (घरेलू बस्तों में उपलब्ध महत्त्वपूर्ण कागजात, गोविंद अग्रवाल), पृ. 46।
67. *मरुश्री*, वर्ष 11, अंक 4, जुलाई-दिसंबर 1982, पृ. 43; सुबोध कुमार अग्रवाल, पूर्वोक्त, पृ. 12, 16; *मरुश्री*, अप्रैल-जून 1972, वर्ष 1, अंक 3, पृ. 43,44, 47, 48, *स्वर्ण जयंती स्मृति सरोज*, पूर्वोक्त, पृ 203, 294।
68. गोविंद अग्रवाल, पूर्वोक्त, पृ.13,14।

नगर में सेठ कन्हैयालाल बागला ने श्यामजी के मंदिर में एक कुआँ बनवाया। इसका निर्माण वि.सं. 1956/1899 ई. में अकाल के समय हुआ और तब लोगों को रोजगार देने के लिए इसके पास एक धर्मशाला बनवाई गई थी[70] अपनी भयावहता के कारण यह छप्पनिया अकाल इतिहास में दर्ज है। दूधवाखारा के पक्के तालाब पर लगे शिलालेख से ज्ञात होता है कि सेठ तेजपाल जमुनादास बजाज ने वि.सं. 1956/1899 ई. में यहाँ एक पक्का तालाब बनवाया। यह तालाब भी वि.सं. 1956 के अकाल पीड़ितों को रोजगार देने के लिए बनवाया गया था। इसके लिए 1025 बीघा जमीन तालाब के *पायतन* एवं गायों के लिए प्रदान की गई थी। वि.सं. 2027/1960 ई. में 15000 रुपए की लागत से तालाब की मरम्मत करवाई गई थी। तालाब पर दो शिलालेख हैं।[71]

---

69. बागला कुएँ पर लगा कीर्तिस्तंभ
श्री गणेशाय नम: अध्य श्री··शुभ संवतसरे नृपति श्री वीर विक्रमादित्य राज्यात् संवत 1837 वर्ष श्री शालिवाहन··शाके 1702 प्रवर्तमाने मासोत्रय मासे कृष्ण पक्षे (जनवरी, 11-24, 1781 ई.) पुनि तिथौ··ठाकुर राज्य श्री हरिसिंह जी राज में अग्रवालय साहाजी श्री धर्ममुरति उदैराम जी कुप करायों जात बाघला प्रगट है उदैराम तद् नाम कूप करायो प्रीति सु प्रमार्थ के काम॥
शिलालेख का पाठ नगर श्री से प्राप्त किया; चूरू *चंद्रिका*, तृतीय स्वर्ण पदक समर्पण समारोह, चूरू (दिनांक 23-24 अक्तूबर, 1979 के अवसर पर प्रकाशित), पृ. 16।
70. सुबोध कुमार अग्रवाल, पूर्वोक्त, पृ. 23।
71. दूधवाखारा तालाब पर लगे शिलालेख के मूल पाठ का अंश—

शिलालेख—1

श्री

यह पक्का तालाब व गऊघाट सेठ तेजपाल जी जमुनादास बजाज, बिसाऊ निवासी मिरजापुर वालों ने सं. 1956 वि. में बनवाया, जिसका जीर्णोद्धार सेठ द्वारका प्रसाद बजाज सुपुत्र स्व. सेठ रामेश्वरदासजी बजाज साकिन हाले ने 170 चितरंजन ऐवेन्यू कलकत्ता वालों ने अशिवन सं: 2027 वि. तदनुसार सितंबर 1960 ई. में कराया।

शिलालेख—2

गऊघाट श्री सेठ तेजवाल जमुनादास मिरजापुरवाला, निवासी बिसाऊ ने संवत् 1856 में जनहित के लिए बनवाया तथा पायतन व गायों के लिए 1025 बीघा जमीन भोगतन में हासिल की। इस तालाब व गऊघाट का जीर्णोद्धार सितंबर 1960 संवत् 2027 में करवाया गया, जिसमें 15,000 रुपए खर्च हुए। इस खर्च में 10,000 रुपए पंचायत समिति रतन नगर से सहायतार्थ प्राप्त हुए व 5,000 रुपए श्री द्वारका प्रसाद बजाज मालिक फर्म तेजपाल जमुनादास मिरजापुरवाले ने प्रदान किए।

दूधवाखारा ताल

नोट—माननीय गोबिंदजी अग्रवाल ने शिलालेख का कुछ ही अंश स्पष्ट किया है, जिसमें केवल तालाब बनाने वाले का नाम, वर्ष एवं उद्देश्य ज्ञात होता है, परंतु शिलालेख के पूर्ण पाठ से तालाब के नीचे स्थित जमीन एवं उसकी लागत और साथ ही मरम्मत करवाने वाले का नाम, स्थान, वर्ष और लागत की जानकारी भी मिलती है।

चित्र 4.6 : दूधवाखारा तालाब पर लगा प्रथम शिलालेख

चित्र 4.7 : दूधवाखारा तालाब पर लगा द्वितीय शिलालेख

चूरू के उत्तर में स्थित पिथाणा जोहड़ा चूरू की गोशाला के पास है। पिथाणा जोहड़े का प्राचीन नाम बींजाणा जोहड़ा था। यह पहले कच्चा था। वि. सं. 1940/1883 ई. को सेठ राजा शिवबक्शराय ने पिथाणा जोहड़े को पक्का करवाया। इस जोहड़े के पास ही उन्होंने धर्मशाला भी बनवाई।[72]

चूरू शहर से पश्चिम की ओर स्थित जौहरी सागर तालाब 200–250 वर्ष पूर्व सेठ जौहरीमल पोतेदार के नाम पर पोतेदार परिवार ने बनवाया था। तालाब का *पायतन* पक्का बना हुआ था। तालाब की सुरक्षा के लिए चारों तरफ पक्की दीवार भी बनी हुई थी।

वर्षा ऋतु में यह तालाब पानी से लबालब हो जाता था। श्रावण की हरियाली तीज एवं भाद्रपद की कजली तीज को यहाँ मेला भरता था। वर्तमान में इस तालाब में शहर की गंदगी इकट्ठी हो चुकी है। यह तालाब कई नर बलियाँ ले चुका है, इसी कारण से इसका नाम 'डाकिड़ा जोहड़ा' पड़ गया है।[73]

सुजानगढ़ में दक्षिण-पूर्व दिशा की ओर सेठ जेठमल फतेहपुरिया ने लगभग 150 वर्ष पहले एक पक्का तालाब बनवाया, जो फतेहपुरिया तालाब के नाम से जाना जाता है। तालाब पर चारों तरफ घाट बने हैं, जिनमें एक *गऊघाट* है। तालाब के चारों कोनों पर एक-एक छतरी बनी हुई है।[74] शिलालेख के अनुसार चूरू से उत्तर-पूर्व में नगर से बाहर जाने के रास्ते बूंटिए गाँव में सेठ संपतराय के सुपुत्र माणकराम ने वि.सं. 1944/1887

---

72. *मरुश्री,* वर्ष 11, अंक 4, जुलाई–दिसंबर 1982, पृ. 43 पट्टे की नकल इस प्रकार है—
लिखी चूरू का हवलदार तीथा तलाब 1 रतनपुरै में सदा सूं छो तै री पायतण सदा सूं छट रयो छो सु तलाब हैणै ईयो बरसां में बाघला शिवबक्ष राय पक्का कराय दिया वा पायतण री जमीं में धरमशाला व दरख्तों रा गट्टा कराय दिया। पायतण बार कर बाड़ करवाई छै वा गद भरायोड़ा छै तिका जमों ईयो भांत छै उतराद दिखणाद पावंडा 167 उगण आथण पावंड़ा 100 ईये भांति पायतण छै तैरै निजराने रा रु. 61/ श्री डूंगरशाही ले र कागद बागले शिवबक्ष हस्तु कर दीवी छै सो ई जमीं में पायतण रहसी कोईं दाबो टंटो न करसी तै ने श्री दरबार सूं मना की जसी संवत् 1940 मिती आसोज सुदी 7 विक्रमीं।

73. *श्री दीवान वचना वतूं चूरू रा हवलदार जोग तिथा चूरू रे आथणवै पासे पोतदार जवरीमल रो तालाब पक्को करायोड़ो है तैरे पायतण रे बाहर कर भीत चोफेर हुयोड़ी छै सू इयै तालाबै पायतण री जमी कोई दाबी हुवै सू तो छोड़ाय पायतण में रलाय दे जो आगे सूं फेर कोई दाबे तो मती दाबण देजो वा श्री दरबार सूं कोई न मती बेचजो ओ पायतण श्री दरबार सूं सदामद सूं छोड़ायड़ो छै द, मोहता अमराव सिंह मिति वैसाख बदी 4 संवत् 1921, नकल पट्टा संवत् 1921 मिति वैसाख बदी 4, बही नं. 6, पृ. 48 पर छै। बही गजसिंहपुर।*
—*मरुश्री,* वर्ष 11, अंक 4, वर्ष 12 अंक 1, जुलाई–दिसंबर 1982, पृ. 44–45, जौहरी सागर तालाब का पट्टा, तालाब के बनने के कई बरसों बाद बनाया गया; चूरू *चंद्रिका,* तृतीय स्वर्ण पदक समर्पण समारोह, चूरू (दिनांक 23–24 अक्तूबर, 1979 के अवसर पर प्रकाशित), पृ. 17।

74. तालाब की जानकारी सुजानगढ़ के वयोवृद्ध लोगों ने दी।

ई. में एक कुआँ बनवाया। यह कुआँ नाडियाँ कुएँ के नाम से जाना जाता है। चूरू के सेठ–साहूकार दिशावर जाते समय सबसे पहले इसी कुएँ पर विश्राम करते थे। कुएँ के पास ही धर्मशाला बनी हुई है। कुएँ पर दो *मुरवे* भी बने हुए हैं।[75] इतिहासकार ओझा ने रतननगर में दस पक्के तालाबों और बीस कुओं का उल्लेख किया है, जो बड़े सुंदर हैं। मानस्टुअर्ट एलफिंसटन 1808 ई. में चूरू मंडल से होकर गुजरा था। उसने भी यहाँ के कुओं की बड़ी प्रशंसा की थी।[76] रतनगढ़ कस्बे के जनहितकारी श्री बिलासरायजी केडिया ने संपूर्ण चूरू मंडल के कई गाँवों, कस्बों एवं नगरों में अनेक जलाशयों का निर्माण करवाया। उन्होंने राजगढ़ तहसील के देवीपुरा में वि.सं. 1825/1868 ई. में कुआँ, चूरू के इंद्रपुरा गाँव में वि.सं. 1928/1871 ई. में कुआँ और राजगढ़ के नौरंगपुरा में 1931/1874 ई. में कुआँ बनवाया। इसी कुएँ से प्राप्त धनराशि रतननगर के रघुनाथ मंदिर में खर्च होती थी। चूरू तहसील के भैंरूसर गाँव में वि.सं. 1928/1871 ई. में एक कुआँ और *जोहड़ा,* राजगढ़ तहसील के बैजवा में वि.सं. 1945/1888 ई. में कुआँ, रेनी के गाँव मालियों में वि.सं. 1944/1887 ई. में कुंड, मेघसर में वि.सं. 1945/1888 ई. में *जोहड़ा* और *कुंड* बनवाया गया था। वि.सं. 1929/1872 ई. में 80 हाथ लंबा–चौड़ा *जोहड़ा* और कुआँ खुदवाया था। रतननगर में ही वि.सं. 1946/1879 ई. को एक कुआँ बनावाया गया था। वि.सं. 1954/1897 ई. में सरदारशहर में कुआँ एवं इसके सांखू गाँव में वि.सं. 1938/1881 ई. को कुआँ और *जोहड़ा* एवं चूरू के सेहला गाँव में वि.सं. 1932/1875 ई. को कुआँ बनवाया था।[77]

राजगढ़ कस्बे में वि.सं. 1974/1917 ई. को अमरवाले भगतराम शंकरदासो जी शिवप्रताप रामनारायण टीकमाणी ने टीकमाणी कुएँ का निर्माण करवाया था। कुएँ के पास *खेळ–कोठा, बाड़ी* और हनुमान मंदिर हैं। कुएँ का पानी मीठा है।[78] वि.सं. 1923/1866 ई. में चूरू के सेठ हरिबक्श रायजी के पुत्रों ने सेठजी की अंतिम इच्छा के अनुसार हनुमान वाटिका में एक *कुंड* और कुआँ बनवाया था। यहाँ सावण महीने के प्रत्येक सोमवार को मेला लगता था।[79] सेठ मोतीलाल महाजन, राजगढ़ वाले ने चूरू मंडल की राजगढ़ तहसील

---

75. *श्री कुवों धर्मशाला कराया संपतराय को बेटा माणक रामजी गोयनका कराया मिती पोह बदी ९ वि.सं. १९४४।* —शिलालेख का पाठ नाडिया कुएँ की धर्मशाला पर उत्कीर्ण है।
76. गौरीशंकर हीराचंद ओझा, पूर्वोक्त, पृ. 62।
77. सुखदेव मीणा, *रतननगर का ऐतिहासिक वैभव,* तंवर ब्रदर्स, वार्ड नं.3 रतननगर, चूरू संस्करण प्रथम, 2008, पृ. 127–128।
78. नंबर मिसल 398, तारिख मर्जुआ 27.6.17, नाम तहसील राजगढ़ नंबर 96, टीकमाणी मुनीम लक्ष्मीनारायण से पट्टा नकल मिली।
79. गोविंद अग्रवाल, *पत्रों के प्रकाश में स्वामी गोपालदास का व्यक्तित्व एवं कृतित्व,* नगर श्री, चूरू (राज.), प्रथम संस्करण सं. 2025, पृ. 101।

के मीठड़ी गाँव में 1914 ई. को एक *कुंड* बनवाया था। सरदारशहर के श्रीमंत भैंरूदान भंसाली ने 1914 ई. में एक कुएँ का निर्माण करवाया था। सेठ बालचंद पूनमचंद डागा, डूँगरगढ़ ने 1915 ई. में एक कुआँ बनवाया था। सन् 1915 ई. में ही रतनगढ़ के श्रीमंत श्री गोविंदराम रामगोपाल पोद्दार ने भी एक कुएँ का निर्माण करवाया था। सरदारशहर के पन्नालाल सारड़ा साहूकार ने 1915 ई. में एक *कुंड* बनवाया था।

इस *कुंड* के पास ही एक मंदिर बनवाया गया था। 1916 ई. में नापासर के श्रीमंत नंदराम सरदारमल ने एक कुआँ बनवाया था। इसी तरह चूरू मंडल में श्रीमंत वर्ग की ओर से 1918–1941 ई. के मध्य बनवाए गए अनेक जलाशयों के निर्माण की सूची गिरिजाशंकर शर्मा रचित पुस्तक *मारवाड़ी व्यापारी* में मिलती है, जो परिशिष्ट में दी गई है।[80]

चित्र 4.8 : सेठानी ब्रजकुंअरि की ओर से अपने पति श्री भगवानदास की स्मृति में बनवाया गया भगवान सागर तालाब

ऐसा नहीं है कि पुरुष प्रधान समाज में पुण्यार्थ एवं धमार्थ कार्य पुरुषों ने ही किए हों, बल्कि रानियों, सेठाणियों और साधारण महिलाओं ने भी सामाजिक उत्सवों में भाग लेने के साथ-साथ जलाशयों के निर्माण कार्य में सहयोग दिया।[81] चूरू मंडल का सबसे सुंदर और लुभावना तालाब सेठाणी का *जोहड़ा* है। चूरू के सेठ भगवानदास बागला की धर्मपत्नी श्रीमती बृजकुंअरि ने अपने पति की स्मृति में चूरू में भगवान सागर नाम से पक्के तालाब का निर्माण वि.सं. 1951/1894 ई. में करवाया था। तालाब शहर से कुछ ही दूरी पर है। इसकी बनावट बहुत ही सुंदर है। इसके चारों कोनों पर छतरियाँ बनी हुई हैं। तालाब से पानी निकालने के लिए सीढ़ियों पर भी छतरियाँ बनी हुई हैं। तालाब के पास बने गऊघाट को छोटे-छोटे गुंबदों से सजाया हुआ है। आने-जाने वाले राहगीर

80. गिरिजाशंकर शर्मा, पूर्वोक्त , पृ. 154–156; *अमृतघट* (श्री मूलचंद पारीक अभिनंदन ग्रंथ), श्री मूलचंद पारीक अमृतोत्सव एवं नागरिक अभिनंदन समिति—बीकानेर, प्रथम संस्करण 2001, पृ. 176–178।
81. शशि अरोड़ा, पूर्वोक्त, पृ. 111।

तालाब के पानी से प्यास बुझाकर इन छतरियों में आराम करते थे।

सेठाणी ने तालाब के पास एक धर्मशाला भी बनवाई थी।[82] सेठानी श्रीमती बृजकुंअरि ने चूरू शहर के उत्तर-पूर्व में स्थित सिरसला एवं बूंटिया गाँवों के रास्ते पर एक कुएँ का निर्माण भी करवाया था। इस जगह पानी का नितांत अभाव था। यहाँ पानी का कोई जलाशय नहीं था। इस कुएँ का पानी मीठा था। रायबहादुर जीवणरामजी गोयनका की धर्मपत्नी ने चूरू में गोगाजी की *मेड़ी* के पास एक पक्का कुआँ बनवाया था। कुएँ के ऊपर *दो मुरवे खेळ-कोठा* बने हुए हैं। कुएँ के नीचे *बाड़ी* की जमीन भी थी।[83] चूरू शहर के पूर्व-दक्षिण में लगभग आठ किलोमीटर दूर रामसरा और ऊँटवालिया गाँवों के मध्य में पथराला जोहड़ा है। इस *जोहड़े* के पास बने तिबारे पर लगे शिलालेख से ज्ञात होता है कि वि. सं. 1997/1940 ई. में रतननगर के सेठ उदयराम लक्ष्मीनारायण चांदगोठिया ने प्रेम सरोवर नाम से कच्चे पथराला जोहड़े को पक्का करवाया था। इस *जोहड़े* के नीचे जमीन पथरीली है। इस कारण इसे 'पथराला जोहड़ा' नाम से जाना जाने लगा।

चित्र 4.9 : सेठ उदयराम लक्ष्मी नारायण चांदगोठिया द्वारा वि.सं. 1997/1940 ई. में बनवाया गया प्रेम सरोवर, ऊँटवालिया (रामसरा), चूरू

---

82. *मरुश्री,* जुलाई-दिसंबर 1982, वर्ष 11, अंक 4, वर्ष 12 अंक 1, पृ. 19-20,
सेठाणी के जोहड़े के निर्माण के पीछे किंवदंती है कि सेठाणी ब्रजकुँअरि कजली तीज (बड़ी तीज) को जोहरी सागर तालाब में नहाने के बाद पूजा करके अपने घर आ रही थी, तभी जोहरी सागर के निर्माता पोद्दारों के मुनीम ने सेठाणी को व्यंग्य कर दिया कि इतने बड़े सेठ की पत्नी पोद्दारों के बनाए हुए *जोहड़े* में कजली तीज का स्नान करके आई है। यदि बड़े सेठ हो तो स्वयं का *जोहड़ा* बनवाओ। इतना सुनते ही सेठाणी ने अपने मुनीम से कहा कि अगली तीज आने से पहले जौहरी सागर से सुंदर एवं भव्य *जोहड़ा* बनाओ। तभी सेठ के मुनीम ने बीकानेर रियासत से सरदार शहर मार्ग पर *जोहड़ा* बनाने की मंजूरी ली। बड़ी तीज आने से पहले *जोहड़ा* बनकर तैयार हो गया और सेठाणी ने इसी तालाब में नहाकर कजली तीज की पूजा की। तब से इस *जोहड़े को सेठाणी* का *जोहड़ा* कहा जाने लगा।
83. सुबोध कुमार अग्रवाल, पूर्वोक्त, पृ. 12,16; कुएँ का सर्वेक्षण किया और कुएँ की जानकारी श्री बैजनाथ जी पंवार (राजस्थानी साहित्यकार) ने दी थी, उम्र 92-93 वर्ष।

इस *जोहड़े* की मुख्य बात यह है कि यह आज तक कभी भी न तो खाली हुआ और न ही सूखा। *जोहड़े* की जमीन में *गोगामेड़ी*, बगीचा, शिवालय, *तिबारा* और करणीमाता मंदिर बने हुए हैं।[84]

चूरू तहसील के घंटेल गाँव में कुएँ पर लगे शिलालेख के अनुसार यह पक्का कुआँ चूरू के श्रीमंत जगन्नाथ सारड़ा (मंगलचंद जगन्नाथ) ने वि.सं. 1996/1939 ई. में पुण्य की प्राप्ति के लिए बनवाया। कुएँ के पास *बाड़ी* एवं *गोचर* की जमीन दी गई।[85] चूरू के सातड़ा गाँव में वि.सं.1975/1918 ई. में सर्राफों के द्वारा बनवाया हुआ कुआँ है। इस कुएँ का पानी मीठा है। रिड़कलाँ गाँव में चूरू के सुप्रसिद्ध उदयलालजी गोयनका ने वि.सं. 1996/1939 ई. में एक पक्का तालाब बनवाया था। तालाब के पास एक बड़ा गऊघाट बना है। तालाब के पास दो पक्के कुएँ भी बने हैं, जिनमें से एक कुएँ का निर्माण राजा शिवबक्स रायजी बाघला और दूसरा कुआँ भी बाघला परिवार के किसी व्यक्ति ने करवाया था।[86] सेठ मिर्जामल फोतेदार के भतीजे मगनीराम पोतेदार (चूरू) ने अपने नाम से मगनी सागर कुआँ बनवाया। इस कुएँ के दो तरफ *भूण* लगे हुए थे, जिनसे पानी निकाला जाता था। कुएँ के पास *बाड़ी* होती थी। इस कुएँ की जमीन का पट्टा दो बार बनवाया गया था, जो माह सुदी 15, वि.सं.1924/1867 ई. और चैत्र सुदी 6, वि.सं. 1927/1870 ई. को बना। चूरू के जौहरी सागर के दक्षिण में करमचंद नैणसुख, जालीराम रुकमानंद लोहिया ने लोहिया बगीची में कुएँ का श्रावण सुदी 2, वि.सं. 1921/1964 ई. को निर्माण करवाया, जो लोहियों का कुआँ-बाड़ी नाम से प्रसिद्ध है। कुएँ पर *खेळ-कोठा* बने हुए हैं। कुएँ के पास छतरियाँ बनी हैं। बगीची में किसी बनजारे और उसके कुत्ते की समाधि भी है। इसी कारण इस बगीची को बनजारे की बगीची कहा जाता है। कुएँ के पास स्नेहीराम तेजपाल लोहिया की धर्मशाला बनी हुई है। माली के जीवनयापन के लिए कुएँ के नीचे *बाड़ी* की 25 बीघा जमीन थी। चूरू के लोहिया परिवार ने चूरू मंडल के अलावा अन्य कई जगहों पर भी जलाशय निर्मित करवाए थे।[87]

---

84. शिलालेख—
श्री प्रेम सरोवर श्री मान सेठ उदैराम लक्ष्मीनारायण चांद गोठिया, रतननगर ने बनवाया, संवत् 1997 (चूरू के श्योरामजी जांगिड़ के साथ सर्वेक्षण किया)।

85. शिलालेख का मूल पाठ—
यह कुआँ घंटेल में सेठ जगन्नाथ सारड़ा (मंगलचंद जगन्नाथ) चूरू निवासी ने 1300 रुपए में बनवाया। इसके नीचे कुएँ से दक्षिण की तरफ 100 बीघा जमीन गोचर भूमि और 5 बीघा जमीन अगूण आथूण तरफ बावड़ी के लिए घंटेल के जिन 5 भोगतों ने छोड़ी है, उनका नाम इकरार नाम रजिस्ट्रीशुदा में दर्ज है। मिति बैसाख सुदी 3 सं. वि. 1966।; मरुश्री, वर्ष 1, अंक 3, अप्रैल-जून 1972।

86. *मरुश्री*, अप्रैल-जून 1972 वर्ष 1 अंक 3।

87. *मरुश्री*, जुलाई-दिसंबर 1982, वर्ष 11, अंक 4, वर्ष 12, अंक 1, पृ. 43, 44, 47, 48।

चूरू मंडल के रेनी कस्बे में राजकीय उच्च माध्यमिक विद्यालय में एक *कुंड* बना हुआ है। यह *कुंड* सुगनचंद, संतलाल, चंपालाल द्वारका प्रसाद जाथोणी ने लगभग 90–100 वर्ष पहले बनवाया था।[88] राजगढ़ तहसील के पाबावासी गाँव में श्रीमंत रामजीदास बृजलाल राजगढ़वाले ने एक *कुंड* और एक *जोहड़ा* 1932 ई. में बनवाया था। इसके बनने से यहाँ पानी की समस्या दूर हुई थी।[89] चूरू नगर में भगवान दास बागला ने सत्यनारायण सागर नाम से कुआँ खुदवाया था। खोदते समय इसमें एक गधा गिर गया था। इस कारण इसे गधा सागर नाम से पुकारा जाने लगा। बाद में इस कुएँ को पाट दिया गया। आज इस जगह सुभाष चैक है।[90] राजगढ़ के श्रीमंत श्री रामानंदजी महाजन ने नांगल बड़ी गाँव में 1932 ई. में एक कुआँ बनवाया था। यहाँ के सेठ श्री सूरजमल मोहता ने भी राजगढ़ तहसील के कई गाँवों में पानी की समस्या दूर की थी। मोहताजी ने 1941 ई. को राघा छोटी, हरपालू, मुंदीताल एवं लंबोर गाँवों में वर्षा जल एकत्रीत करने के लिए *कुंड* बनवाए थे।[91] राजगढ़ कस्बे में श्री छगनलाल बागड़ी ने 1938 ई. के भयंकर अकाल के समय राजगढ़ की जनता के लिए सर्वहितकारिणी सभा को एक कुंड बनवाकर दिया था। श्री छगनलाल बागड़ी ने यह *कुंड* अपने भाई श्री चंपालाल बागड़ी की स्मृति में बनवाया था। यह *कुंड* बहुत विशाल है। इसी *कुंड* के पानी से सर्वहितकारिणी सभा की प्याऊ लगती थी।[92] राजगढ़ कस्बे में सेठ बिरधीचंद सतनाली ने वि.सं. 1979/1926 ई. को एक कुआँ बनवाया था। इस कुएँ को *सतनालियों के कुएँ* के नाम से जाना जाता है। कुएँ पर *मुरवे* बने हुए हैं। कुआँ *खेळ-कोठे* सहित सुंदर ढंग से बनवाया गया है।[93] राजगढ़ में फतेहपुरिया कुएँ को वि.सं. 1979/1922 ई. को फतेहपुरिया सेठ तनसुखराय गणपत रामोणी और मथुराप्रसाद तनसुखराय रामोणी ने बनवाया था। उन्होंने इसके लिए गंगाशाही सरकार से जमीन ली थी। इस कुएँ का पानी पीने के काम आता था। सेठजी की ओर से कुआँ बारह मास चलाया जाता था। यह धर्मार्थ कुआँ था।[94] राजगढ़ के परोपकारी

---

88. विश्वनाथ भाटी (अध्यापक रा.उ.मा.वि. तारानगर) ने कुंड की जानकारी दी।
89. पाबावासी में *जोहड़े* एवं *कुंड* का सर्वेक्षण किया, जिसकी तथ्यात्मक जानकारी मारवाड़ी व्यापारी से मिली। गिरिजाशंकर शर्मा, पूर्वोक्त, पृ. 156।
90. सुबोध कुमार अग्रवाल, पूर्वोक्त, पृ. 15।
91. राजगढ़ के इन गाँवों में हमने देखा कि यहाँ आज भी सायंकाल को कुओं पर पानी निकालने के लिए भीड़ लगी रहती है। जलाशयों को बनाने के समय की जानकारी *मारवाड़ी व्यापारी,* गिरिजा शंकर शर्मा, पृ. 155–157।
92. *स्वर्ण जयंती स्मृति-सरोज,* (1920–1970 ई.), श्री सर्वहितकारिणी सभा, प्रथम संस्करण, 1976, पृ. 332।
93. वही, पृ.330–340।
94. फतेहपुरिया कुएँ की पट्टा नकल—

श्रेष्ठी श्री तुगनराम रामजीदास घेहूका ने बगीची और *कुंड* बनवाए थे। श्री नानगरामजी घेहूका ने राजगढ़ की जनता के लिए एक कुआँ बनवाया था। इस कुएँ के पानी ने यहाँ के हजारों पशुओं की प्यास बुझाई थी। यह कुआँ यहाँ का सबसे प्रमुख कुआँ था। अभी यह कुआँ बंद है।[95] श्री जेठमल लुहारीवाला ने 1833 ई. में राजगढ़ में विशाल तालाब एवं गऊघाट बनवाए थे। तालाब के पास राम मंदिर बना हुआ है, जिसे लुहारीवाला मंदिर कहा जाता है। यह तालाब कुछ अवशेषों के साथ आज भी विद्यमान है। यहाँ महिलाएँ पूजा-कीर्तन और *जलवा* पूजने आती हैं।[96] राम नारायण टीकमाणी ने रामबास में पानी की समस्या को दूर करने के लिए एक बड़े कुएँ का निर्माण करवाया था। श्री गणपतराय जी फतेहपुरिया ने एक पक्का तालाब बनाकर जनता को समर्पित किया था। रायबहादुर श्री रामप्रसादजी राजगढ़िया ने राजगढ़ में एक तालाब बनवाया था। सैकड़ों बीघा जमीन में *जोहड़े* की *पायतन* बनवाई थी। *पायतन* पशुओं के चरने एवं *जोहड़े* को पानी से भरने के काम में बहुत उपयोगी थी।[97] इस प्रकार चूरू मंडल में श्रीमंत वर्ग का जलाशयों के निर्माण में प्रशंसनीय योगदान रहा है।

जन सामान्य एवं जल प्रबंधन

श्रीमंत वर्ग के साथ-साथ यहाँ जन सामान्य ने भी जल के प्रबंध में महत्त्वपर्णू सहयोग दिया था। चूरू मंडल में हमेशा पानी का अभाव रहा है। यहाँ की 60 प्रतिशत जनता खारा पानी पीती थी। अध्ययन काल एवं उससे पहले ग्राम-कस्बों की हालत बहुत अधिक दयनीय थी। लोग ऐसी स्थिति में नहीं होते थे कि *कुंड* बनाकर समय-समय पर

श्रीरामजी

नंबर मिसल 22 तारीख मरजुआ 12-12-18 नाम तहसील राजगढ़ नं. 157 श्री जी साहब बहादुर री गवर्नमेंट री मंजूरी सूं कस्बा राजगढ़ में जमीन एक लुदीबास में श्री दरबार रे पड़त री हुती तिके जमीन री पैमायश कराई गई तो जमीन नीचे लिखे मुताबिक नकशे व खसरे मुताबिक दरगज 11800) अखरे दरगज ईगारेह हजार आठ सै हे हुई, तिका जमीन श्री दरबार सूं मोल रुपया मुफत) अखरे रुपया·· श्री गंगाशाही में अगरवाले तनसुख राय वल्द गणपत राय नु चुकाय दीवी, तिके रुपया तहसील में··तारीख·· 191 ई. में जमा हुवा, तिके जमीन में बारणा 1 उगूणा 1 आथूणा 1 उतराद 1 दिखनाण नकरों में लिखे मुताबिक राखसां, तिका जमीन गजगत माफिक आधे औसरां सुधी चुकाय दीवी, तै ऊपर आसरा, इमारत, बारी, जाली गुम्भारिया, झरोखा, बल पड़ता करासी, हमें इये जमीन रो कोई दावो उजर करसो पावे नहीं, कोई बेवागबी दावो उजर करसी तेनू श्री साहब बहादुर री गवर्नमेंट सूं मना की जासी ता. 8-1 व 23-12-1918 ई.।

95. *स्वर्ण जयंती स्मृति-सरोज*, पूर्वोक्त, पृ. 293,294 ।
96. वही, पृ. 284-285।
97. वही, पृ. 265, 272, 275।

उसकी मरम्मत करवा सकें और तालाबों की सफाई करवा सकें। इस कष्ट को दूर करने के लिए स्वामी गोपालदासजी ने अनेक श्रीमंतों से प्रयत्नपूर्वक सैकड़ों गाँवों में *कुंड-कुएँ* बनवाए तथा उनकी मरम्मत करवाई थी।[98] इस कार्य के लिए चूरू मंडल के प्रत्येक गाँव-कस्बे-शहर के व्यक्ति, बड़े-बड़े दीवान, सरदार अपना काम करवाने के लिए स्वामीजी के पीछे लगे रहते थे। स्वामीजी स्वयं गाँव की अर्थात् जरूरतमंद जगह की अच्छी तरह से देखभाल करके ही वहाँ जलाशय बनवाते थे। स्वामीजी ने इन सब कार्यों को करने-करवाने के लिए अनेक पत्र-व्यवहार किए थे। इन पत्रों के माध्यम से ही हमें स्वामीजी के अहम योगदान की जानकारी प्राप्त होती है। स्वामीजी ने सेठ रुकमानंदजी बागला से वि.सं.1982-1986/1925-29 ई. के चार वर्षों में अनेक जलाशय बनवाए, जिनमें *कुएँ-कुंड* आदि शामिल थे। किसी तरह विभिन्न कच्चे *जोहड़ों* को खुदवाकर गहरा करवाया गया।[99] श्यामपुरा, आसलू, चूरू, बीगराण, सोमासी, आसलखेरी, रिड़कला, सिमसिया, कोटवाद, टीबेवाला, कानड़बास, बणियासर, गोगटिया, रामपुरा, बीकासी, श्योदानपुरा, शिमला आदि कई गाँवों में कुएँ-कुंड बनवाए गए और पुरानों की मरम्मत करवाई गई थी। गिंदली, सिरसला, करनपुरा, घांघू, श्योदानपुरा, रामपुरा, खंडवा, रिबिया, जसरासर, दांदू, झारिया, नरवासी, खारिया, नाकरासर, खासोली, खींवसर, मंगेड़ी, तेजरासर, सालती और चूरू के आस-पास अनेक कच्चे तालाब खुदवाए और मिट्टी निकलवाकर उन्हें और अधिक गहरा किया गया था। इस गहराई से कच्चे *जोहड़ों* में पानी एकत्रीत होकर लंबे समय तक मनुष्य और पशु-पक्षियों की प्यास बुझाता था। सोमासी तथा साहवा में भी *ढाब* खुदवाई गई।[100]

पत्र संख्या 57 के अनुसार स्वामीजी के प्रयास से श्रीयुत् जुगल किशोरजी बिड़ला ने 18 दिसंबर, 1929 को लिखकर स्वामीजी को बताया कि चूरू मंडल के लाखलाण, न्यांगल (रेनी), ढीगारला, कांजण एवं बैजवा (राजगढ़) गाँव में पाँच *कुंड* बनवाए थे। पत्र संख्या 166 में स्वामीजी को रतनगढ़ के श्री सागरमलजी ने बैशाख, वि.सं. 1987/1930 ई. को पत्र लिखकर *कुंड* बनवाने के लिए सही जगह का चयन करने एवं उस

---

98. मीना कुमारी, चूरू में जलसंकट के समाधान में स्वामी गोपालदास का योगदान, *इंटरनेशनल रिसर्च जर्नल ऑफ मैनेजमेंट सोशियोलोजी ऐंड ह्यूमनटीज* (संपा.), श्री परमहंस एजुकेशन ऐंड रिसर्च फांउडेशन ट्रस्ट, वॉल्यूम 6, इश्यू 9, दिल्ली, 2015, पृ. 10-14।

99. गोविंद अग्रवाल, *पत्रों के प्रकाश में स्वामी गोपालासजी का व्यक्तित्व एवं कृतित्व*, नगरश्री चूरू, 196, पृ. 136।

100. गोविंद अग्रवाल, *पत्रों के प्रकाश में स्वामी गोपालदासजी का व्यक्तित्व एवं कृतित्व, पूर्वोक्त*, मौलमीन से (बर्मा) सेठ रुकमानंद बागला का स्वामीजी के नाम 29 जुलाई, 1929 को पत्र, नगर श्री, पत्र क्रमांक 119, पृ. 135-136।

जगह को साथ में देखने के लिए कहा। *कुंड* बनाने की जगह देखने के लिए वैद्य शांत शर्मा सागरमलजी मौका देखने गए थे। गाँव गाजवास के पास उन्हें दो घड़े पानी ले जाते हुए नंगा बदन एक व्यक्ति मिला। व्यक्ति ने गाँव के बारे में पूछने पर बताया कि दो-तीन खेत के बाद गाँव है। गाँव में पहुँचने के बाद हम ठाकुर के घर गए तो ठाकुर साहब को पहचानकर सागरमलजी ने स्वामी को कहा, यह तो वही आदमी है, जो कुछ समय पहले हमें पानी के घड़े के साथ मिला था। गाँव के ठाकुर ने जल्दी पहुँचने वाले रास्ते से आकर कपड़े बदल लिये थे। ठाकुर ने पानी के कष्ट को बयाँ करते हुए कहा कि *यहाँ पानी का बहुत कष्ट है। एक छोटी सी बदली बरसी थी, सो दो घड़े पानी के ले आया, यदि चार घड़े पानी आ जाता तो दो दिन का काम तो चल ही जाता। पानी के इस अभाव को देखकर स्वामीजी ने उसी गाँव में कुंड बनवाया।*[101]

स्वामीजी ने गणपति ओझा को जलाशयों के निर्माण कार्य का प्रभारी नियुक्त किया था। जब स्वामीजी चूरू मंडल से बाहर गए हुए थे, तब उनके प्रभारी ने तेजरासर में तालाब खुदवाया था। प्रह्लाद रायजी जालुका ने गाँव लीलकी में (राजगढ़) एक कुआँ बनवाया और कुएँ के नीचे 100 बीघा जमीन भी छोड़ी थी। स्वामीजी के पास 30 नवंबर, 1929 को सरदारशहर के तहसीलदार डालसिंह का वहाँ (सरदारशहर के पास) कुआँ बनवाने के लिए पत्र आया था। प्रभारी ने शीमलै गाँव में कुआँ बनाने की जगह देखने के लिए तोलाराम ब्राह्मण एवं एक कारीगर को भेजा था। खियेरां पूंगलिया में 8-10 कोस तक पानी का कोई साधन नहीं था। यहाँ रामदेवजी का मेला वर्ष में दो बार भरता है। इन सबके लिए यहाँ पानी सिर्फ एक कच्चे *जोहड़े* से मिलता था। इस समस्या को दूर कराने के लिए खियेरां पूंगलिया के सरदार बनेसिंह ने स्वामी को पत्र लिखा। उन्होंने कच्चे *जोहड़े* से मिट्टी निकलवाने का अनुरोध किया था।[102] इन जनहितकारी कार्यों के लिए चूरू मंडल के समाजसेवी और सेठ-साहूकार स्वयं स्वामीजी को पत्र लिखकर आर्थिक सहायता देने के लिए कहते थे।[103] स्वामीजी ने अपने पूरे जीवन में यहाँ की जनता, पशु-पक्षियों का जीवन बचाने के लिए जल की व्यवस्था करने के लिए बहुत कार्य किया। उन्होंने अपने अंतिम क्षणों में भी गरमी के मौसम में पानी की समस्या को दूर करने के लिए महंत गणपतिदास को लक्ष्मण झूला से मिती पौष सुदी 5 संवत् 1995

---

101. गोविंद अग्रवाल, *पत्रों के प्रकाश में स्वामी गोपालदासजी का व्यक्तित्व एवं कृतित्व*, पूर्वोक्त, पृ. 136,138 पत्र क्रमांक 57,166।
102. *स्वामी गोपाल दासजी पत्र संग्रह*, पत्र क्रमांक 138,154,174,193, नगर श्री चूरू; गौरीशंकर ओझा, पूर्वोक्त, भाग-2, पूर्वोक्त, पृ. 148।
103. *स्वामी गोपालदासजी पत्र संग्रह*, पत्र क्रमांक 201, यह पत्र रतनगढ़ की सर्वहितकारिणी सभा चूरू के नाम श्री नंदलालजी भुवालका ने पूर्वोक्त, दिनांक 9 नवंबर, 1921 को लिखा।

मंगलवार को पत्र लिखा था। पत्र में जगह-जगह प्याऊ लगाने के लिए कहा गया था।[104] राजलदेसर और डूँगरगढ़ के बीच सेठ कन्हैयालाल बागला के सहयोग से स्वामीजी ने एक कुआँ बनवाया था। इस तरह चूरू मंडल में स्वामी गोपालदासजी का जल प्रबंधन में महत्त्वपूर्ण योगदान रहा है। स्वामीजी की तरह यहाँ अनेक जन-सामान्य व्यक्तियों ने भी जल प्रबंधन में रुचि दिखाई।

चूरू में एक बहुत पुराना कुआँ है, जिसे 'सिंघड़ू का कुआँ' कहते हैं। सिंघड़ू कुएँ को संभवतया इसी नाम के व्यक्ति ने बनवाया होगा। सिंघड़ू कुएँ पर बीकानेर के महाराजा गजसिंह (1745-1487 ई.) युवराज राजसिंह के साथ वि.सं. 1818/1761 ई. में ठहरे थे। वि.सं. 1823/1766 ई. में महाराजा गजसिंह ने वापस इसी कुएँ पर डेरा डाला था।[105] बीदासर में वि.सं. 1911/1854 ई. में *तंवरबेरी* नामक कुएँ को देवा माली और बन्ना माली ने पक्का करवाया था। इस कुएँ का पानी बहुत मीठा है।[106] चूरू शहर से तीन कोस दूर गाँव घंटेल की सीमा पर एक पक्का जोहड़ा बना हुआ है। यह *जोहड़ा* 100 वर्षों से यहाँ आने-जाने वाले राहगीरों की प्यास बुझाता है। इस *जोहड़े* को काल्हेरा जाट हीरा ने 100 वर्ष पहले बनवाया था। इस कारण इसे 'काल्हेरा जोहड़ा' एवं 'हीराणा जोहड़े' के नाम से जाना जाता है।[107] भींवसर का मोहिलाणा पक्का तालाब का निर्माण कार्य बूचोजी जाट ने अपनी देख-रेख में करवाया था। इस कारण इस तालाब को *बुचाणी* तालाब के नाम से जाना जाता है।[108] चूरू मंडल के रिड़कला गाँव में दो पक्के *जोहड़े* हैं। इनमें से एक पक्का तालाब वि.सं. 1940/1883 ई. में यहाँ के मुमनाराम ब्राह्मण ने बनवाया था। चूरू के सातड़ा गाँव के संस्थापक न्योल जाट के भाई नरवोजी ने अपने नाम से यहाँ एक कच्चा *जोहड़ा* बनवाया था, जिसे 'नरवाणा जोहड़ा' कहा जाता है। यहीं सातड़ा में ही ढाढियों ने एक पक्का तालाब बनवाया था। वि.सं. 1956/1988 ई. के भयंकर अकाल के समय ढाढियों ने गाँव को छोड़ दिया था। गाँव के बाहर इंदा राजपूत ने भी एक कुआँ बनवाया था। सातड़ा गाँव से एक मील दूर फूसाराम ब्राह्मण धरड़ का बनवाया हुआ कुआँ भी है।[109] चूरू के गाजसर में चार पक्के कुएँ हैं। यहाँ एक कुआँ बहुत पुराना है। अन्य कुएँ जाटों, मालियों एवं चमारों के हैं। यहाँ का पानी मीठा

104. गोविंद अग्रवाल, *पत्रों के प्रकाश में स्वामी गोपालदासजी का व्यक्तित्व एवं कृतित्व*, पूर्वोक्त, पत्र क्रमांक 406, पृ. 263, 37,38।
105. *चूरू चंद्रिका*, पूर्वोक्त, पृ. 17,18।
106. श्रवणसिंह, पूर्वोक्त, पृ. 213।
107. *मरुश्री*, अप्रैल-जून 1972, अंक 3, वर्ष 1।
108. श्रवणसिंह, पूर्वोक्त, पृ. 216।
109. *मरुश्री*, अप्रैल-जून 1972, अंक 3, वर्ष 1।

है। इसी तरह चूरू मंडल के प्रत्येक गाँव-कस्बे-शहर में विभिन्न जातियों के अपने अलग-अलग जलाशय होते थे।[110]

चित्र 4.10 : ताल का जोहड़ा, सरदा शहर

जिस तरह प्रत्येक जाति और समुदाय के व्यक्तियों ने अपने एवं अपने समाज के लिए विभिन्न नामों से जलाशयों का निर्माण करवाया, उसी तरह यहाँ के अलखिया संप्रदाय के प्रवर्तक लालगिर चमार ने अपने गाँव सुलखनियां (रतनगढ़) में एक कुआँ बनवाया था। यह कुआँ उन्होंने बीकानेर के महाराजा रतनसिंह के साथ तीर्थयात्रा से वापस आकर बनवाया था।[111] सरदार शहर के दादूद्वारे में प्रीतमदास ने एक पक्का तालाब बनवाया था।[112] चूरू मंडल में बनी हुई सर्वहितकारिणी संस्थाओं ने भी समय-समय पर जल की व्यवस्था की थी। जब किसी गाँव में मेला भरता था, तब सभा के कार्यकर्ता वहाँ पर प्याऊ लगाकर मेले में आनेवालों के लिए जल उपलब्ध करवाते थे। गरमी के मौसम में सभा के कार्यकर्ता रेलवे स्टेशनों पर भी प्याऊ लगाते थे।[113]

रेणी तहसील के साहवा कस्बे में *ढाब* के पास जोगी आश्रम के बाबोजी ने 200 वर्ष पहले एक कुआँ बनवाया था। यह 'बाबोजी' की 'बावड़ी' के नाम से प्रसिद्ध है। कुएँ पर दो-दो *मुरवे* कुछ दूरी पर बने हुए हैं। कुएँ के पास दो *कोठे* बिना छत के बने हुए हैं। पहले यहाँ *खेळ* भी होती थी। कुएँ का पानी मीठा है। पूरा कस्बा इस कुएँ के पानी को पीने के काम में लेता था। कुएँ के पास किशनदास बाबोजी की कुटिया स्थित है।[114] चूरू मंडल के रामसरा (चूरू) में ऊँटवालिया मार्ग पर एक छोटा सा पक्का तालाब बना हुआ है। बताया गया कि यह तालाब एक जाटणी ने मोठ की एक पूरी फसल की पैदावार से 150-170 वर्ष पहले बनाया था। इस तालाब के पास भैरोंजी का थान है।

---

110. *सावा बही चूरू*, नं. 2, वि.सं. 1882/182 ई., पृ. 60-63, बीकानेर रिकॉड्र्स, रा.रा.अ.बी.।

111. गोविंद अग्रवाल, पूर्वोक्त, पृ. 409, 410।

112. गोविंद अग्रवाल, *चूरू मंडल का शोधपूर्ण इतिहास*, पृ. 409।

113. *स्वर्ण जयंती स्मृति-सरोज*, पूर्वोक्त, पृ. 144-45।

114. साहवा जलाशयों के सर्वेक्षण के समय ब्रह्मानंद सैनी ने बाबोजी की बावड़ी की जानकारी दी।

तालाब में पानी निकालने के लिए एक तरफ सीढ़ियाँ बनी हुई हैं।[115] जलाशय निर्माण की परंपरागत नीति के कारण ही यहाँ *कुंडिया, टाँकों, कुइयों* तथा *तालाबों* का निर्माण संभव हुआ है। यह सारा कार्य व्यक्ति विशेष, जाति, वर्ग और समुदाय द्वारा नहीं किया गया, बल्कि संपूर्ण समाज ने तन, मन और धन से जलाशयों के निर्माण में सहयोग देते हुए अपने विवेक का सहारा लिया।

कुल मिलाकर चूरू मंडल में जल प्रबंधन के लिए जिस तरह समर्थ लोगों का योगदान रहा है, उसी तरह जल प्रबंधन में धन-धान्य से असमर्थ व्यक्तियों का सहयोग और योगदान भी कहीं कम नहीं रहा है। इस वर्ग में वे व्यक्ति है, जिनके बिना किसी भी जलाशय का निर्माण नहीं हो सकता, चाहे उस जलाशय का निर्माता कोई राजा, सामंत और सेठ-साहूकार क्यों न होता, यानी शासकों, सामंतों, सेठ-साहूकारों के साथ-साथ यहाँ के बंजारों, चरवाहों, मजदूर, कारीगरों, *गजधर, सूंघिया* तथा *चेजारों* का भी जल की व्यवस्था सिरे चढ़ाने में महत्त्वपूर्ण योगदान रहा है। सबसे पहले *सूंघिया* जगह को सूँघकर बता देते थे कि यहाँ पानी मिलेगा या नहीं। पानी का पता चलने के बाद ही *गजधर* जलाशय के रख-रखाव और उसके निर्माण की जिम्मेदारी निभाते थे। *गजधर* ही कार्य में लगनेवाले समय एवं लागत को निश्चित करते थे। तालाब के निर्माण के समय *बुलई* अपने आप ही जगह का चुनाव करने के लिए चले आते थे। *बुलई* को गाँव-कस्बे की जमीन की पूरी जानकारी होती थी। *बुलई* जानते थे कि कौन सी जगह पहले कोई जलाशय था और कौन सी जगह नया तालाब या बावड़ी बनाई जा सकती है। ये सब जानकारियाँ उन्हें कंठस्थ होती थीं। हाँ, कुछ सूचनाएँ लिखी हुई भी होती थीं। इन सबके अलावा जलाशयों के निर्माण में मिट्टी निकालने वाले, *तिगारी* ढोने वाले, ईंट एवं चूने के गारे का काम करने वाले *चेजारों* का भी जलाशयों के निर्माण में महत्त्वपूर्ण योगदान होता था।[116]

मिट्टी का काम करने के अलावा कुएँ पर *भूण* बनानेवाले बढ़ई एवं जलाशय खोदने के औजार-*फावड़ा, गेंती, तसली* एवं *तगारी* बनानेवाले भी निर्माण कार्य में आगे रहते थे। कुएँ एवं तालाब के रख-रखाव में माली समाज का मुख्य योगदान रहा है। नया

---

115. मीना कुमारी, 'चूरू में जल प्रबंधन एवं संरक्षण में महिलाओं की भूमिका', *सेंट्रल इंडिया जर्नल ऑफ हिस्टोरिकल ऐंड आर्कियोलॉजिकल रिसर्च,* वॉल्यूम 5, नं. 20 अक्तूबर-दिसंबर, 2016 पृ. 98; रामसरा गाँव के बिशनाराम ढोली ने जानकारी दी। उम्र 80-82 वर्ष।

116. स्थानीय वयोवृद्ध लोगों ने जानकारी दी, जिसकी पुष्टि मीना गौड़, 'मध्यकालीन राजस्थान के जल प्रबंधन में जाति विशेष का योगदान', *राजस्थान इतिहास कांग्रेस,* वोल्यूम XXV, जोधपुर, दिसंबर 2009, पृ. 267-273; बृजरतन जोशी, पूर्वोक्त, पृ. 55-61; अनुपम मिश्र, *आज भी खरे हैं तालाब,* राजस्थानी ग्रंथागार, जोधपुर (राज.), द्वितीय संस्करण 2010, पृ. 17-21।

तालाब बनाते समय माली जाति के लोग ही उसमें कुमुदनी, कमल लाकर छोड़ते थे। इस तरह छोटा हो या बड़ा, सभी ने तन-मन-धन से जल के अभाव वाले चूरू मंडल में जीवनरूपी जल का प्रबंध करने के कार्यों में योगदान दिया और इसी के चलते जल की व्यवस्था हो सकी।

चित्र 4.11 : बीदासर तालाब पर स्थित शिलालेख, सुजानगढ़।

□

5

बसावट की प्रक्रिया एवं स्तरीकरण

किसी भी जगह में लोगों की बसावट और सुविधाओं का जुटाना वहाँ की जलवायु और प्राकृतिक परिस्थितियों पर निर्भर करता है। विकट दशा के साक्षी मरुस्थली क्षेत्र राजस्थान के लोग अपनी जीवटता और विकट भौगोलिक दशा पर विजय पाने के लिए जाने जाते हैं। समस्त विपरीत परिस्थितियों पर जीत प्राप्त करके उन्होंने रेगिस्तान में भी जीवन की बगिया महकाई है। इसी राजस्थान का बीकानेर राज्य अरावली पर्वतमाला के उत्तर और उत्तर-पश्चिम में फैली हुई अनुपजाऊ और जलविहीन मरुभूमि का एक हिस्सा है। इस क्षेत्र की जलवायु शुष्क है।[1] वर्षा की अनिश्चित एवं अपर्याप्त मात्रा तथा भू-जल की अत्यधिक गहराई ने यहाँ की जलवायु को सदैव प्रभावित किया।[2] इसी कारण दस बरसों में यहाँ औसतन तीन अकाल पड़ जाते थे।[3] इन प्रतिकूल परिस्थितियों में भी यहाँ नई-नई बसावटें की गई थीं। यहाँ बसावट करने में प्रशासन और आमजन को सभी कठिनाइयों का सामना करना पड़ता था, इसलिए प्रशासन ने कुछ आयाम और मानदंड निर्धारित किए, जिनके आधार पर गाँवों और शहरों की स्थापना की गई थी।

---

1. गौरीशंकर हीराचंद ओझा, *बीकानेर राज्य का इतिहास,* भाग-1, वैदिक यंत्रालय, अजमेर, प्रथम संस्करण, वि.सं. 1996, पृ. 9-11।
2. मीना कुमारी, 'चूरू में जल संकट के समाधान में स्वामी गोपालदास का योगदान', *इंटरनेशनल रिसर्च जर्नल ऑफ मैनेजमेंट सोशियोलॉजी ऐंड ह्यूमनटीज* (संपा. डॉ. रितेश खन्ना) वॉल्यूम 6, इश्यू 9, 2015, पृ. 11।
3. मीना कुमारी, '*चूरू मंडल का परंपरागत जल प्रबंधन* (अप्रकाशित शोध प्रबंध)', कोटा विश्वविद्यालय, कोटा 2015; *मरुश्री,* जुलाई-1973, अकाल एवं गणपति शताब्दी विशेषांक, पृ. 5; गोविंद अग्रवाल, *चूरू मंडल का शोधपूर्ण इतिहास,* लोक संस्कृति शोध संस्थान, नगरश्री, चूरू, राजस्थान, प्रथम संस्करण 1974, पृ. 12।

चूरू क्षेत्र में बसावट के विभिन्न आयाम एवं राजकीय प्रयास

किसी क्षेत्र की बसावट और उसकी आबादी का समृद्ध होना ही किसी राज्य की सुदृढ़ता का मुख्य आधार होता है। वि.सं. 1545/1488 ई. को राव बीका ने बीकानेर नगर बसाया।[4] बीकानेर नगर के बसते ही प्रशासन को स्थापित करने के लिए नए गाँव एवं कस्बे बसाने शुरू हुए थे। शासक वर्ग के लोगों ने व्यक्तिगत रूप से कुछ कस्बे अपने नामों पर बसाए थे।[5] इसी तरह यदि किसी गाँव का चौधरी या अन्य व्यक्ति नई बसावट के लिए राज्य सरकार से अनुमति लेता था तो प्रोत्साहन के रूप में उसे कुछ छूट के साथ अनुमति मिल जाती थी, क्योंकि राज्य सरकार को इस लोक कल्याणकारी कार्य के लिए, क्षेत्र की निर्जनता या वीरानगी कम करने, आबादी एवं सुख-समृद्धि बढ़ाने के लिए बसावट और इसके लिए जलाशय निर्माण की भी मंजूरी दे देते थे।[6] क्योंकि उस समय जमीन पर आबादी का दबाव अपेक्षाकृत कम था।

नई बसावट अथवा जन पुनर्वास की समृद्धि से राज कोष में भी वृद्धि होती थी। इसके अतिरिक्त बसावट करने के दूसरे कारण भी थे। जनसंख्या वृद्धि नई बसावट का मुख्य कारण था। यदि कहीं किसी गाँव में जनसंख्या ज्यादा हो जाती थी तो वहाँ की कुछ *गुवाड़ियों* को दूसरे गाँव में या किसी दूसरे *चीरे*[7] में नया गाँव बनाकर भी बसाया जाता था। राज्य में *चीरों* की संख्या भिन्न-भिन्न काल में कम और ज्यादा होती रहती थी। आबादी के बढ़ जाने के कारण ही गंधीली और सिहागोटी *चीरों* का निर्माण किया गया था। सन् 1668 ई. में बीकानेर राज्य में *चीरों* की संख्या 11 थी, फिर सन् 1693 ई. में *चीरों* की संख्या बढ़कर 15 हो गई थी।[8] बसावट का एक अन्य कारण यह भी था कि जब किसी सामंत या जागीरदार को राज्य उपहार स्वरूप अतिरिक्त भूमि देता था तो वह उस भूमि पर नई बसावट करने के लिए दरबार से अनुमति लेता था। परिणामस्वरूप

---

4. गौरीशंकर हीराचंद ओझा, *बीकानेर राज्य का इतिहास,* प्रथम भाग, वैदिक यंत्रालय, अजमेर, प्रथम संस्करण, वि.सं. 1996, पृ. 96; दयालदास सिंढ़ायच, *दयालदास की ख्यात,* जि. 2, पत्र 2; *मुहणोत नैणसी री ख्यात,* जिल्द 2, पृ. 198-199; श्यामलदास, *वीर विनोद,* भाग-2, पृ. 479; पाउलेट, *गजेटियर ऑफ दी बीकानेर स्टेट,* पृ. 4।
5. गौरीशंकर हीराचंद ओझा, पूर्वोक्त, पृ. 349-350।
6. मीना कुमारी, 'राजगढ़ में पारंपरिक जल प्रबंधन में समाज का योगदान : एक सर्वेक्षण', *प्रोसिडिंग्स ऑफ राजस्थान हिस्ट्री कांग्रेस,* वॉल्यूम 30, सेशन उदयपुर, 2015, पृ. 525।
7. चीरा व्यवस्था केंद्रीय प्रशासन द्वारा निर्धारित करों की वसूली की एक सुविधाजनक एवं क्षेत्रीय राजस्व की प्रशासनिक व्यवस्था थी—जी.एस.एल. देवड़ा, *राजस्थान की प्रशासनिक व्यवस्था,* बीकानेर, 1981, पृ. 127।
8. *बही खालसा रे गाँव री,* नं. 96, वि.सं. 1726/1669 ई.; *कागद बही,* नं. 8, वि. सं. 1846/1789 ई., पृ. 51-56, रा.रा.अ.बी.।

राज्य सरकार उस भूमि पर बसावट की अनुमति प्रदान करती थी।

प्रस्तुत अध्याय में राज्य सरकार द्वारा नई बसावट के लिए बनाए गए विविध नियम एवं जनसंख्या को आबाद करने और इसके विकास के लिए निर्धारित किए गए मानदंडों एवं कार्यों को समझने का प्रयास किया गया है। जब भी किसी गाँव या शहर की बसावट की जाती थी तो उससे पहले कुछ मानदंड निर्धारित किए जाते थे और उन्हीं के आधार पर जगह की बसावट की जाती थी। ये नियम या मानदंड इस प्रकार थे—

बसावट के लिए भूमि चयन

बसावट के मानदंड प्राचीन काल में भी बसावट से पहले निर्धारित किए जाते थे। कौटिल्य के अनुसार किसी भी नगर की बसावट से पूर्व अनेक बातों और सिद्धांतों पर ध्यान देना चाहिए, जैसे कि नगर का निर्माण नदी संगम पर हो या वह इलाका चारों ओर से पहाड़ों से घिरा हुआ हो। वह सदा पानी से भरी रहने वाली झील, ताल या तालाब, नदी के पास स्थित हो, साथ ही वह जगह स्थल मार्ग से युक्त एवं व्यापार-वाणिज्य के लिए भी उपयुक्त हो।[9] ये सभी बातें जहाँ उपलब्ध हों, उसी जगह नई बसावट की जानी चाहिए।

यहाँ की सरकार ने भी इन्हीं सिद्धांतों को अपने बसावट के मानदंडों में कुछ भिन्नताओं के साथ अपनाया हुआ था, जैसे किसी भी नई बसावट के लिए सर्वप्रथम भूमि की स्थिति को ध्यान में रखा जाता था। जहाँ भूमि उपजाऊ होती थी, वहीं अधिक बसावट की जाती थी। प्रो. जी.एस.एल. देवड़ा के अनुसार जहाँ भूमि की स्थिति अर्थात मिट्टी उपजाऊ होती थी, वहाँ *चीरों* की संख्या अधिक होती थी। बीकानेर के उत्तर-पूर्वी भाग में घनी आबादी थी। इसकी अपेक्षा दक्षिणी और मध्य भाग में बहुत कम बसावट हुई थी, जबकि पश्चिम में आबादी नगण्य थी।[10] जहाँ नए गाँव बसाए जाते थे, वे कम-से-कम 1000 बीघा क्षेत्र में बसाए जाते थे।[11]

जल का प्रबंधन करना

नई बसावट के लिए भूमि के चयन के बाद जिस व्यवस्था पर प्रमुख ध्यान दिया जाता था, वह थी *'पाणी पीछ'*।[12] बसावट उसी स्थान पर की जाती थी, जहाँ पानी की

---

9. कौटिल्य, *अर्थशास्त्र* (अनु. प्राणनाथ विद्यालंकार) अधिकरण-2, प्रकरण 2, पृ. 44-45।
10. जी.एस.एल. देवड़ा, पूर्वोक्त, पृ. 213।
11. *कागदो की बहियों* में जहाँ भी गाँव के क्षेत्रफल का विवरण आया है सदैव ही वह 1000 बीघा से अधिक का बताया गया है। जी.एस.एल. देवड़ा, पूर्वोक्त, पृ. 213; फेगन, *सेटलमेंट रिपोर्ट*, बीकानेर, पृ. 1।
12. राजेंद्र कुमार, ''पाणी पीछ'—एक जल प्रबंधन : बीकानेर राज्य के विशेष संदर्भ में', *प्रोसिडिंग ऑफ राजस्थान हिस्ट्री कांग्रेस*, वोल्यूम 28, सेशन जयपुर, 2014, पृ. 454।

उपलब्धता होती थी। पानी की उपलब्धता न होने की स्थिति में दरबार की तरफ से वहाँ पानी की व्यवस्था के लिए जलाशय बनाने के आदेश दिए जाते थे।[13] यदि खोदे गए कुएँ का पानी खारा निकलता था तो दूसरा कुआँ खोदने का भी आदेश दिया जाता था। *कागद बही* के अनुसार वि.सं. 1879/1822 ई. में सूरतगढ़ में नकीणे गाँव की बसावट की गई थी। उसी समय वहाँ एक कुआँ बनाया गया था, परंतु उस कुएँ का पानी खारा निकल गया था, इसलिए गाँव के *चौधरी* ने गाँव से 500 *पांवडा*[14] की दूरी पर दूसरा कुआँ बनाना प्रारंभ किया, परंतु गाँव के *पट्टायत* के रुकावट डालने पर राज्य को मामले में हस्तक्षेप करना पड़ा, इसलिए राज्य ने कुएँ के निर्माण को मंजूरी प्रदान की थी।[15] इसी तरह किसी गाँव की *गुवाड़ी*[16] के कुएँ का पानी खारा हो जाता था तो उस *गुवाड़ी* को कैसे दूसरी जगह बसाया जाता था, जहाँ मीठा पानी उपलब्ध होता था। उदाहरणार्थ रैयातुड़ गाँव के *चौधरी* ने दरबार से अर्ज की थी कि हमारे गाँव का पानी खारा हो गया है, जबकि गाँव से डेढ़ *कोस* आगे मेरी *तलाई* है, जिसमें मीठे पानी का कुआँ है। अत: राज की अनुमति हो तो एक *गुवाड़ी* की बसावट वहाँ की जा सकती है। परिणामस्वरूप दरबार ने उसी तलाई में *गुवाड़ी* को बसने की अनुमति प्रदान की।[17]

राज्य में लोक आगमन के संवर्धन के लिए राजकीय प्रयास

जब कोई व्यक्ति, चौधरी या जमींदार सरकार से नया गाँव बसाने के लिए अनुमति माँगता था तो सरकार उन्हें अनुमति के साथ कुछ छूट भी प्रदान करती थी। गाँव के चौधरी को नया गाँव बसाने के लिए कररहित जमीन दी जाती थी और उपज का पाँच प्रतिशत भी दिया जाता था। इसके साथ ही गाँव से कुछ वर्षों तक कर नहीं वसूला जाता था।[18] राज्य सरकार की तरफ से नई बसावट का कार्य किसी व्यक्ति विशेष को सौंपा जाता था। उदाहरणार्थ वि.सं. 1884/1827 ई. में राज्य सरकार ने अगणेऊ शहर की नई बसावट का कार्य राजकीय अधिकारी उत्तम चंद कोठारी को सौंपा था।[19] जब नया गाँव बसाया जाता था, तब वहाँ आस-पास के *चीरे* और गाँव से *गुवाड़ियों* और व्यक्तियों को आकर

13. *कागद बही*, नं. 32, वि. सं. 1882/1825 ई., पृ. 249, एफ-2, रा.रा.अ.बी.।
14. पारंपरिक समाज द्वारा भूमि को मापने का पैमाना, जो दो कदमों की दूरी, अमूमन एक फुट की होती थी।
15. *कागद बही*, नं. 32, वि.सं. 1882/1825 ई., पृ. 249, एफ-2, रा.रा. अ.बी.।
16. मोहल्ला।
17. *कागद बही*, नं. 32, वि. सं. 1882/1825 ई., पृ. 17, एफ-1-2, रा.रा.अ.बी.।
18. जी.एस.एल. देवड़ा, पूर्वोक्त, पृ.186।
19. *कागद बही*, नं. 33, वि.सं. 1884/1827 ई., पृ. 25 एफ-2, रा.रा.अ.बी.।

बसने को बुलाया जाता था। उन्हें यहाँ बसने के लिए प्रेरित करने हेतु नई बसावट की शुरुआत के कुछ सालों तक विभिन्न करों में रियायत दी जाती थी। इसी तरह बाहर से आया कोई व्यक्ति किसी गाँव में बसता था तो दरबार की तरफ से उसका विशेष ध्यान रखने का आदेश होता था। उदाहरणार्थ वि.सं. 1831/1774 ई. में पुनिया गाँव के चौधरी ने बसावट की। इस उपलक्ष्य में दरबार की ओर से *चौधरी* से कर का तीसरा हिस्सा और बाहर से आकर बसने वालों से चौथा हिस्सा लेने का बहियों में वर्णन मिलता है।[20]

बसावट और जन पुनर्वास के उपरांत राज्य सरकार गाँव के प्रत्येक वर्ग की सुख-सुविधाओं का ध्यान रखती थी। इनमें न केवल जनसामान्य लोग अपितु साधु-संत भी शामिल थे। इस बात की जानकारी *बहियात* से मिलती है। वि.सं. 1827/1770 ई. के एक संदर्भ से ज्ञात होता है कि गाँव मोनीधाने में गुसाईं कान्हड़पुरी, भोजपुरी के *चेले*[21] आकर बसे थे, उनके जीवनयापन के लिए *डोहली* की जमीन जोतने के लिए एवं पीने के लिए पानी की व्यवस्था का आदेश राज्य सरकार की तरफ से हुआ था।[22]

गाँव में जन वृद्धि

बसावट का एक मानदंड यह भी था कि जब नया गाँव बसाया जाता, तब यह भी ध्यान रखा जाता था कि गाँव में विभिन्न पेशों से संबंधित जातियाँ बसें, ताकि लोगों को अपनी रोजमर्रा की जरूरतें पूरी करने के लिए किसी दूसरे गाँव में नहीं जाना पड़े। इसके लिए विभिन्न व्यावसायिक जातियों की *गुवाड़ियाँ* नए गाँव में बसाई जाती थीं।[23] इन व्यावसायिक जातियों को गाँव में आकर बसने को प्रोत्साहित करने के लिए अनेक करों में छूट दी जाती थी[24] ताकि ये जातियाँ नई जगह अपने व्यवसाय को अच्छी तरह से विकसित कर पाएँ, जैसे वि.सं 1827/1770 ई. में निवड़ीसर गाँव के सुथार जगाराम एवं कुम्हार हेमा को रातुसर गाँव में बसाने एवं अजीविका चलाने के लिए कुछ भूमि प्रोत्साहनस्वरूप प्रदान करने का उल्लेख मिलता है।[25]

इसी तरह जब कोई व्यक्ति इन व्यावसायिक जातियों की नई *गुवाड़ी* लाकर गाँव में

---

20. *कागद बही,* नं. 3, वि.सं. 1827/1770 ई., इमेज नं. 32; बही नं. 4, वि.सं. 1831/1774 ई., इमेज नं. 33, 64, ऑनलाइन सर्वर, रा.रा.अ.बी.।
21. शिष्य या अनुयायी।
22. *कागद बही,* नं. 3, वि.सं. 1827/1770 ई., इमेज नं. 32, ऑनलाइन सर्वर, रा.रा.अ.बीकानेर।
23. जी.एस.एल. देवड़ा, पूर्वोक्त, पृ. 154।
24. वही, पृ. 186।
25. *कागद बही,* नं. 3, वि.सं. 1827/1770 ई., इमेज नं. 32, ऑनलाइन सर्वर, रा.रा.अ.बी.।
26. *कागद बही,* नं. 3, वि.सं. 1827/1770 ई., इमेज नं. 34, ऑनलाइन सर्वर, रा.रा.अ.बी.।

बसाता था तो उस व्यक्ति को भी *जगात* और अन्य बातों में कई रियायतें प्रदान की जाती थी। उदाहरण के लिए वि.सं. 1827/1770 ई. में गाँव विजोरासर के गंगों पोटलिया ने अपने गाँव में *हाळियों* की नई *गुवाड़ी* लाकर बसाई थी, जिसके बदले में राज्य द्वारा उसे *भोग* में बढ़ा हुआ एक हिस्सा प्राप्त करने का राजकीय आदेश हुआ था।[26]

जब कोई व्यक्ति निजी प्रयासों से नई बसावट करता था तो वहाँ अपनी जाति के लोगों को बसने को प्राथमिकता देता था। इस तरह उस नई बसावट में एक ही जाति की *गुवाड़ियों* की अधिकता हो जाती थी। इस आधार पर उस नई बसावटवाली जगह का नामकरण भी उस जाति के आधार पर हो जाता था।[27] जैसे पुनिया,[28] बेनीवाल परगने जाट जाति के इन गोत्रों के बाहुल्य के कारण ही परगने का रूप धारण कर सके थे।[29]

नए गाँव और शहर बसाने के लिए व्यापारियों को प्रोत्साहन

व्यापार-वाणिज्य एवं समृद्धि एक-दूसरे के पर्याय हैं, इसलिए किसी भी नए स्थान पर बसने वाली आबादी की उन्नति हो, इसके लिए भी बसावट का एक मानदंड था कि नया शहर बसाने के बाद *जगात* की नई और कमतर दरें लागू की जाती थीं। *कागद बहियात* से ज्ञात होता है कि वि.सं. 1884/1827 ई. में *अगणेऊ* शहर बसने के बाद *जगात* की जो नई दरें निर्धारित की गई थीं, वे पहले की अपेक्षा कम थीं, जो इस प्रकार से वसूली गई थीं[30]—

अगणेऊ सैहर बससी पींठ लगासी सु ईण भात
जगात नवी बांधी छै सु लीजसी।

। साजी रो उठ १ रु. १।।)
। घिरत रो उठ १ रु. ।)
। कपड़ा उठ १ रु. १।।)
। मेट रा उठ १ रु. ।)
। कीरयाणा उठ १ रु. १।।)
१० नमक रा उठ १ रु. १)
। मेवे रे उठ १ रु. २।।)
। चावल गाह उठ १ रु. २।।)
। गुट सकर रो उठ १ रु. १।।)
। उठ १ रु. १)
। हींग उठ १ रु. २।।)
। खाकता उठ १ रु. १।।)
। धान उठ १ रु. १।।)
। लालरो उठ १ रु. २।।)
। जोड़ी रे उठ १ रु. २।।)
। धोडा री रु. २।।)

ईय भात लीजसी वधती खेचल न होसी

मिति जेठ सुदी ४

27. जी.एस.एल. देवड़ा, पूर्वोक्त, पृ. 217।
28. *कागद बही,* नं. 4, वि.सं. 1831/1774 ई., इमेज नं. 33, रा.रा.अ.बी.।
29. *कागद बही,* नं. 93, वि.सं. 1948-51/1791-94 ई., इमेज नं. 6, रा.रा.अ.बी.।
30. *कागद बही,* नं. 33, वि. सं. 1884/1827 ई., नं. 33, पृ. 25 एफ-2, रा.रा.अ.बी.।

अतएव, बसावट और पुनर्वास के संवर्धन में यहाँ के व्यापारिक वर्ग का भी महत्त्वपूर्ण स्थान रहा है। इस काल खंड के दौरान वैश्य वर्ग अपने गाँव एवं कस्बों को छोड़कर व्यापार–वाणिज्य की दृष्टि से महत्त्व वाले केंद्रों में जाकर बसने लगे थे।[31] इससे नए कस्बे स्थापित हुए एवं पुराने कस्बों की शहर पनाह की दीवारें और विस्तृत की गईं। नए व्यापारिक वर्ग ने वहाँ के कृषक वर्ग एवं शिल्प से जुड़े लोगों के घर खरीद लिये और इन्हें शहर पनाह से बाहर अपने लिए नई बसावट करनी पड़ी थी।[32] 18वीं शताब्दी के उत्तरार्द्ध में *थार* मरुस्थल में कस्बों और *मंडियों* की संख्या बढ़ गई थी।[33] व्यापारिक वर्ग जब किन्हीं कारणों या *भाछ* देने में असमर्थ होकर पलायन कर जाता था तो राज्य उसे अनेक करों में छूट प्रदान करके पुन: गाँव में बसाता था।[34]

सुरक्षा दृष्टिकोण से नई बसावट

बसावट का एक अहम मानदंड सुरक्षा भी होता था। इसके अंतर्गत राज्य सरकार द्वारा किसी क्षेत्र विशेष में, जहाँ अशांति और अव्यवस्था फैल जाती थी, वहाँ से लोग प्रवर्जन करके दूसरी जगह न चले जाएँ, इसके लिए कस्बे भी बसाए जाते थे, ताकि उस जगह से उस क्षेत्र की सुरक्षा पर विशेष ध्यान दिया जा सके। बीकानेर राज्य में इस तरह की बसावट का उदाहरण राजगढ़ कस्बे के रूप में देखा जा सकता है। महाराजा गजसिंह ने अपने पुत्र राजकुमार राजसिंह के नाम पर वि.सं. 1829/1766 ई. में राजगढ़ कस्बा बसाया था। इस नगर को बसाने के लिए उन्होंने स्वयं स्थान का चयन किया था, क्योंकि उन दिनों छानी और अजीतपुरा के झोरड़ों (जाट) ने उपद्रव फैला रखा था।[35]

बसावट की निर्बाधता के लिए जन प्रवास को रोकना

राज्य सरकार नई बसावट पर जितना ध्यान देती थी, उतना ही ध्यान इस बात पर

31. जी.एस.एल. देवड़ा, 'ए रिथिंकिंग ऑन दी पॉलिटिक्स ऑफ कमर्शियल सोसायटी ऑफ प्री–कोलोनियल इंडिया', ओकेजनल पेपर, नेहरू मेमोरियल म्यूजियम ऐंड लाइब्रेरी, नई दिल्ली, नं. 38, मार्च 1987।
32. गोविंद अग्रवाल, चूरू में घरों, नोहरों की प्राचीन विगत, *मरुश्री,* जनवरी–जून, 1887 पोतेदार संग्रह, नगर श्री, चूरू; शशि अरोड़ा, 'दी फोमर्स ऑफ अरबन ऑर्गेनाईजेशन इन दी डेजर्ट पार्ट्स ऑफ राजस्थान : 1750–1818 ई.', अर्बनाइजेशन इन वेस्टर्न इंडिया, (संपा. एम. जे. मेहता), अहमदाबाद, 1984, पृ. 91–96।
33. जी.एस.एल. देवड़ा, *राजस्थान इतिहास के अभिज्ञान रूप,* राजस्थान हिंदी ग्रंथ अकादमी, जयपुर, प्रथम संस्करण 2010, पृ. 179।
34. जी.एस.एल. देवड़ा, पूर्वोक्त, पृ. 180।
35. गौरीशंकर हीराचंद ओझा, पूर्वोक्त, पृ. 349–350।

भी दिया जाता था कि बसे हुए गाँव से प्रवर्जन न हो। इस बाबत राज्य द्वारा भी भरसक प्रयास किए जाते थे, क्योंकि यहाँ की विपरीत भौगोलिक परिस्थितियों के चलते जनता पलायन करने के लिए मजबूर हो जाती थी। राज्य सरकार इस पलायन को रोकने के लिए और बसावट को सुचारु बनाए रखने के लिए प्रोत्साहन स्वरूप कुछ करों में रियायत देती थी। *बीकानेर बहियात* के अनुसार वि.सं. 1838/1781 ई. में कुचोर उदावतां री गाँव में *चौधरी* दुर्गेश्वर परेशान होकर पलायन की योजना बना रहा था। सरकार ने इसका संज्ञान लेते हुए उसको उसी गाँव में बसाए रखने के लिए उसे *भाछ* में आधी छूट देने के आदेश दिए थे।[36]

राज्य से पलायन कर चुकी गुवाड़ियों के पुनर्वास के प्रयास

केहतसाली, खीसताल (अकाल-सूखा) एवं ज्यादा करों से परेशान होकर स्थानीय *गुवाड़ियाँ* पलायन करके राज्य से बाहर जाकर बसने लगीं।[37] प्रो. इरफान हबीब के अनुसार मध्यकालीन भारत में करारोपण में कुल अतिरेक तक बढ़ाए जाने की प्रवृत्ति थी। राजस्व की माँग कुछ क्षेत्रों में तो एक या दूसरे समय पर इसे भी पार कर देती थी। कराधान के इस बोझ से केवल निम्न वर्ग ही प्रभावित नहीं होता था, बल्कि उच्च वर्ग के लोग भी बरबाद हो जाते थे।[38] इसी प्रकार 18वीं सदी में महाराजा सूरत सिंह ने जनता पर करों की बढ़ोतरी कर दी थी। *रुखवाली भाछ* जो प्रति *गुवाड़ी* 2 रुपए थी, उसे बढ़ाकर 10 रुपए की दर से वसूल की जाने लगी थी। इसी तरह से अन्य करों में वृद्धि हुई।[39] इस वजह से *रैयत* और व्यापारी मारवाड़, जयपुर, शेखावाटी[40] एवं अंग्रेजी बस्तियों[41] में जाकर बसने लगे। उदाहरण के लिए पड़िहार नवाब एवं भाटी अमरसिंह नेतसी *भाछ* के डर से अगणेऊ छोड़कर जैसलमेर जाकर बस गए।[42]

सन् 1815 ई. में करों में बढ़ोतरी के कारण बीकानेर के ठाकुरों ने विरोध किया

---

36. *कागद बही*, नं. 5, वि.सं. 1838/1781ई., इमेज नं. 22, ऑनलाइन सर्वर, रा.रा.अ.बी.।
37. जी.एस.एल. देवड़ा, *राजस्थान इतिहास के अभिज्ञान रूप*, पृ. 203।
38. तपनराय चैधरी, इरफान हबीब (संपा.), *द कैंब्रिज इकॉनोमिक हिस्ट्री ऑफ इंडिया*, भाग-1 (सन् 1200 से सन् 1750 तक), कैंब्रिज यूनिवर्सिटी प्रेस, 1982, पृ. 210; इरफान हबीब, *मध्यकालीन भारत* (संपा.), भाग-3, राजकमल प्रकाशन, दिल्ली, 2018, पृ. 182।
39. *कागद बही*, नं. 4, वि.सं. 1831/1774 ई., पृ. 29, 35, 56; वि.सं. 1857/1800 ई., नं. 11, पृ. 81, 89, रा.रा.अ.बी.।
40. *कागद बही*, नं. 33, वि.सं. 1884/1827 ई., पृ. 9, एफ-2, रा.रा.अ.बी.।
41. *कागद बही*, नं. 33, वि.सं. 1884/1827 ई., पृ. 9 एफ-2, रा.रा.अ.बी.।
42. *कागद बही*, नं. 33, वि.सं. 1884/1827 ई., पृ. 25 एफ-2, रा.रा.अ.बी.।

और अंग्रेजों ने पहली बार बीकानेर प्रशासन में हस्तक्षेप किया। इसका नतीजा 9 मई, 1818 ई. को बीकानेर राज्य की अंग्रेजों के साथ 'सहायक संधि' थी।[43] परिणामस्वरूप बीकानेर राज्य का उत्तरी-पूर्वी क्षेत्र अंग्रेजों के सीधे संपर्क में आया। बीकानेर की अपेक्षा अंग्रेजी क्षेत्र में बसे लोगों को *बाब* कम देनी पड़ती थी, उसी तरह व्यापारियों की *जगात* में भी बढ़ोतरी नहीं होती थी। इन रियायतों के मिलने से बीकानेर राज्य की *रैयत* अंग्रेजी क्षेत्रों में जाकर बसने लगी। पलायन कर चुकी *गुवाड़ियों* को फिर से वहीं लाकर बसाने के प्रयास भी किए जाते थे। *कागद बहियात* के अनुसार गाँव के चौधरी ने दरबार से अर्ज की थी कि हमारे गाँव की *गुवाड़ी* अंग्रेजी बस्ती में जाकर बस गई है। यदि सरकार *भाछ, हबूब* में कुछ छूट प्रदान करे तो उसे यहाँ बुलाकर दोबारा बसाया जा सके।[44] इस पलायन से राज्य को बहुत नुकसान हुआ, जिसे रोकने के लिए राज्य सरकार ने बीकानेर से पलायन कर चुकी *गुवाड़ियों* को पुनः बसाने के लिए भी कुछ मानदंड स्थापित किए।

इन मानदंडों का अनुकरण करते हुए राज्य ने पलायन कर चुकी *गुवाड़ियों* एवं व्यापारियों को वापस आकर बसने के लिए संदेश भिजवाए थे। इसके साथ ही उन्हें यह विश्वास भी दिलाया था कि यदि वे पुनः आकर बसते हैं तो उन्हें *रुखवाली री भाछ, हबूब रकम* और *जगात* में आधी या चौथाई छूट प्रदान की जाएगी। इससे संबद्ध एक उदाहरण *बहियात* में देखने को मिलता है कि साधासर गाँव के लोग प्रवर्जन कर उठवालिए गाँव में बस गए थे, जिन्हें वि.सं. 1838/1781 ई. में पुनः गाँव साधासर में लाकर बसाने एवं इनसे *भोग* की आधी वसूली करने के आदेश हुए—

। चौधरी पांचो पुरबाणी। चौधरी मोहन पुरबाणी।
चौधरी सुखो गोयंदानी
। चौधरी जीवन कुवलानी। चौधरी लालो पुरबाणी।
आदमी ५
सावण बदी ५[45]

पुनर्वास के लिए जो छूट दी जाती थी, वह छूट अंग्रेजी और देशी राज्यों की *गुवाड़ियों* के लिए अलग-अलग होती थी। मारवाड़, जैसलमेर और अंग्रेज शासित क्षेत्रों में बसी *गुवाड़ियों* के बीकानेर में पुनर्वास के लिए गाँव के *जागीरदार* और *चौधरियों* को

---

43. पी.डब्ल्यू. पॉउलेट, *गजेटियर ऑफ बीकानेर स्टेट*, पृ. 75।
44. *कागद बही*, नं. 32, वि.सं. 1882/1825 ई., पृ. 105, एफ-2, रा.रा.अ.बी.।
45. *कागद बही*, नं. 5, वि.सं. 1838/1781 ई., इमेज नं. 17,21,25,107,119; बही नं. 4, वि.सं. 1831/1774 ई., इमेज नं. 69-70; *कागद बही* नं. 3, वि.सं. 1827/1770 ई., इमेज नं. 32, 34, ऑनलाइन सर्वर, रा.रा.अ.बी.।

राज्य सरकार ने आदेश दिया।[46] इस तरह के आदेश बीकानेर राज्य के रिकॉर्ड्स में मिलते हैं।[47] जैसे *अठे नवी गुवाड़ी लाय वसावे ते कने सु पेलड़ा साल १ गुवाड़ी १ रुपया २) लेजो पछे साल ९ ताई साल १ गुवाड़ी १ रुपया ५) ५। लेजो अर गाँव री जमीदारा री गुवाड़ी देस रे गावां में हैं तिका पाछी आय वसे तो कने पेलड़े साल १ गुवाड़ी १ रुपया २) लेजो पछे साल ५ ताई साल १ गुवाड़ी १ रुपया ५) ५।*[48]

संकट के समय रैयत को दी जाने वाली विभिन्न रियायतें

बसावट के मानदंड के तहत सरकार की कोशिश होती थी कि राज्य में नई बसावट के साथ-साथ नजदीक के राज्यों की *गुवाड़ियाँ* भी यहाँ आकर बसें।[49] इन *गुवाड़ियों* की बसावट के साथ-साथ राज्य सरकार उन्हें जरूरत के समय भी छूट देती रहती थी, जैसे—अकाल, सूखा, महामारी, गाँव का लूटमार का शिकार होना, गाँव के आर्थिक रूप से *निबळा*[50] होने एवं गाँव के लड़ाई के क्षेत्र में आने पर, इस तरह की छूट गाँव के सभी निवासियों को मिलती थी।[51] उदाहरणार्थ वि.सं. 1838/1781 ई. में शेखसर चीरे के उचाहेड़ा गाँव के निर्बल होने की वजह से धुएँ में एक साल के लिए 13 रुपए 8 आना छोड़े गए।[52] इसी प्रकार सिहागोटी *चीरे* के भोजासर गाँव में ठाकुर के अत्याचार से लोग गाँव से पलायन करने लगे। इस पलायन को रोकने के लिए दरबार की तरफ से विभिन्न करों के चौथे हिस्से को छोड़ने का आदेश हुआ था।[53]

निष्कर्षत: कह सकते हैं कि जब भी कोई नया गाँव या शहर बसाया जाता था, तब इसके लिए कुछ निर्धारित आयामों या मानदंडों का अनुसरण किया जाता था। बसावट के इस सिद्धांत में उन सभी नियमों को शामिल किया जाता था, जिससे राज और समाज; दोनों लाभान्वित हों एवं उनका चहुँमुखी विकास हो सके। राज्य सरकार द्वारा अपनी आर्थिक और राजनीतिक उन्नति करना ही नई बसावट का मुख्य उद्‌देश्य नहीं था, अपितु

---

46. *कागद बही,* नं. 33, वि.सं. 1884/1827 ई., पृ. 25 एफ-2-3, 9, रा.रा.अ.बी.।
47. राजेंद्र कुमार, 'बीकानेर राज में वसाहत रे खातर राज रा प्रयास', आलेख : सोवेनियर विषय—*ठौड़ बदलाव, बसाव, राज्य रो गठन अर साहित,* 21-22 मार्च, 2017, महाराजा गंगा सिंह विश्वविद्यालय, बीकानेर, पृ. 45।
48. वही।
49. *कागद बही,* नं. 33, वि.सं. 1884/1827 ई., पृ. 25एफ-1-2, रा.रा.अ.बी.।
50. कमजोर।
51. जी.एस.एल. देवड़ा, पूर्वोक्त, पृ. 185।
52. *कागद बही,* नं. 5, वि.सं. 1838/1781 ई., इमेज नं. 18, ऑनलाइन सर्वर, रा.रा.अ.बी.।
53. *कागद बही,* नं. 5, वि.सं. 1838/1781 ई., इमेज नं. 21, ऑनलाइन सर्वर, रा.रा.अ.बी.।

प्रजा की सुख-समृद्धि भी उन मानदंडों में समाहित थी। इसके फलस्वरूप ही यहाँ साल दर साल जन-पुनर्वास में वृद्धि हुई। फलत: सन् 1668 ई. में जहाँ *चीरों* की संख्या 11 थी, वहीं सन् 1693 ई. में बढ़कर 15 हो गई थी।[54] इससे स्पष्ट है कि राज्य की ओर से किए जाने वाले प्रयासों के फलस्वरूप जन-पुनर्वास में बढ़ोतरी हुई और राज्य अपने भौगोलिक क्षेत्रफल और समृद्धि को बनाए रख सका।

चूरू क्षेत्र में जनसंख्या वृद्धि और शहरीकरण के विकास के विभिन्न चरण

बसावट अर्थात आबादी का समृद्ध होना ही किसी राज्य की सदृढ़ता का मुख्य आधार होता है। जनसंख्या के घटने-बढ़ने के पीछे विभिन्न आयाम और मानदंड इसकी पृष्ठभूमि का काम करते हैं। इस अध्याय में इन्हीं मानदंडों और आयामों का अध्ययन किया गया है। चूरू मंडल की भौगोलिक परिस्थितियाँ बेहद प्रतिकूल थीं। ऐसी परिस्थितियों में यहाँ की जनसंख्या और उससे संबंधित विभिन्न कारणों और परिणामों को समझना अत्यंत आवश्यक है। बीकानेर रियासत के अंतर्गत चूरू मंडल की सर्वप्रथम जनगणना 1881 ई. में की गई थी। जिसके अनुसार—

सारिणी संख्या - 5.1

सन् 1881 ई. में चूरू मंडल के विभिन्न कस्बों की जनसंख्या[55]

कस्बा	जनसंख्या		
	पुरुष	महिला	कुल
चूरू	5,403	5,263	10,666
रतनगढ़	3,871	3,709	7,580
सरदार शहर	2,923	2,918	5,841
सुजानगढ़	3,169	2,069	5,238
रेणी	2,878	2,320	5,198
कुल	**18,244**	**16,279**	**34,523**

54. जी.एस.एल. देवड़ा, पूर्वोक्त, पृ. 128; *बही खालसा रे गाँव री*, नं. 96, वि.सं. 1726/1669 ई.; *कागद बही*, वि.सं. 1846/1789 ई., नं. 8, पृ. 51-56, रा.रा.अ.बी.।

55. *सेंसस ऑफ द नेटिव स्टेट्स ऑफ राजपूताना*, 1881, पृ. 46, राष्ट्रीय अभिलेखागार, नई दिल्ली।

ग्राफ संख्या-5.1

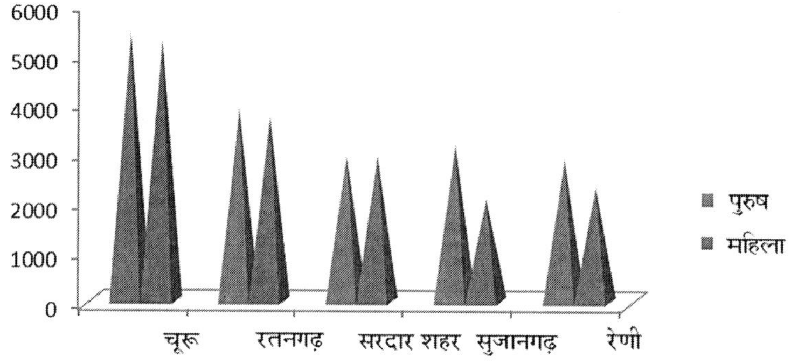

सारिणी संख्या 5.1 के आधार पर बना आरेख (ग्राफ-1 क) : सन् 1881 ई. में चूरू मंडल के विभिन्न कस्बों की जनसंख्या दरशाते हुए

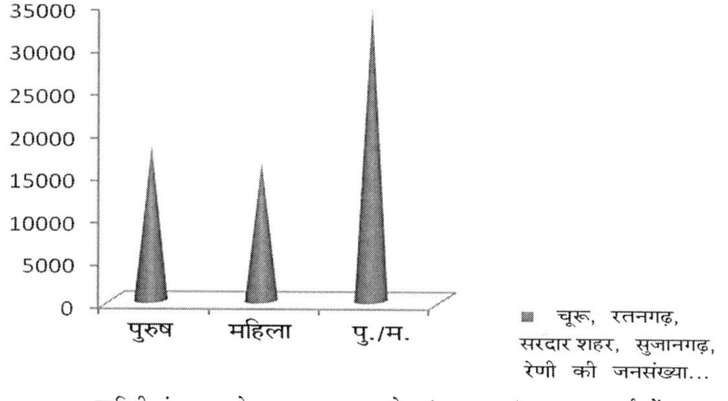

सारिणी संख्या 5.1 के आधार पर बना आरेख (ग्राफ-1 ख) : सन् 1881 ई. में चूरू मंडल के विभिन्न कस्बों में महिला-पुरुषों की संख्या को दरशाते हुए

इस जनगणना में इन कस्बों में जनसंख्या का वितरण कहीं ज्यादा है तो कहीं कम। यह विभिन्नता दरशाती है कि यहाँ आर्थिक, राजनीतिक एवं भौगोलिक प्रतिमानों में भी भिन्नता हो सकती है, तभी जनसंख्या का वितरण भी अलग-अलग है। इस वितरण में भिन्नता को समझने के लिए दो जनसांख्यिकी आँकड़ों का तुलनात्मक अध्ययन किया गया है। 1881 ई. के बाद 1891 ई. में दूसरी जनगणना हुई थी। दस वर्ष पश्चात् उपर्युक्त कस्बों की जनसंख्या—

सारिणी संख्या- 5.2

सन् 1891 ई. में चूरू मंडल के कस्बों की जनसंख्या[56]

कस्बा	जनसंख्या		
	पुरुष	महिला	कुल
चूरू	6,910	7,104	14,014
रतनगढ़	5,123	5,413	10,536
सरदार शहर	4,463	4,733	9,196
सुजानगढ़	4,824	4,957	9,781
रेणी	3,449	3,304	6,753
राजगढ़	2,281	2,396	4,677
कुल	**27,050**	**27,907**	**54,957**

ग्राफ संख्या-5.2

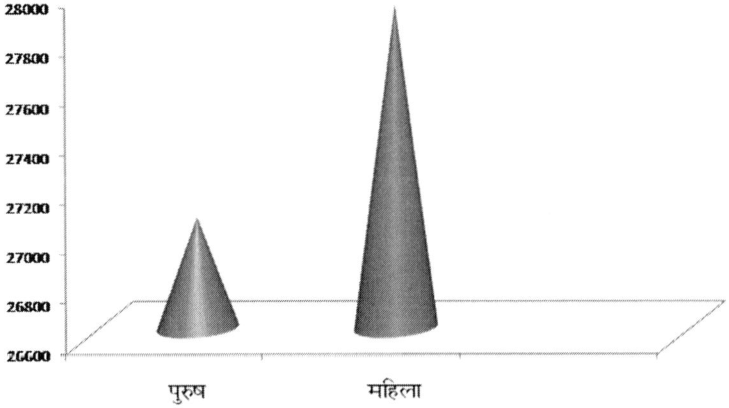

सारिणी संख्या-5.2 के आधार पर बना आरेख : 1891 ई. में चूरू मंडल के विभिन्न कस्बों में महिला-पुरुषों की संख्या को दरशाते हुए

56. *सेंसस ऑफ इंडिया,* 1893, जनरल टेबल फॉर ब्रिटिश प्रॉविन्सेस ऐंड फेडेटरी स्टेट्स, स्टेटिक्स, वॉल्यूम-I, पृ 76-77; *सेंसस ऑफ इंडिया (राजपूताना)* 1941, पृ 14-22, राष्ट्रीय अभिलेखागार, नई दिल्ली।

उपर्युक्त सारिणी संख्या 5.2 में चूरू मंडल के छह प्रमुख कस्बों की 1891 ई. की जनसंख्या का वर्णन किया गया है। इस सारिणी में इन कस्बों की कुल जनसंख्या में पुरुषों और महिलाओं की संख्या का अलग विवरण भी दिखाया गया है। सर्वाधिक जनसंख्या चूरू कस्बे की रही, जो 14014 थी। इसमें पुरुषों और महिलाओं की संख्या क्रमशः 6910 तथा 7104 थी। इस जनगणना में राजगढ़ की कुल जनसंख्या उल्लेखित है[57] परंतु पुरुषों और महिलाओं की संख्या का विवरण नहीं दिया गया है। अतः लेखिका ने चूरू मंडल के पाँच कस्बों के जनसंख्या विवरण के अनुपात के अनुसार राजगढ़ में भी पुरुषों और महिलाओं की संख्या का विवरण दिखाने का प्रयास किया है।

इस सारिणी से एक तथ्य यह स्पष्ट होता है कि 1891 ई. की जनसंख्या में पुरुषों की अपेक्षा महिलाओं की संख्या सर्वाधिक दृष्टव्य है। इसके पीछे कई महत्त्वपूर्ण कारण हो सकते हैं। वर्ष 1872 और 1881 ई. की जनगणना को प्रामाणिक नहीं माना जाता, क्योंकि उनको वास्तविक सर्वे के आधार पर तैयार नहीं करके अनुमान के आधार पर तैयार किया गया था। वर्ष 1891 ई. की जनसंख्या पहली प्रामाणिक जनगणना है। इस जनगणना में महिलाओं की संख्या आंशिक रूप से पुरुषों से अधिक दिखाई है। 1872 से 1881 ई. के दौरान राजपूताना के इस क्षेत्र में अनेक अकाल पड़े। कई गाँवों में कृषि व्यवस्था बरबाद हो गई थी। परिणामस्वरूप बरबाद कृषि व्यवस्था वाले किसान परिवार सुदूर गाँवों को पलायन कर जाते थे। कई बार किसान परिवार और पशुपालक मालवा और गुजरात के सीमावर्ती क्षेत्रों में कृषि कार्य करने एवं पशुचारण के लिए चले जाते थे। कई बार वे लोग वर्षों बाद अपने गाँवों में लौटते थे। संभवतः यही कारण रहा होगा कि जनगणना के दौरान किसान और पशुपालक अपने गाँवों में नहीं होते थे। परिणामस्वरूप जनगणना में पुरुषों की संख्या महिलाओं से कम देखी जा सकती है।

---

57. बी.एल. कॉल, *सेंसस ऑफ इंडिया,* 1931, राजपूताना एजेंसी, रिपोर्ट ऐंड टेबल, मनोहर, दिल्ली, 1992 पृ. 10-14; जिब्राईल, *इकोनॉमी ऐंड डेमोग्राफिक प्रोफाइल ऑफ अर्बन राजस्थान,* मनोहर, दिल्ली, 2018, पृ. 215।

सारिणी संख्या - 5.3

सन् 1901 ई. में चूरू मंडल में गाँव की संख्या[58]

तहसील	कस्बों की संख्या	गाँव की संख्या	निवासित घर		
			कुल घर	कस्बों में घर	गाँवों में घर
चूरू	1	102	7,736	2,665	5,071
श्री डूँगरगढ़	0	32	2,664	......	2,664
राजगढ़	1	187	7,580	879	6,701
रतनगढ़	1	66	5,351	1,928	3,423
रेणी	1	80	3,554	1,109	2,445
सरदार शहर	1	87	10,124	1,721	8,403
सुजानगढ़	1	151	10,478	1,758	8,720
कुल	**7**	**805**	**47,487**	**10,060**	**37,427**

सारिणी सं. 5.3 के अनुसार चूरू में 1901 में गाँवों की संख्या 102 और सुजानगढ़ में 152 थी। चूरू बीकानेर का प्रमुख ठिकाना था, वहीं यह प्रमुख व्यापारिक केंद्र भी था। इसके बावजूद चूरू में गाँव की संख्या और यहाँ की आबादी सुजानगढ़ की अपेक्षा कम थी, साथ ही वृद्धि दर भी सुजानगढ़ की रेणी तहसील एवं चूरू से ज्यादा थी। यहाँ के अधिकांश लोग कृषि पर निर्भर थे। इसके बाद उनका दूसरा पेशा पशुपालन का था।[59] इन दोनों के लिए वही जगह उपयुक्त थी, जहाँ की जमीन उपजाऊ और अच्छी वर्षा वाली हो, क्योंकि उपजाऊ भूमि में कम वर्षा में भी अनाज और घास अच्छे से पनप जाती थी।[60]

58. *सेंसस ऑफ इंडिया,* 1901, वॉल्यूम XXV & B, राजपूताना पार्ट-3, लखनऊ, 1902, पृ. 2, राष्ट्रीय अभिलेखागार, नई दिल्ली।
59. *रिपोर्ट ऑफ बीकानेर बैंकिंग इनक्वायरी कमेटी,* 1930, पृ. 70, रा.रा.अ.बी.।
60. घनश्याम देवड़ा, बीकानेर मध्यकालीन अर्थव्यवस्था में सहायता व निस्तार का प्रतिरूप, *राजस्थान हिस्ट्री कांग्रेस प्रोसिडिंग,* वॉल्यूम VII, पाली, 1974, पृ. 48।

सारिणी संख्या - 5.4

सन् 1866-1867 से 1890-1891 ई. तक चूरू के कस्बों में औसत वर्षा[61]

स्थान	औसत वर्षा (इंच में)
श्री डूँगरगढ़	5.79
सुजानगढ़	12.76
सरदार शहर	7.26
रतनगढ़	9.57
चूरू	9.47
राजगढ़	10.83

ग्राफ संख्या - 5.3

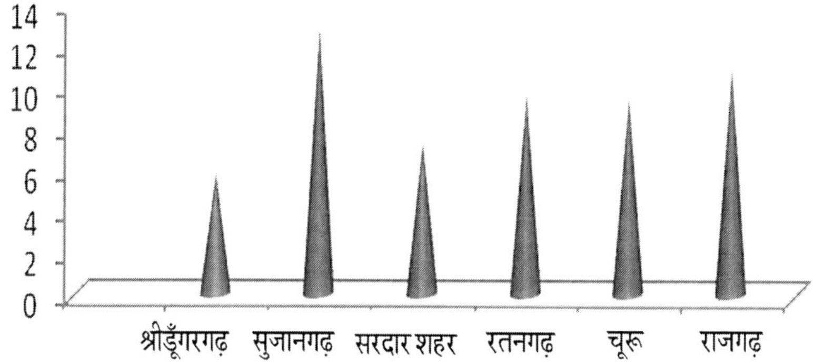

सारिणी संख्या 5.4 के आधार पर बना आरेख : सन् 1866-67 ई. से 1890-91 ई. तक चूरू के कस्बों में औसत वर्षा को दर्शाते हुए

बीकानेर सेटलमेंट रिपोर्ट 1893 के अनुसार सुजानगढ़ में वर्षा की औसत मात्रा 12.76 इंच थी और चूरू में 9.47 इंच थी। सुजानगढ़ के आस-पास के क्षेत्र की भूमि कृषि के लिए अधिक उपयुक्त थी। यहाँ पैदा होने वाले अनाज के प्रकार भी ज्यादा एवं भिन्न थे।[62] सुजानगढ़ में पेड़-पौधे भी ज्यादा थे।[63] जो यह दर्शाता है कि यहाँ की

61. *बीकानेर सेटलमेंट रिपोर्ट*, 1893, पृ. 5, रा.रा.अ.बी.।
62. दृष्टव्य—अध्याय सात।
63. मुंशी सोहनलाल, पूर्वोक्त, पृ. 41-42।

भौगोलिक परिस्थितियाँ चूरू से ज्यादा बेहतर थीं। उपर्युक्त अध्ययन के बाद सिद्ध होता है कि जनसंख्या की बसावट और वितरण भूमि की बनावट और उसके उपजाऊपन पर भी निर्भर होता था। जहाँ की भूमि कम उर्वर थी, वहाँ आबादी भी कम और जिस जगह भूमि के उपजाऊ होने के साथ वर्षा की औसत मात्रा भी अच्छी हो तो वहाँ जनसंख्या वृद्धि दर भी अधिक होती है।

सारिणी संख्या - 5.5

सन् 1941 में चूरू मंडल के कस्बों की आबादी[64]

कस्बा/शहर	जनसंख्या		
	पुरुष	महिला	कुल जनसंख्या
चूरू	14,604	13,665	28,269
रतनगढ़	10,943	10,018	20,961
सरदार शहर	13,387	12,661	26,048
सुजानगढ़	13,127	11,845	24,972
रेणी	4,200	4,119	8,319
राजगढ़	6,665	5,596	12,261
कुल	**62,926**	**57,904**	**1,20,830**

64. *सेंसस ऑफ इंडिया*, 1941, पूर्वोक्त, पृ. 15-29।

सारिणी संख्या - 5.6

1891 ई.-1941 ई. तक विभिन्न परिवर्तनों के साथ आबादी का वर्गीकरण[65]

कस्बा/शहर	आबादी	परिवर्तन (Variation)	स्थिर व परिवर्तन (Net-Veriation) 1891-1941	प्रतिशत (%)
		चूरू		
1891	14,014	–	–	–
1901	15,657	+1643	–	11.72
1911	16,038	+381	–	2.43
1921	16,932	+894	–	5.57
1931	21,965	+5033	–	29.70
1941	28,269	+6304	+14255	28.70
			कुल वृद्धि	**101.71**
		सरदार शहर		
1891	9,196	–	–	–
1901	10,052	+856	–	9.30
1911	12,375	+2323	–	23.11
1921	14,348	+1973	–	15.94
1931	19,107	+5059	–	35.26
1941	26,048	+6641	+16852	34.22
			कुल वृद्धि	**183.25**
		सुजानगढ़		
1891	9,781	–	–	–
1901	9,762	–19	–	–0.19
1911	12,086	+2324	–	23.81

65. *सेंसस ऑफ इंडिया,* 1941, पूर्वोक्त, पृ. 15–29।

1921	12,520	+434	–	3.59
1931	17,157	+4637	–	37.04
1941	24,972	+7815	+15191	45.55
			कुल वृद्धि	**155.31**

रतनगढ़

1891	10,536	–	–	–
1901	12,315	+1208	–	11.47
1911	12,803	+1059	–	8.60
1921	13,468	+665	–	5.19
1931	16,338	+2870	–	21.31
1941	20,961	+4623	+10425	28.30
			कुल वृद्धि	**98.95**

श्रीडूँगरगढ़

1891	–	–	–	–
1901	–	–	–	–
1911	3,973	–	–	–
1921	6,382	+2409	–	60.63
1931	8,212	+1830	–	28.67
1941	11,671	+3459	+11671	42.12
			कुल वृद्धि	**193.76**

रेणी (तारानगर)

1891	6,553	–	–	–
1901	5,745	–808	–	–12.33
1911	5,904	+159	–	2.77
1921	5,785	–119	–	–2.02

1931	6,335	+550	–	9.51
1941	8,315	+1980	+1766	31.25
			कुल वृद्धि	**26.89**

बीदासर

1891	–	–	–	–
1901	–	–	–	–
1911	4,791	–	–	–
1921	5,165	+374	–	7.81
1931	5,812	+647	–	12.53
1941	8,094	+2282	+3303	39.26
			कुल वृद्धि	**68.94**

राजगढ़

1891	4,677	–	–	–
1901	–	–	–	–
1911	4,526	–	–	–
1921	5,621	+1095	–	24.19
1931	9,828	+4207	–	74.84
1941	12,261	+2433	+7584	24.76
			कुल वृद्धि	**162.16**

ग्राफ संख्या - 5.4 (क)

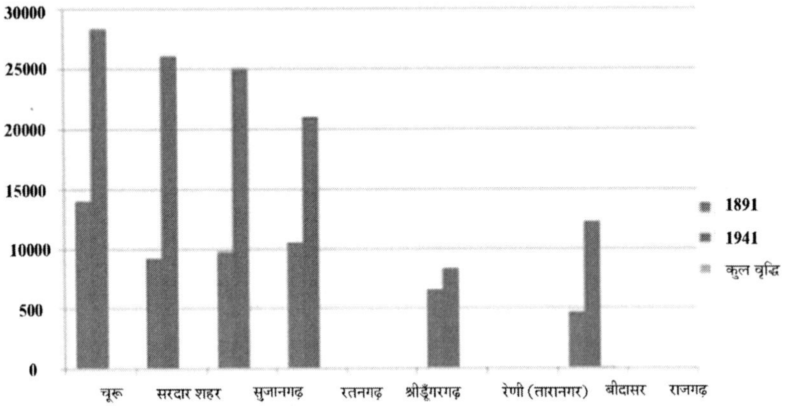

सारिणी सं. 5.6 के आधार पर बना आरेख : सन् 1891-1941 ई. के बीच
चूरू मंडल के विभिन्न कस्बों में हुई जनसंख्या वृद्धि

ग्राफ संख्या - 5.4 (ख)

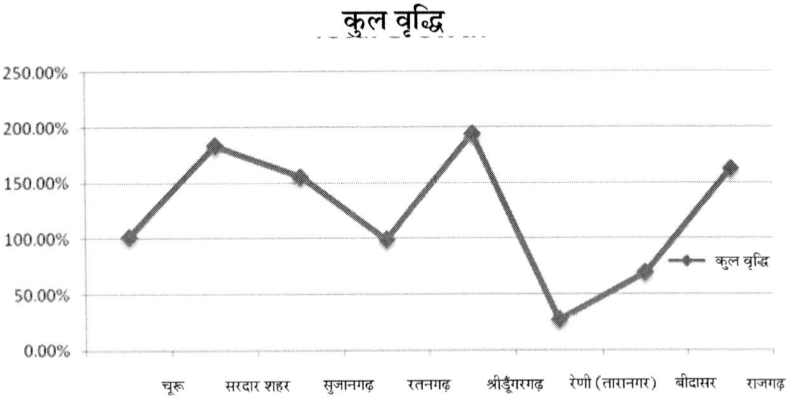

सारिणी संख्या 5.6 के आधार पर बना आरेख : सन् 1891-1941 ई. के बीच
चूरू मंडल के विभिन्न कस्बों में हुई जनसंख्या वृद्धि की दर

उपर्युक्त सारिणी संख्या 5.6 के अनुसार सन् 1891 की जनसंख्या और 1941 ई. की जनसंख्या के तुलनात्मक अध्ययन से यहाँ पाँच दशकों में होने वाले परिवर्तन सामने आते

हैं। चूरू कस्बे में 1891 ई. में आबादी की संख्या 14,014 थी, जिसमें 11.72 प्रतिशत की वृद्धि होकर 1901 ई. में 15,657 व्यक्ति हो गए। इसी तरह सन् 1911, 1921 एवं 1931 में क्रमशः 2.43, 5.57 एवं 29.70 प्रतिशत की वृद्धि हुई। इसके बाद 1941 ई. में 28.70 प्रतिशत की वृद्धि होकर यहाँ आबादी 28,269 तक पहुँच गई थी। इस तरह यहाँ 1891 ई. से 1941 ई. तक कुल जनसंख्या वृद्धि 101.71 प्रतिशत हो गई थी। सरदार शहर में 1891 ई. से लेकर 1941 ई. में कुल जनसंख्या वृद्धि 183.25 प्रतिशत तक थी।

सुजानगढ़ में पाँच दशक में जनसंख्या वृद्धि दर 155.31 प्रतिशत थी। सुजानगढ़ में 1901 ई. में 1891 ई. की तुलना में जनसंख्या में 0.19 प्रतिशत की कमी आई थी। वहीं इसके बाद के दशकों में जनसंख्या में निरंतर वृद्धि होती गई। सन् 1891 ई. में जो आबादी 9,781 थी, वह 1941 ई. में बढ़कर 24,972 हो गई थी। रेणी में भी 1901 ई. में 1891 ई. की अपेक्षा जनसंख्या में 12.33 प्रतिशत की कमी हुई थी। इसकी वजह 1891–92 ई., 1896–97 और 1899–1900 ई. में पड़नेवाले अकाल थे।[66] वि.सं. 1956/1899 ई. का अकाल सर्वाधिक कष्टदायी था और लगभग संपूर्ण राजपूताने को इसने अपनी चपेट में ले लिया था। इसके चलते सुजानगढ़ एवं रेणी में जनसंख्या घटी थी, जबकि चूरू, सरदार शहर और रतनगढ़ में आाबादी में बढ़ोतरी तो हुई थी, लेकिन उनका प्रतिशतांक अन्य दशकों की अपेक्षा यहाँ कम था। जनसंख्या न घटने के पीछे कारण इस *केहतसाली* के समय बीकानेर राजदरबार एवं श्रीमंत वर्ग द्वारा किए गए राहत कार्य भी थे।[67]

इसी तरह से श्री डूँगरगढ़, सरदार शहर एवं राजगढ़ में 1941 ई. में जनसंख्या वृद्धि दर अधिक थी, क्योंकि ये तीनों कस्बे मुख्य व्यापारिक मार्ग पर स्थित थे। दिल्ली, हिसार, गुड़गाँव से बीकानेर, जोधपुर, काबुल एवं सिंध को जाने वाले व्यापारिक मार्ग यहीं से होकर निकलते थे।[68] *तवारीख राज श्री* में पुराने व्यापारिक केंद्रों के साथ कुछ नए व्यापारिक केंद्रों का भी उल्लेख मिलता है, जिनमें सरदार शहर एवं श्री डूँगरगढ़ के नाम प्रमुख हैं।[69] प्रो. जी.एस.एल. देवड़ा के अनुसार बीकानेर राज्य में रेणी एवं राजगढ़ राज्य स्तर के ही व्यापारिक केंद्र नहीं थे, बल्कि राष्ट्रीय स्तर के व्यापारिक केंद्र थे।[70] राजगढ़ के मुख्य व्यापारिक केंद्र की पुष्टि टॉड के इस कथन से भी होती है कि राज्य में आयातित

---

66. *इंपीरियल गजेटियर ऑफ इंडिया,* जिल्द 8, 1908, पृ. 21।
67. दृष्टव्य—अध्याय छह।
68. जिब्राईल, *इकोनॉमी ऐंड डेमोग्राफिक प्रोफाइल ऑफ अर्बन राजस्थान* (18–19वीं शताब्दी), मनोहर, दिल्ली, 2018, पृ. 179, 193, गोविंद अग्रवाल, *चूरू मंडल का शोधपूर्ण इतिहास,* पूर्वोक्त, पृ. 478, *पॉउलेट गजेटियर,* पूर्वोक्त, पृ. 91।
69. मुंशी सोहनलाल, पूर्वोक्त, पृ. 71–72।
70. दृष्टव्य—अध्याय सात।

माल की *जगात* का आधा हिस्सा राजगढ़ से प्राप्त होता था।[71] इन सभी व्यापारिक केंद्रों में वर्षा के न्यून एवं अनिश्चित होने एवं भूमिगत जल के अत्यंत गहरा होने और उसके कसैले होने के बावजूद यहाँ जनसंख्या का बढ़ना जल समस्या के समाधान के लिए शत-प्रतिशत जलप्रबंधन[72] एवं इसकी निर्बाधता[73] के लिए किए गए अतुलनीय प्रयास भी थे। यहाँ व्यापारिक मार्गों पर व्यापारिक वर्ग द्वारा व्यापारियों एवं राहगीरों के लिए जल एवं ठहरने के समुचित प्रबंध किए गए थे।[74]

महाराजा गंगासिंह ने राज्य का अधिकार मिलने के बाद 1909 ई. में 'महकमा खास' की स्थापना की। इसके साथ यहाँ जमीन की पैमाइश करवाकर लगान की दर निश्चित की गई और कई नए कानून भी बनवाए गए थे। पुराने कर्ज भी माफ किए गए थे।[75] इसी का परिणाम था कि रिजैंसी कौंसिल के अंतिम पाँच वर्षों में जहाँ बीकानेर में खालसे के अंतर्गत प्रतिवर्ष काश्त केवल 147,538 बीघा जमीन में थी, वहीं महाराजा गंगासिंह को राज्याधिकार मिलने के बाद वि.सं.1969/1912 ई. में 450,495 बीघा जमीन में प्रतिवर्ष काश्त होने का औसत था।[76] इस तरह यहाँ कृषि योग्य भूमि बढ़ने लगी थी।

कृषि व्यवस्था में सुधार के साथ यातायात के साधनों में सुधार हुआ। बीकानेर से सुजानगढ़ तक हिसार के लिए लगभग 136 मील रेल पटरी बिछाई गई। सन् 1912 ई. में बीकानेर से रतनगढ़ के बीच 85 मील की रेल लाइन और 1916 ई. में रतनगढ़ से सरदार शहर तक रेल लाइन स्थापित कर आवागमन में सुविधा प्रदान की गई थी।[77] इसके साथ ही पक्की सड़कें भी बनवाई जाने लगीं। इससे विपत्ति के समय मदद पहुँचने में सहायता मिलने लगी थी। इस समय इन कस्बों में नगर पालिकाएँ स्थापित हो चुकी थीं, जिससे यहाँ साफ-सफाई के साथ-साथ विभिन्न रोगों की रोकथाम के लिए व्यवस्था की गई। इन कस्बों में बिजली-पानी (नल), डाक, तार एवं शिक्षा की व्यवस्था भी हो चुकी थी।[78] इन्हीं तमाम कारणों की वजह से सभी कस्बों में 1931 ई. एवं 1941 ई. में जनसंख्या वृद्धि दर में एकाएक बढ़ोतरी होती है। (सारिणी देखें)। जनसंख्या का घटना और बढ़ना व क्षेत्र विशेष में उद्योग-धंधों की स्थिति भी एक बड़ा कारण है। उद्योग-धंधे न केवल

71. जेम्स टॉड, पूर्वोक्त, पृ. 152।
72. दृष्टव्य—अध्याय चार।
73. दृष्टव्य—अध्याय छह।
74. दृष्टव्य—अध्याय सात।
75. गौरीशंकर हीराचंद ओझा, पूर्वोक्त, पृ. 521-522।
76. वही।
77. गौरीशंकर हीराचंद ओझा, पूर्वोक्त, पृ. 523, 550।
78. गौरीशंकर हीराचंद ओझा, प्रथम एवं द्वितीय भाग, पूर्वोक्त, पृ. 33, 523-524।

उस क्षेत्र की स्थानीय जरूरतों को पूरा करते हैं, बल्कि रोजगार भी उपलब्ध कराते हैं। सन् 1891 ई. से 1941 ई. के बीच में चूरू मंडल के कस्बों में जनसंख्या में बढ़ोतरी का कारण इस समय यहाँ औद्योगिक इकाइयों की स्थापना भी थी।[79] क्षेत्र के व्यापारिक वर्ग ने यहाँ अनेक बड़े, मध्यम एवं लघु उद्योग स्थापित किए थे।[80] औद्योगिक विकास के लिए बीकानेर सरकार समय-समय पर व्यापारियों को अनेक सुविधाएँ प्रदान करती थी, लेकिन यहाँ औद्योगिक क्षेत्रों में पानी की व्यवस्था करना उद्योगपतियों की ही जिम्मेदारी होती थी। इस तरह यहाँ रोजगार एवं पानी की उपलब्धि के कारण जहाँ जनसंख्या बढ़ी, वहीं डॉ. जिब्राईल के अनुसार 19वीं शताब्दी में यहाँ के लघु उद्योगों का पतन हुआ।[81] यूरोप से आने वाले सस्ते एवं मशीन से तैयार माल के आयात से यहाँ के उद्योगों पर बुरा असर पड़ा और वे चौपट होने की स्थिति तक पहुँच चुके थे। इसी वजह से यहाँ की कारीगर जातियों ने निष्क्रमण किया।[82] इससे सिद्ध होता है कि आबादी का घनत्व रोजगार के साधनों की उपलब्धता पर भी निर्भर करता है। कुल मिलाकर इन कस्बों में जनसंख्या वृद्धि हुई थी। सन् 1891 ई. में इन छह कस्बों की जनसंख्या 54,957 थी, जो 1941 ई. में बढ़कर 1,20,830 हो गई थी।

इस प्रकार इस अध्याय में चूरू मंडल की जनसंख्या के उतार-चढ़ाव को स्पष्ट रूप से दिखाया गया है, साथ ही उन कारणों को चिह्नित करने का प्रयास भी किया गया है, जो इसके लिए मुख्य रूप से जिम्मेदार थे। राष्ट्रीय अभिलेखागार, नई दिल्ली में संगृहीत दस्तावेजों से 1872 ई. के बाद की जनगणना के आँकड़े लगातार प्राप्त होते हैं। सन् 1872 और 1881 ई. की जनगणना इस दृष्टि से प्रारंभिक सरकारी प्रयास थे, इसलिए इनमें कई मानवीय त्रुटियों की वजह से जनसंख्या से संबंधित आँकड़े शुद्ध रूप से एकत्रीत नहीं किए गए थे। सन् 1891 ई. में की गई जनगणना को सरकारी रूप से प्रामाणिक माना जाता है। सन् 1821 ई. से 1891 ई. के बीच के दशक में जनसंख्या में लगभग 60 प्रतिशत से अधिक की वृद्धि दिखाई देती है। परंतु 1891 ई. से 1901 ई. के बीच के दशक में जनसंख्या में गिरावट देखने को मिलती है। इसका मुख्य कारण यहाँ के व्यापारियों, किसानों, मजदूरों और पशुपालकों का राजपूताना के पड़ोसी राज्यों में पलायन कर जाना था। इन वर्गों का व्यापक पलायन कुछ मौलिक कारणों से प्रभावित था, जिनमें से कुछ कारण उन प्रतिकूल तथ्यों से जुड़े थे, जो बीकानेर राज्य में व्याप्त थे तथा कुछ उन सहायक परिस्थितियों से संबंधित थे, जिन्होंने निष्क्रमण की प्रक्रिया को तेज

79. गिरिजाशंकर व्यास, पूर्वोक्त , पृ. 99।
80. *इंडस्ट्रियल डेवलपमेंट इन द बीकानेर स्टेट,* पृ. 58, 65, रा.रा.अ.बी.।
81. जिब्राईल, पूर्वोक्त, पृ. 156-158।
82. गिरिजाशंकर व्यास, पूर्वोक्त, पृ. 98, जिब्राईल, पूर्वोक्त, पृ. 156-158।

कर दिया था। 19वीं सदी के उत्तरार्ध में होने वाला निष्क्रमण भौगोलिक परिस्थितियों पर भी निर्भर करता था। 19वीं सदी के अंतिम चतुर्थांश में जो अकाल राज्य में पड़े, उनका प्रभाव विनाशकारी हुआ। सन् 1868 से 1900 ई. के बीच राज्य में भंयकर अकाल पड़े थे। इस समय तक राज्य की वित्त व्यवस्था में रुपयों का प्रचलन बढ़ चुका था, जिनकी मात्रा सीमित थी। इसके साथ ही मजदूरी बहुत कम होने के अतिरिक्त राज्य में श्रम कार्यों की उपलब्धता भी कम रहती थी।

व्यापारिक वर्ग के निष्क्रमण करने के बाद अकाल के हानिकारक प्रभाव को कम करने की राज्य की क्षमता भी कम हो गई थी। निष्क्रमण की प्रक्रिया को राज्य के आर्थिक परिवर्तनों एवं नियमित रूप से पड़ने वाले अकालों ने और तेज कर दिया था। किसानों, मजदूरों और पशुपालकों को ही नहीं, बल्कि छोटे व्यापारियों को भी अपनी आजीविका कमाने में कठिनाई अनुभव होने लगी थी। इन परिस्थितियों से बाध्य होकर इन वर्गों के लोगों को भारत के अनेक क्षेत्रों में पलायन करना पड़ा।

सन् 1899 ई. के *छप्पनिया अकाल* ने तो राज्य की आर्थिक स्थिति को इतना अधिक धक्का पहुँचाया था कि लोग पूरी तरह बेरोजगार हो गए थे। उनकी आय का कोई स्त्रोत शेष नहीं रह पाया था। दैनिक जरूरत की चीजों की कीमतें आसमान पर थीं। लोग दो वक्त के खाने के लिए अपने बच्चों तक को बेचने को मजबूर हो रहे थे। ऐसी परिस्थितियों में मृत्यु दर बढ़ गई और आबादी में बड़ी संख्या में गिरावट आ गई। इस दौर में चूरू मंडल की जनसंख्या में भी भारी गिरावट देखने को मिलती है। चूरू तहसील में चूरू और 103 गाँवों की 1891 ई. में मूल जनसंख्या 55060 थी, वहीं यह 1901 ई. में 43,911 रह गई थी। इसी प्रकार चूरू मंडल के अन्य कस्बों और उनके तहत आने वाले गाँवों की समग्र जनसंख्या में गिरावट दिखाई देती है, उदाहरणार्थ—डूंगरगढ़ में 12,641 (1891 ई.–16,731), राजगढ़ में 39,202 (1891 ई.–57,544), रतनगढ़ में 31,409 (1891 ई.–37,761), रेणी में 18,707, (1891 ई.–23,761), सरदार शहर में 49,639 (1891 ई.–81,792) तथा सुजानगढ़ में 53,483 (1891ई–72,591)। इन आँकड़ों से स्पष्ट पता चलता है कि समूचे चूरू मंडल की जनसंख्या में 25 से 30 प्रतिशत की भारी गिरावट हुई।[83]

इस मामले में महत्त्वपूर्ण तथ्य यह है कि 1891 ई. से 1901 ई. के दशक के दौरान जहाँ चूरू मंडल के समग्र क्षेत्र में जनसंख्या में गिरावट दिखाई देती है, वहीं केवल कस्बों की जनसंख्या का आकलन करें तो पाते हैं कि चूरू, सरदार शहर और रतनगढ़ में आबादी

83. *सेंसस ऑफ इंडिया*–1901, वॉल्यूम XXV-B, राजपूताना, पार्ट 111, प्रोविंशयल टेबल–कैप्टन ए.डी. बैनमैन, लखनऊ, 1902, राष्ट्रीय अभिलेखागार, नई दिल्ली।

में 10 से 12 प्रतिशत की वृद्धि होती है, जबकि सुजानगढ़ और रेणी की जनसंख्या में कुछ गिरावट दिखाई देती है।[84] कस्बों में जनसंख्या वृद्धि का अनवरत क्रम यों ही चलता रहा। इस तरह हम पाते हैं कि देश की आजादी से पूर्व अर्थात् 1941 ई. की जनगणना के समय तक चूरू की आबादी में स्पष्ट वृद्धि दिखाई देती है। इस वृद्धि के पीछे का कारण अवश्य ही इन कस्बों का व्यापारिक केंद्रों के रूप में स्थापित हो जाना था, फिर 19वीं सदी के पूर्वार्ध तक राज्य का व्यापार-वाणिज्य बहुत उन्नत अवस्था में था। उत्तर भारत के व्यापारी देश के अन्य भागों में जाने के लिए बीकानेर राज्य के इन प्रमुख कस्बों से होकर गुजरते थे, जिनसे राज्य को अनेक प्रकार के कर प्राप्त होते थे। उन व्यापारिक केंद्रों पर बड़े बाजार भी लगते थे, जिससे आस-पड़ोस के गाँवों में अनेक लोगों को रोजगार मिलता था। दूसरे कारणों से 20वीं सदी के प्रारंभ में पलायन की गति बढ़ने लगी, क्योंकि अब यह क्षेत्र रेल मार्गों से जुड़ गया था। अनेक बाह्य लोगों का आगमन भी इन शहरों में होने लगा था। फलस्वरूप इन कस्बों में आबादी में वृद्धि होने लगी।

□

84. देखें—सारिणी संख्या 5।

6

जल की निर्बाधता एवं पारिस्थितिकी संतुलन के लिए प्रयास

चूरू मंडल में प्रकृति की दुरूहता के बीच मानव जीवन और प्राणी जगत को बचाए रखने के लिए सरकार, समाज और आमजन ने तमाम तरह के प्रबंध किए। इन्हीं के फलस्वरूप इस विकट मरुभूमि में भी प्राणी जगत और प्रकृति विकसित हुई। प्रस्तुत अध्याय में इस क्षेत्र में प्राकृतिक प्रकोप, अल्पवृष्टि और अनावृष्टि के समय जीवन की रक्षा के लिए किया जाने वाला प्रबंधन का विस्तृत अध्ययन किया जाएगा। इसी तरह जलाशयों की निर्बाध उपयोगिता बनाए रखने के लिए किए जाने वाले प्रबंधन, वर्षा जल की अधिकतम प्राप्ति के लिए किए जाने वाले प्रबंधन यथा *बीहड़/बीड़* निर्माण अर्थात् वन रक्षा और निर्माण, वृक्षारोपण, *गोचर* भूमि की व्यवस्था एवं प्रबंधन आदि की विस्तार से चर्चा की जाएगी।

प्राकृतिक प्रकोप और उनका प्रभाव

मरुभूमि राजस्थान की बीकानेर क्षेत्र के चूरू मंडल में मुख्य रूप से अल्पवृष्टि एवं अनावृष्टि ही प्राकृतिक प्रकोपों का प्रमुख कारण रही है। इस क्षेत्र में वर्षा औसत 50 प्रतिशत हो या 25 प्रतिशत से भी कम हो तो उस वर्ष को सूखा एवं अकाल वाला साल कहा जाता है। यह क्षेत्र अकाल की विभीषिका से सदैव त्रस्त रहा है। तीस वर्ष की समय सीमा में दस असाधारण अकाल एवं तीन दुर्भिक्ष औसतन पड़ते रहे हैं।[1] मौसम विशेषज्ञों के अनुसार, अनावृष्टि वर्षारहित काल है, जबकि जल विशेषज्ञों के

---

1. *मरुश्री*, जुलाई, 1973 अकाल एवं गणपति शताब्दी विशेषांक पृ. 5; गोविंद अग्रवाल, चूरू मंडल का *शोधपूर्ण इतिहास*, प्रथम संस्करण, पृ. 12।

अनुसार भूमिगत जल स्तर का अत्यधिक नीचे पहुँच जाना अनावृष्टि है। कृषि विशेषज्ञ इसे नमी उपलब्ध न होने के कारण कृषि विनाश का काल मानते हैं और अर्थशास्त्री इसे आर्थिक क्रियाओं का प्रतिकूल समय कहते हैं।[2] पानी, चारे और अनाज की कमी वाला त्रिआयामी अकाल सबसे अधिक कष्टप्रद होता था। इस क्षेत्र में वि.सं. 1956/1899 ई. और वि.सं. 1974/1917 ई. के अकाल सबसे ज्यादा विनाशकारी थे। इन अकालों ने लाखों लोगों की जान ले ली थी और अर्थव्यवस्था को छिन्न-भिन्न कर दिया था।[3] यहाँ भू-जल बहुत गहराई पर और वह भी सीमित मात्रा में था। गरमी के दिनों में अधिकतर कुओं का पानी सूख जाता था। अधिकांश जगहों का पानी खारा और *बिरावणा* था। वर्षा का जल *जोहड़ों* एवं तालाबों में जमा करके रखा जाता था। कुछ घरों में अपने-अपने पानी के *कुंड* होते थे। पानी को घी की भाँति काम में लिया जाता था। पीने के अतिरिक्त दूसरे कार्यों में खारा पानी काम में लिया जाता था। जब वर्षा नहीं होती थी, तब यहाँ जीव मात्र की दशा बहुत दयनीय हो जाती थी। इसी कारण कर्नल टॉड ने इस मरुस्थली को 'मृत्युस्थली' कहा है।[4]

अकाल के समय किए जाने वाले प्रबंधन एवं राहत कार्य

अकाल के समय अर्थव्यवस्था सुधारने एवं जीवन की रक्षा के लिए राजदरबार या श्रीमंत वर्ग कुछ राहत कार्य भी प्रारंभ करते थे।[5] राजदरबार एवं श्रीमंत वर्ग के अलावा जनसामान्य व्यक्तियों में से समर्थों ने भी अकाल के समय यहाँ के कष्टप्रद समाज की सहायता की थी। जब जुलाई और अगस्त में वर्षा नहीं होती थी और सिंचाई की व्यवस्था न हो पाती थी, तब खरीफ की फसल नष्ट हो जाती थी, तब राज्य सरकार की तरफ से राहत कार्य शुरू किए जाते थे।[6] अकाल के समय शासक वर्ग अपनी प्रजा के पालन के लिए सहायता के रूप में लाखों रुपए अनाज, चारा और घास उपलब्ध कराने पर व्यय करता था। इस व्यय राशि के कार्यों में कच्चे *जोहड़े,* कुएँ खुदवाना, पक्के *कुंड* बनवाना, मिट्टी से भरे तालाबों की मिट्टी निकलवाना और टूटे-फूटे जलाशयों की मरम्मत करवाना शामिल था।[7]

---

2. हरिमोहन सक्सेना, *पर्यावरण एवं पारिस्थितिकी भूगोल,* राजस्थान हिंदी ग्रंथ अकादमी, जयपुर, द्वितीय संस्करण, 1999, पृ. 78।
3. *इंपीरियल गजेटियर ऑफ इंडिया,* जिल्द 8, संस्करण 1908, पृ. 213; के.के. सहगल, *राजस्थान जिला गजेटियर,* चूरू पृ. 63, 64
4. जेम्स टॉड, *द एनाल्स ऐंड एंटीक्विटिज ऑफ राजस्थान,* खंड-1, प्रथम संस्करण, पृ. 88।
5. *मरुश्री,* जुलाई 1973, पूर्वोक्त, पृ. 8-9।
6. *रिपोर्ट ऑन द फेमिन रिलीफ ऑपरेशन इन द बीकानेर स्टेट* 1891-1892, पृ. XII, रा.रा.अ.बी.।
7. *मरुश्री,* जुलाई 1973, पूर्वोक्त, पृ. 8-9; रघुनाथ मल राय, *अकाल कष्ट निवारक,* आयुर्वेदिक फार्मेसी, मारवाड़, प्रथम संस्करण, 1942 ई.।

राज दरबार अकाल एवं सूखे की परिस्थितियों में अपने निवासियों को सहायता और सहयोग देता था।[8]

राज दरबार की ओर से किए गए राहत कार्य

अकाल के समय बीकानेर के महाराजा श्री गंगा सिंहजी ने वि.सं. 1956/1899 ई. में अनेक राहत कार्य करवाए थे। वे स्वयं ऊँटों पर आकर सप्ताह में एक बार बारी-बारी से यहाँ के राहत कार्य देखते थे। महाराजा ने जिस निष्ठा और साहस से *छप्पनिया अकाल* का सामना किया था, वैसा उदाहरण इतिहास में अन्यत्र नहीं मिलता है। उन्होंने विभिन्न प्रकार के सार्वजनिक कार्य करवाए थे। महाराजा द्वारा इस समय कुएँ और *कुंड* बनवाए गए थे। अकाल पीड़ितों को रोजगार देने और यातायात को सुगम बनाने के लिए महाराजा ने नई सड़कों का निर्माण करवाया था। जनता को नगद राशि न देकर उनमें अनाज का वितरण करवाया गया था। अकाल प्रभावितों में असहाय लोगों (वृद्ध, बीमार, बच्चे एवं अपाहिजों) के लिए निःशुल्क खाने-पीने की व्यवस्था की गई थी। महाराजा ने अकाल के समय भूमि कर माफ कर *तकावी* ऋण भी प्रदान किए थे। अकाल राहत कार्यों के परिणामस्वरूप महाराजा को 'केसरे हिंद गोल्ड मेडल' मिला था।[9] बीकानेर सरकार ने अपने राज्य क्षेत्र में अकाल सहायता कोष स्थापित किया था। राज्य सरकार ने सन् 1899 के इस अकाल में प्राणी जगत को राहत देने के लिए 8,00,000 रुपए व्यय किए थे।[10] सन् 1938, 39 और 40 ई. में बीकानेर के महाराजा एवं यहाँ की जनता को फिर एक भयंकर अकाल का सामना करना पड़ा था। प्रजा मंडल के सदस्यों के विरोध करने पर भी महाराजा गंगासिंह ने प्रजा वत्सलता दिखाते हुए अपनी जनता को भरपूर राहत प्रदान की थी। अकाल के समय लोगों के लिए अन्न-जल के आयात में सुविधा हो, इसके लिए राज्य ने सड़कों का निर्माण करवाया गया था। महाराजा ने नोखा मंडी से छापर, छापर से सालासर (वाया सुजानगढ़), राजगढ़ से रेणी तक की सड़कें बनवाई थीं।[11] बीदासर के

8. जी.एस.एल. देवड़ा, 'बीकानेर की मध्यकालीन अर्थव्यवस्था में सहायता व निस्तार का प्रतिरूप', *प्रोसिडिंग राजस्थान हिस्ट्री कांग्रेस*, वॉल्यूम 7, पाली, 1974, पृ. 47-48।
9. वाई.पी. सिंह, *सन ऑफ द सोइल*, सूर्य प्रकाशन मंदिर, बीकानेर, प्रथम संस्करण, 1981, पृ. 30,47,73,120 उद्धृत-*उत्थान चक्र* (मार्च 1975) राजस्थान अकाल रक्षा विशेषांक में श्री पुरुषोत्तम केवले का लेख।
10. *महकमा खास बीकानेर*, 1900, नंबर 18, पेज 678, राजस्थान राज्य अभिलेखागार, बीकानेर; गिरिजाशंकर शर्मा, *मारवाड़ी व्यापारी*, कृष्ण जनसेवी ऐंड को. दाऊजी मंदिर भवन, बीकानेर सन् 1998 पृ. 157।
11. के.के. सहगल, *राजस्थान डिस्ट्रिक्ट गजेटियर*, चूरू, पृ. 94-95; गोविंद अग्रवाल, पूर्वोक्त, पृ. 17।

ठाकुर उम्मेदसिंह ने वि.सं. 1869/1812 ई. में अकाल पीड़ितों को रोजगार देने के लिए बीदासर में एक तालाब बनवाया था।[12]

श्रीमंत वर्ग की ओर से किए गए राहत कार्य

अकाल पीड़ित जनता को राहत देने के लिए राज दरबार के साथ-साथ यहाँ का श्रीमंत वर्ग भी पुण्यार्थ कार्य करता था। लोगों को राहत देने के लिए सदाव्रत खोले जाते थे। *छप्पनिया* अकाल में गाँवों के लोग सहायता प्राप्त करने के लिए बड़े कस्बों एवं नगरों की ओर प्रस्थान करने लगे थे। अर्सकिन के अनुसार सन् 1899 ई. के दुर्भिक्ष के समय दो अन्न क्षेत्र राज्य की ओर से तथा दो अन्न क्षेत्र चूरू एवं राजगढ़ के स्थानीय सेठ-साहूकारों ने खोले थे।[13]

राज्य की भांति अकाल के समय लोगों को रोजगार देने के लिए सेठ-साहूकारों ने भी *कुंड* और कुएँ बनवाने के साथ-साथ अनेक सार्वजनिक कार्य करवाए थे। चूरू के दूधवाखारा के पक्के तालाब पर लगे शिलालेख के अनुसार वि.सं. 1956/1899 ई. के अकाल के समय सेठ तेजपालजी जमुनादास बजाज बिसाऊ, निवासी मिरजापुर वालों ने एक पक्का तालाब और गऊघाट बनवाया था।[14]

चित्र 6.1 : रोही में पशुओं के लिए जल व्यवस्था

राजगढ़ के सेठ बजरंग दास टिकमाणी ने वि.सं. 1956/1899 ई. के भीषण दुर्भिक्ष में यहाँ की जनता की जीवन रक्षा के लिए राहत कार्यों के अंतर्गत एक भव्य, सुरुचिपूर्ण

12. श्रवण सिंह, *बीदावत राठौड़ों का इतिहास*, यूनिक ट्रेड्र्स, जयपुर, प्रथम संस्करण, 2006, पृ. 208।
13. *मरुश्री*, जुलाई 1973, पूर्वोक्त, पृ. 13-14; गोविंद अग्रवाल, पूर्वोक्त, पृ., 16; *राजस्थान गजेटियर*, चूरू, पृ. 93, 94।
14. दृष्टव्य—अध्याय तीन।

और विशाल मंदिर बनवाया था।[15] इसी तरह चूरू मंडल में जब भी अकाल के प्रकोप ने जनता को सताया, यहाँ के व्यापारी वर्ग ने अपने आपको जनकल्याणकारी कार्यों में हमेशा आगे रखा। स्थानीय समाजसेवी सेठों ने सन् 1899 ई. के समय 2,66,696 रुपए राज दरबार के अकाल सहायता कोष में जमा करवाए थे।[16]

सन् 1899-1900 ई. के बाद यहाँ सन् 1938-39 ई. में भी भीषण अकाल पड़ा था। निश्चित ही इस प्रकार की भीषण प्राकृतिक आपदा के समय क्षेत्र के सेठ-साहूकार अन्य सहायता कार्यों के साथ-साथ जल संकट से निपटने के लिए भी सामने आए। उन्होंने जल प्रबंधन के लिए अतिरिक्त प्रयास करने आरंभ किए। उदाहरण के लिए रतनगढ़ के साहूकार सूरजमल जालान ने लोगों को रोजगार देने और पानी की समस्या को दूर करने के लिए कुएँ की मरम्मत करवाई थी। यहीं के सेठ मोहनलाल ने 2100 रुपए की लागत से कुएँ में बिजली की मोटर लगवाई थी। राजगढ़ कस्बे के फतेहपुरिया परिवार ने 3430 रुपए व्यय करके यहाँ के जानवरों के लिए पीने के पानी और चारे की व्यवस्था की थी।[17] चूरू मंडल में सन् 1939-1940 ई. में भी अकाल ने पैर पसारे थे। यहाँ के श्रीमंत वर्ग ने हमेशा की भांति इस बार भी लोगों को अन्न-जल की सहायता देने के लिए योगदान दिया था।[18] चूरू के सेठ कन्हैया लालजी बाघला ने श्यामजी के मंदिर के समीप एक कुआँ सन् 1899 ई. के अकाल में राहत कार्य प्रदान करने के लिए बनवाया था। अकाल पीड़ित लोगों को अधिक दिनों तक रोजगार मिल सके, इसके लिए इस कुएँ के पास एक धर्मशाला भी बनवाई थी।[19]

जनसामान्य के प्रयास

शासक वर्ग एवं श्रीमंत वर्ग के साथ-साथ यहाँ के आमजन, किसानों और मजदूरों ने भी अकाल के कष्ट के निवारण के लिए राहत कार्य किए थे। यहाँ जो कोई भी राहत कार्य चलाता था, उनमें मजदूर, *चेजारे*, किसान और आम जनता कठोर परिश्रम करती थी। इन वर्गों के श्रम से सुनियोजित तरीके से बने जलाशयों के फलस्वरूप ही आगे

---

15. *स्वर्ण जयंती स्मृति-सरोज* (1920-1970 ई.) (संपा.) श्री सर्वहितकारिणी सभा, राजगढ़ (चूरू) प्रथम संस्करण 1976, पृ. 262।
16. *महकमा खास बीकानेर,* 1900 नंबर 98, पेज 1, राजस्थान राज्य अभिलेखागार, बीकानेर (राज.)।
17. *रिपोर्ट ऑन द फेमिन रिलीफ ऑपरेशन इन द बीकानेर स्टेट* 1938-39, पृ.21, राजस्थान राज्य अभिलेखागार बीकानेर (राज.)।
18. *रिपोर्ट ऑन द फैमिन रिलीफ ऑपरेशन इन द बीकानेर स्टेट 1939-1940,* पृ. 41.42, राजस्थान राज्य अभिलेखागार बीकानेर (राज.); गिरिजाशंकर शर्मा, पूर्वोक्त, पृ. 158-160।
19. सुबोध कुमार अग्रवाल, *माटी की महक,* लोक संस्कृति शोध संस्थान, नगरश्री चूरु प्रथम संस्करण 1987 पृ. 23।

आए अकालों में जल की समस्या से निजात मिलती थी। कुओं, तालाबों आदि में इन्हीं की मेहनत से साल भर वर्षा जल जमा रह पाता था। चूरू मंडल में स्वामी गोपालदासजी ने अकाल के समय लोगों को रोजगार देने के लिए देहातों में जगह-जगह *कुंड* बनवाए थे और पुराने जलाशयों की मरम्मत करवाई थी। अकाल पीड़ितों की सहायता करना स्वामी अपना परम कर्तव्य समझते थे।[20]

जल की निबार्धता के लिए किए गए प्रबंध

चूरू मंडल के समाज ने अकाल के समय जल की समस्या दूर करने के लिए जिन प्रयासों से इन जलाशयों को बनाया था, उतने ही प्रयत्नों से यह काम भी किया जाता था कि इन जलाशयों में जल की निर्बाध उपलब्धता और उपयोगिता बनी रहे। जल की निर्बाधता बनाए रखने के लिए अनेक प्रबंध किए जाते थे। तालाब या अन्य कोई जलाशय कितना भी बड़ा क्यों न हो, यदि समय-समय पर सफाई नहीं की जाएगी तो वर्षा की बूँदों के साथ *आगोर* की मिट्टी जलाशय के पैंदे में जमती जाएगी। मिट्टी जमने से जहाँ जलाशय की गहराई कम होती ही है, वहीं जल जमा करने की क्षमता घटने के साथ-साथ जलाशय की स्वच्छता भी प्रभावित होती है। तालाब, कुंड में जिस प्रवाह से पानी भरता था उसी प्रवाह से पानी निकाला जाता था। पानी की इस आवक-जावक का पूरे जलाशय पर प्रभाव पड़ता था। *आगोर* में गिरा वर्षा जल अपने साथ मिट्टी लाकर तालाब में एकत्रीत करता रहता था। तालाब के आकार-प्रकार में परिवर्तन होकर उसके बिगड़ने का यह क्रम निरंतर चलता रहता था। इसी कारण समाज के लोगों ने संयमपूर्वक ऐसे यत्न किए कि *जोहड़े* एवं पक्के तालाब से जल निर्बाध रूप से मिलता रहे।[21] जितने उत्साह के साथ नए जलाशय का निर्माण किया जाता था, उतने ही उत्साह के साथ जलाशय की सार-सँभाल के प्रयास भी शुरू हो जाते थे। आज कठिन कार्य समझे जाने वाले इस कार्य को तत्कालीन समाज ने सहज रूप से अपनी जीवन-शैली में ढालकर इसे बड़े ही व्यवस्थित रूप से किया था। तालाब का *आगोर* प्रारंभ होते ही यहाँ के सभी प्रत्येक व्यक्ति बिना किसी डर के स्वयं इस जगह का ध्यान रखते थे। *आगोर* के क्षेत्र में पशुओं को नहीं ले जा सकते थे। लोग इस पवित्र स्थान पर जूते-चप्पल लेकर भी नहीं जाते थे। 'जूते पहनकर आना मना है, थूकना मना है' जैसे चेतावनी सूचक बोर्ड उस समाज में नहीं लगाए जाते थे। *आगोर* प्रारंभ होते

20. गोविंद अग्रवाल, पत्रों के प्रकाश में स्वामी गोपालदासजी का व्यक्तित्व एवं कृतित्व, नगरश्री, चूरू (राजस्थान) पृ. 37, 38, 148।
21. अनुपम मिश्र, *आज भी खरे हैं तालाब, गांधी शांति प्रतिष्ठान,* नई दिल्ली द्वितीय संस्करण, 2010 पृ. 41।

ही सूचना देने के लिए सुंदर पत्थर (स्तंभ) लगे मिलते थे। सभी लोग इन स्तंभों को देखकर *आगोर* की सुरक्षा का समुचित ध्यान रखते थे।[22] दूरदर्शी और बुद्धिमान पुरुषों ने प्राचीन काल से ही तालाब की खुदाई-सफाई करने, परोपकार एवं धर्म के सिद्धांतों को अपनी दिनचर्या में कुछ ऐसे सम्मिलित कर लिया था कि माघ से लेकर ज्येष्ठ महीने तक विशेष रूप से इन कार्यों को किया जाता था, क्योंकि इस समय किसानों के पास खेती-बाड़ी का कोई काम नहीं होता था।[23]

तालाब की साफ-सफाई में छोटे-से लेकर बड़े स्तर का व्यक्ति भागीदारी करता था, क्योंकि संपूर्ण समाज जलाशय निर्माण के बराबर ही जलाशय की खुदाई एवं सफाई को पुण्य का कर्म मानता था। जो मनुष्य नए तालाब बनवाता है या पुराने तालाब को खुदवाता है, वह अपने संपूर्ण कुल का उद्धार करके स्वर्गलोक में पूजित होता है।[24] बीकानेर *बहियात* के अनुसार *कुंड* की समय-समय पर सफाई की जाती थी।[25] इसी भावना से यहाँ का समाज तालाब और *कुंड* की मिट्टी निकालने के कार्य को उत्सव एवं त्योहार के रूप में मनाता था। चूरू मंडल में प्रत्येक ढाणी, गाँव, कस्बे एवं नगर के लोग एकत्रीत होकर अपने-अपने क्षेत्र के जलाशयों से मिट्टी निकालते थे। तालाब से निकाली गई मिट्टी तालाब की पाल पर इकट्ठी कर दी जाती थी, जिससे तालाब की पाल को मजबूती और गहराई के साथ-साथ सुरक्षा भी मिल जाती थी। समाज के लोग प्रत्येक एकादशी (इग्यारस), पूर्णिमा, अमावस्या एवं ग्रहण के दिनों में भी तालाब की मिट्टी निकालना आवश्यक समझते थे। बच्चे से लेकर वृद्धजन, सभी प्रत्येक साल *जोहड़े* से गाद या *कांप* निकालते थे। तालाब से, जो मिट्टी निकाली जाती थी, उसे बेचने से जो पैसा मिलता था, उसका उपयोग भी तालाब की मरम्मत के लिए किया जाता था।[26] *गाद* (कांप) निकालने से तालाब की साफ-सफाई के साथ-साथ जल की आवक भी बढ़ती थी, जिससे उस जलाशय में पानी वर्ष भर तक ठहर जाता था। विवेच्य

---

22. *समाचार जगत*, जयपुर 11 फरवरी, 2013, पृ. 6; अनुपम मिश्र, *आज भी खरे हैं तालाब*, पूर्वोक्त, पृ. 41-42।
23. रघुनाथमल राय, पूर्वोक्त, पृ. 98।
24. *यस्तडागं नवं कुर्यात् पुर्ल्णं वापि खानयेत्।*
    स सर्व कुलमुद्धत्य स्वर्ग लोके महीयते ॥ 62 ॥
    वापी कूप तड़ागानि, उद्यानोपवनानि च
    पुनः संस्कार कर्ता च लभते मौक्तिक फलम् ॥ 63 ॥ —वृहस्पति स्मृति
    संपादक-महेश कुमार मिश्र 'मधुकर'—*इंडिया वाटर पोर्टल*, ऑर्गनाइजेशन
25. *सावा बही राजगढ़*, नं. 5, वि.सं. 1842-44, इमेज नं. 194, ऑनलाइन सर्वर, बीकानेर रिकॉड्र्स, रा.रा.अ.बी.।
26. *कागद बही*, नं. 13, वि.सं. 1857/1800 ई. पृ. 35 एफ-1, बीकानेर रिकॉड्र्स।

काल में *गाद* को समस्या की तरह नहीं, बल्कि तालाब के प्रसाद की तरह ग्रहण किया जाता था। *गाद* को निकालने में मुख्य भूमिका किसान, कुम्हार और सभी गृहस्थ निभाते थे। किसान प्रति गाड़ी के हिसाब से मिट्टी खोदते, अपनी गाड़ी भरते और इसे खेतों में फैलाकर उनका उपजाऊपन बनाए रखते थे।[27] *जोहड़े* की *गाद* (कांप) अपने आप सूखकर फट जाती थी। इसे यहाँ *गुम्मा* कहते हैं। इसी गाद से यहाँ के ग्रामीण ईंट बनाते थे और धूप से सूखी ईंटों से अपने घर बनाते थे।[28]

विवेच्य काल का समाज जलाशय की पाल बाँधने, *आगोर* का तला पक्का करने, तालाब परिसर में पेड़-पौधे लगाने आदि सभी कार्य भी सामाजिक उत्तरदायित्व की भावना से करते हुए खुशी का अनुभव करता था। गाँव और शहर के प्रमुख व्यक्ति एक दिन निश्चित करके तालाब की सफाई कराने के लिए *ल्हास*[29] करते थे। *आगोर* की सफाई के साथ-साथ *आगोर* की सुरक्षा के लिए भी नियम बने होते थे। तालाब की सार-सँभाल के साथ-साथ आगोर की सुरक्षा के लिए भी राजकीय प्रयास किए जाते थे। *आगोर* से मिट्टी निकालने और वहाँ पर किसी भी प्रकार का गड्ढा खोदने की मनाही होती थी। उदाहरण के लिए वि.सं. 1827/1770 ई. भरपालसर गाँव के *चौधरियों* को दिए गए आदेश में उल्लेख मिलता है कि तालाब के *आगोर* में माटी खोदी या गड्ढा बनाया गया तो *गुनेहगारी* (जुर्माना) लगाई जाएगी।[30] *आगोर* पर अतिक्रमण करने वाले को छह महीने के कारावास के साथ-साथ एक हजार रुपए के अर्थदंड का प्रावधान भी होता था। *आगोर* के पानी को तालाब में आने से रोकने वाले को भी दंडित किया जाता था।[31] जलाशय बनाने की मंजूरी लेकर पानी का प्रबंध एवं जन-जन तक पानी पहुँचाने के समस्त नियम राज दरबार की ओर से बनाए होते थे। जलाशय को नुकसान पहुँचने पर उसकी मरम्मत करवानी आवश्यक होती थी।[32] बीकानेर *बहियात* के अनुसार वि.सं. 1893-94/1837-38 ई. में राजगढ़ की उत्तरी दिशा में स्थित सीतलजी का कुआँ बंद

---

27. सर्वे में समय के वयोवृद्ध लोगों ने जानकारी दी; *समाचार जगत*, जयपुर 11 फरवरी, 2013 पृ. 6; अनुपम मिश्र, पूर्वोक्त, पृ. 43।
28. सर्वेक्षण के दौरान ग्रामीणों ने जानकारी दी।
29. मिल-जुलकर, बिना वेतन के कार्य करना। इस दिन समस्त छोटे-बड़े व्यक्ति कुदाल, फावड़े, तगाड़ियाँ लेकर तालाब पर पहुँच जाते थे। काम करने के बाद गुड़ एवं दलिए की मिट्टी लापसी या गुड़ के चावल मिलाकर बनाते एवं प्रसाद स्वरूप ग्रहण करते थे, क्योंकि गुड़ धूल नाशक होता है।
30. *कागद बही,* नं. 3, वि.सं. 1827/1770 ई. इमेज न. 81, बीकानेर रिकॉर्ड्स रा.रा.अ.बी.।
31. बृजरतन जोशी, *जल और समाज,* जयपुर, 2005 प्रथम संस्करण, पृ. 55-60।
32. *महकमा खास,* फाइल नं. 1, प्र. 22, रा.रा.अ.बी.।

था, उसे पुनः चालू किया गया। कुएँ की मरम्मत *बीढ़ो* बाँधकर की गई थी, साथ ही *सारण* भी पुनः निर्मित करवाई गई थी।[33] जलाशय से 50 फुट की दूरी पर भी यदि कोई गंदगी डालता था तो सूचना देने से एक सप्ताह के अंदर गंदगी उसे उठानी पड़ती थी। तय समय में काम न होने पर उसको जुर्माने सहित दंड दिया जाता था।[34] यहाँ समाज में सामाजिक चेतना ही मूल सिद्धांत था, जिसके सहारे यहाँ का समाज दैवी आपदा से लड़ता हुआ अपने अस्तित्व को सुरक्षित रखता था।

जल की निर्बाधता के लिए राज्य और समाज के इस मिले-जुले प्रबंधन में जल को कीटाणुरहित भी रखा जाता था। तालाबों में किसी प्रकार के हानिकारक जीव पैदा न हों, इसके लिए तालाबों में शुद्धता बनाए रखने के लिए इनमें हानिकारक जीवों को खाने वाले जलचर जीव-जंतु छोड़े जाते थे। इन जीव-जंतुओं में कछुए, मछलियाँ, केकड़े आदि शामिल होते थे। चूरू मंडल में तालाब के बनते ही उसमें प्रमुख वनस्पति कुमुदिनी एवं निर्मली डाली जाती थी। कुमुदिनी कुछ ही समय में हरी-भरी होकर संपूर्ण तालाब के पानी के ऊपर छा जाती थी।[35]

जीवन का आधार सूरज जहाँ पानी देता है, वहीं पानी चुराता भी है। पानी को बचाने के लिए इस क्षेत्र में कच्चे *जोहड़ों* एवं पक्के तालाबों के चारों ओर छायादार और बड़े-बड़े पेड़ लगाए जाते थे। इन पेड़ों में बरगद, पीपल, नीम इत्यादि प्रमुख थे। ये पेड़ अपनी छाया से पानी को न केवल सूखने से बचाते थे, बल्कि अपनी जड़ों के कारण *जोहड़े* की नींव को मजबूत भी बनाते थे। तालाब अपने पानी से इन पेड़ों को जीवन देता था। पेड़ पहले काट लिये जाते थे तो तालाब सूखकर पट जाता था और यदि तालाब पहले सूख जाता था तो पेड़ उसके पीछे ही नष्ट हो जाते थे। बड़े-बड़े पेड़ों के साथ-साथ *आगोर* में उगी छोटी वनस्पतियाँ आयुर्वेदिक रत्नों का भंडार होती थीं। रत्नरूपी इस घास में *चमघास, चिड़ियाखेत, शंखपुष्पी, मोरसरल, गूंदी, दूधी, फोगला, खींप, सीणिया, सेवण, बुई, भुरट, कांगसिया, अडूसा* एवं *वनतुलसी* शामिल थीं। *आगोर* में स्थित ये घास और जड़ी-बूटियाँ पानी को महत्त्वपूर्ण औषधीय गुण प्रदान करके उसे अमृत तुल्य बनाती थीं। इस तरह यह संपूर्ण संपदा समाज के हित की रक्षा के लिए निष्छल सहयोगी होकर काम आती

33. *सावा बही राजगढ़*, नं. 18, वि.सं. 1893-9/1837-38 ई., इमेज नं. 286 ऑनलाइन सर्वर, बीकानेर, रिकॉर्ड्स, रा.रा.अ.बी.।
34. *म्यूनिसिपल एक्ट*, राजश्री, बीकानेर, एक्ट नं.- 6, 1923 ई. गवर्नमेंट प्रेस बीकानेर, 1923, पृ. 30-31।
35. चूरू की राजगढ़ तहसील के मानसिंह जांगिड़ ने भी इसके बारे में बताया, जिसकी पुष्टि अनुपम मिश्र, पूर्वोक्त, पृ. 41-43; *समाचार जगत*, जयपुर, 11 फरवरी, 2013, पृ. 6 से भी होती है।

रही है।[36] अगर किसी स्वास्थ्य अधिकारी की रिपोर्ट के अनुसार किसी जलाशय में पानी के दूषित हो जाने की पुष्टि हो जाती थी, तो सार्वजनिक सूचना देकर इस पानी के पीने पर रोक लगाई जाती थी।[37] स्थानीय समाज और राज्य के प्रयासों से 18–19वीं सदी के दौरान भी इस प्रकार के कार्य पूर्ण करवाए जाते थे। पेयजल की व्यवस्था को लेकर जब लोगों के बीच किसी प्रकार का विवाद उत्पन्न होता था, तब इसमें स्थानीय समाज के मंच सुलह करवाते थे।[38]

चूरू मंडल के प्रत्येक गाँव एवं कस्बे के *जोहड़ों* का विशेष ध्यान रखने के लिए 5–7 प्रमुख प्रबुद्ध व्यक्तियों की कमेटी होती थी, जो समय-समय पर तालाब की देखभाल करती थी। समाज में इनको विशेष सम्मान मिलता था। जिस तरह तालाब से जल की निर्बाधता के लिए *गाद* निकाली जाती थी, उसी तरह *कुंडों* की समय-समय पर सफाई की जाती थी। *कुंडों* में जब पानी बहुत कम हो जाता था, तब उनकी सफाई की जाती थी। इस तरह *कुंड* के पानी को साल भर साफ-सुथरा रखा जाता था। *कुंड*/टांका की बनावट विशेष प्रकार की होती थी, ताकि पानी के साथ *कुंड*/टांका में कम से कम मिट्टी आए।[39] कुंड से जल बिना रुकावट के प्राप्त होता रहे, इसके लिए उपयोगी उपकरणों और अन्य चीजों की समय-समय पर मरम्मत की जाती थी। इस बात की पुष्टि *सावा वही राजगढ़*, नं. 5 की एक सूचना से होती है, जिसके अनुसार सरकारी *कुंड* के दरवाजे जर्जर होकर टूट गए थे, इसलिए उनकी मरम्मत के लिए गोधू खाती को बुलवाकर नए दरवाजों *(किवाड़ों)* का निर्माण करवाया गया था, जिस पर 4 *आना*, 5 *टका* तथा 25 *दाम* का खर्च राज्य को वहन करना पड़ा था।[40] तमाम जलाशयों से पानी की आपूर्ति अच्छी तरह से होती रहे, इसके लिए जलाशयों की समय-समय पर और जरूरत होने पर मरम्मत की जाती थी।[41] जल की निर्बाध आपूर्ति और उपयोगिता बनी रहे, इसके लिए संपूर्ण समाज के लोग सामूहिक रूप से खुदाई एवं मरम्मत कार्य निरंतर जारी रखते थे। इस प्रकार के कार्यों को सामाजिक दायित्व समझकर सभी ने स्वत: स्फूर्त भाव से किया।[42]

---

36. ब्रजरतन जोशी, पूर्वोक्त, पृ. 56–58।
37. *म्यूनिसिपल एक्ट*, सन् 1923 पूर्वोक्त, पृ. 30–31।
38. *कागद बही*, नं. 3, वि.सं. 1827/1770 ई., पृ. 8 एफ-2, बीकानेर रिकॉर्ड्स, रा.रा.अ.बी.।
39. दृष्टव्य अध्याय-तीन।
40. *सावा बही राजगढ़*, नं. 5, वि.सं. 1842–44/1785–87 ई., इमेज नं. 81, ऑनलाइन सर्वर, बीकानेर रिकॉर्ड्स, रा.रा.अ.बी.।
41. *सावा बही राजगढ़*, नं. 5, वि.सं. 1842–44/1785–87 ई., इमेज नं. 62, ऑनलाइन सर्वर, बीकानेर रिकॉर्ड्स, रा.रा.अ.बी.।
42. प्रकाश पुरोहित, *आज भी प्रासंगिक हैं परंपरागत जल स्रोत*, जोधपुर, प्रथम संस्करण, 2008, पृ. 92।

पारंपरिक समाज एवं पारिस्थितिकी संतुलन

चूरू मंडल में अकाल से राहत के लिए रोजगार देने के साथ-साथ वर्षा जल की प्राप्ति के लिए भी अनेक प्रबंधन किए जाते थे। शीत एवं ग्रीष्म ऋतुओं की प्रचंडता तथा पानी की कमी के कारण बीकानेर रियासत के चूरू मंडल में जंगल नहीं थे।[43] जंगल न होने का कारण वर्षा की कमी एवं अनियमितता है, जिससे कि एक बार वृक्षारोपण करने के बाद भी पानी की कमी से ये पौधे सूख जाते थे। वृक्षों की कमी से यहाँ मरुस्थल बढ़ता ही जा रहा था। इस मंडल में बने हुए तालाबों को टीबों ने दबाना प्रारंभ कर दिया था। इस मरुस्थल को नियंत्रित करने एवं वर्षा को आकर्षित करने के लिए क्षेत्र को हरा-भरा करना बहुत आवश्यक था। इस कारण निर्बाध जल प्रबंधन के लिए यहाँ राज्य और समाज ने कंधे से कंधा मिलाकर जगह-जगह *बीहड़* (*बीड़*), वन निर्माण, वृक्षारोपण एवं *गोचर* भूमि की व्यवस्था की थी। यहाँ जंगल तो नहीं है, लेकिन प्रकृति ने कई स्थानों पर छोटे-बड़े *बीड़ों* के रूप में अपनी छटा बिखेरी थी। *बीड़, गोचर* भूमि का रूपांतर है। बंजर एवं अनुपजाऊ जमीन में एक बार पौधे लगाकर उन्हें अच्छी तरह से खाद-पानी देकर सींचा जाता था। इसी जगह पर अपने-आप उगने वाली घास, झाड़ियाँ, *बोरड़ी* और खेजड़ी को कभी नहीं काटा जाता था। इन छोटे-बड़े, पेड़-पौधों एवं झाड़ियों के *जाल* को ही *बीड़* और *ओरण* कहते हैं।[44]

चित्र 6.2 : श्याम पांडिया मंदिर एवं बीड़, भलाऊ ताल, रेणी

---

43. मुंशी सोहन लाल, *तवारीख राजश्री बीकानेर,* पृ. 6; गौरीशंकर हीराचंद ओझा, *बीकानेर राज्य का इतिहास,* प्रथम भाग, प्रथम संस्करण, वि.स. 1996, पृ. 13-14; घनश्याम लाल देवड़ा, 'रेगिस्तानी क्षेत्र (बीकानेर राज्य) में कृषि योग्य भूमि व उसका वर्गीकरण', *प्रोसिडिंग ऑफ द राजस्थान हिस्ट्री कांग्रेस,* वोल्यूम XII,1976।
44. *कागद बही,* नं. 36, वि.सं. 1886/1829 ई. पृ. 36 बीकानेर रिकॉर्ड्स, रा.रा.अ.बी.।

चित्र 6.3 : श्याम पांडिया टिब्बा एवं बीड़, भलाऊ ताल, रेणी

तवारीख राजश्री बीकानेर के अनुसार चूरू मंडल के ददरेवा ठिकाने में गोगापीर के *ओरण* थे, जिनमें घनी झाड़ियों के साथ-साथ *खेजड़ा, बेरी, आक, बुई, जाल, खैर* और कैर के पौधे थे। सुजानगढ़ तहसील में नीम, शीशम, पीपल एवं *जांड* (खेजड़ा) के पेड़ लगे हुए थे। रतनगढ़ के आस-पास रोहिड़ा के पेड़ भी थे। उक्त क्षेत्र में *फोग, बुई* एवं *आक* अपने आप उगने वाले झाड़ थे।[45] *बीड़* निर्माण से वर्षा का प्राकृतिक आह्वान होता था और यहाँ पड़ने वाले अकाल के दिनों में पशुओं को मरने से बचाकर उनका पालन एवं संरक्षण होता था। राजगढ़ तहसील के लीलकी, गाँव, खालसा गाँव था। उसकी *रोही* में चूरू मंडल की सबसे प्रसिद्ध *बीड़* थी। यह बीड़ 4292 बीघा 11 बिस्वे में फैली हुई थी। 6 बीघा 15 बिस्वा में *कुंड,* 7 बीघा 15 बिस्वा में *जोहड़,* 47 बीघा 14 बिस्वा में रास्ते एवं 12 बिस्वा में *कुई* बनी हुई है, शेष 4229 बीघा 14 बिस्वा में *बीड़* स्थित है। यह *बीड़* बहुत घनी है। इसी कारण इस क्षेत्र में छोटे वन्य जीवों की संख्या अधिक है।[46] *बीड़* में बने हुए कच्चे *जोहड़ों* से वन्य जीव एवं मवेशी अपनी प्यास बुझाते थे।

45. मुंशी सोहनलाल, *तवारीख राज श्री बीकानेर,* पूर्वोक्त, पृ. 6-9।
46. श्री बलवीर सिंह, (एडवोकेट) राजगढ़ के सौजन्य से *बीड़* की जमाबंदी की प्रतिलिपि प्राप्त हुई—प्रतिलिपि क्रमांक 030378533017, *बीड़* राजगढ़, भू. अभि. नि. क्षेत्र ददरेवा (चूरू)।

चित्र 6.4 : लीलकी बीड़, राजगढ़

इस मंडल में वर्षा की अगवानी करने के लिए एकमात्र ताल छापर अभयारण्य है। सुजानगढ़ तहसील का यह अभयारण्य अध्ययन काल में रियासत के महाराजाओं का शिकारगाह होता था। थार के रेगिस्तान में इस जगह समतल घास के मैदान में बिखरे हुए *खेजड़ी, कैर, जाल* और देशी बबूल के पेड़ लगे हुए थे। घास का यह मैदान अफ्रीका के सवाना के घास मैदान जैसा लगता था। इस क्षेत्र में *गंठील घास* की अधिकता है। यहाँ वृक्षों की संख्या कम थी।[47]

47. मुंशी सोहनलाल, *तवारीख राज श्री बीकानेर*, पूर्वोक्त, पृ.9; *ताल–छापर सेंच्युरी डिपार्टमेंट ऑफ फोरेस्ट*, चूरू।

चित्र 6.5 : ताल छापर अभयारण्य, सुजानगढ़

शासक वर्ग एवं पारिस्थितिकी संतुलन

बीकानेर का शासक वर्ग भी पानी के अभाव वाले इस क्षेत्र में वृक्षों के मूल्य को जानता था। इसी कारण यहाँ के महाराजा प्रत्येक तालाब, कुएँ आदि के साथ वृक्षारोपण, गायों के चरने के लिए *गोचर* भूमि एवं *बीड़* के लिए कुछ जमीन प्रदान करते थे। रतनगढ़ कस्बे में गायों के चरने के लिए कोई भी *गोचर* भूमि नहीं थी। इस समस्या को दूर करने के लिए यहाँ के सेठ जगन्नाथ ने बीकानेर के महाराजा के दरबार में प्रार्थना पत्र दिया था। पत्र देखकर वि.स.1942/1885 ई. में महाराजा ने रतनगढ़ में *गोचर* भूमि बनवाने के लिए 51 बीघा जमीन का पट्टा प्रदान किया था।[48] चूरू मंडल की गाछर *बीड़* की हनुमान वाटिका पर लगे शिलालेख के अनुसार नरेंद्र शिरोमणि महाराजा श्री गंगासिंह ने वि.सं. 1978/1921 ई. को प्रजा की भलाई के लिए तेरह सौ सत्तर बीघा और तीन बिस्वा जमीन

48. *कागद बही*, नं. 88, वि.सं. 1942-43/1885-86 ई., पृ. 2 (ए) रा.रा.अ.बी.।

बीड़ के लिए दी थी।[49] वि.सं.1879/1822 ई. में श्री दरबार ने चूरू के धीरसागर कुएँ के नीचे 200 बीघा जमीन बगीची बनाने के लिए दी थी।[50] इसी तरह बीकानेर के शासक ने राजगढ़ कस्बे में कुएँ के नीचे *बाड़ी* बनाने के लिए जमीन प्रदान की थी।[51] चूरू शहर में सेठ रुक्मानंद बागला के कुएँ के नीचे 25 बीघा जमीन बाड़ी के लिए दी गई थी।[52]

चूरू मंडल में यहाँ ठाकुरों के कई ठिकाने थे। उन्हीं ठिकानों में सुजानगढ़ तहसील के सांडवा ठाकुर जैतसिंह ने बीदासर के महादेव मंदिर में रंग-बिरंगे फूलों का बाग लगवाया था।[53] इसी तरह चूरू मंडल में जो कोई भी पानी की निर्बाध उपलब्धता और उपयोगिता बनाने के लिए जलाशय निर्माण की अनुमति दरबार से माँगता था, उसे सशर्त अवश्य मंजूरी दी जाती थी। *बाड़ी-बीड़* के लिए जो जमीन दी जाती थी, उस पर किसी का एकाधिकार नहीं समझा जाता था। अनुमति लेने वाला उसे बेच नहीं सकता था। इस तरह से यह इस मंडल में *बीड़* निर्माण को बढ़ावा देने का एक समुचित तरीका था। शासकों की यही शर्त आने वाले दिनों में भी थी कि *बीड़* की जमीन पर पेड़-पौधे काटकर कृषि इत्यादि अन्य काम नहीं किया जाएगा।[54] उदाहरण के लिए बीकानेर के ईंदपालसर गाँव के स्वामी मनरूपजी को स्थानीय कुओं से *पाणी पीछ* करने की सुविधा का राजकीय

---

49. गाछर बीड़ पर लगा शिलालेख—
लेफ्टिनेंट जनरल हिज हाइनेस महाराजाधिराज राज राजेंद्र नरेंद्र-शिरोमणि महाराजा श्री सर गंगासिंह जी बहादुर जी.सी.एस.आई., जी.सी.आई.ई., जी.सी.बी.ओ., जी.बी.ई., के.सी.बी., ए.डी.सी., एल.एल.डी., बीकानेर ने स्वर्गीय सेठ हरिबक्सजी भावसिंह के प्रयत्न एवं सर्वहितकारिणी सभा, चूरू के उद्योग से चूरू की प्रजा की भलाई के निमित्त यह बीड़ (1370।।-3) तेरह सौ साढ़े सत्तर बीघा तीन बिस्वा गौओं के चरने के लिए संवत 1978 विक्रमी में पुण्यार्थ छोड़ दिया। इसकी व्यवस्था के लिए स्वामी गोपालदासजी के अनुरोध से 3000 रुपए बीड़ के स्थायी कोश में स्वर्गीय सेठ हरिबक्शजी भावसिंहका ने प्रदान किए और उनके सुपुत्रों ने अंतिम इच्छानुसार यह श्री हनुमानवाटिका निर्माण कराई। इसका शिलारोपण मिती माघ शुक्ला 5 वि.सं. 1980 को तथा इसकी प्रतिष्ठा मिती फाल्गुन शुक्ला 2 वि.स. 1981 को कराई गई।
50. *मरुश्री*, जुलाई-दिसंबर 1982, वर्ष 11, अंक-4, वर्ष 12, अंक-1, पृ. 44।
51. टीकमाणी कुएँ की पट्टा नकल नंबर मिसल-398 तारीख 2 मजुआ 27.6.17 नाम तहसील राजगढ़ नंबर 96—टीकमाणी परिवार के मंत्री लक्ष्मीनारायण के सौजन्य से प्राप्त हुई।
52. *मरुश्री*, जुलाई-दिसंबर 1982, पूर्वोक्त, पृ. 48।
53. श्रवण सिंह, पूर्वोक्त, पृ. 208।
54. *नंबर पत्रावली (मिसल) 22 तारीख दर्ज 12.12.18 नाम तहसील राजगढ़ नंबर 157*—फतेहपुरिया *कुएँ के पट्टे की नकल नंबर पत्रावली (मिसल) 38 तारीख दर्ज 5.1.22 नाम तहसील राजगढ़ नंबर 124-लुदीबास के बाद व कुएँ के पट्टे की नकल; नकल पट्टा संवत 1985 मिति दुजा सावण सुद 2-तारीख 17.8.28 जो बही जमी रें कागजां वा अमल रे चिट्ठा री बारले ठिकाणे री संवत 1982-86 बही नं. 94 के पाना नं. 5* पर उपलब्ध है।

आदेश हुआ था, साथ ही *ओरण* की भूमि से *झाड़, बोरड़ी* और खेजड़ी के वृक्षों को न काटने की हिदायत भी राज्य द्वारा दी गई थी।[55]

बीकानेर के महाराजा ने इस मरुक्षेत्र में वृक्षों के महत्त्व को समझकर ही यहाँ सर्वप्रथम वन संपदा की सुरक्षा के लिए 'जंगलों का बिल, रियासत बीकानेर, सन् 1927 ई.' में पास किया था। इसे उस समय के असाधारण राजपत्र में 11 अगस्त, 1927 ई. में प्रकाशित करके संपूर्ण रियासत में लागू किया गया था। इस बिल ने यहाँ वन आरोपण को बढ़ावा देने और यहाँ के प्राणियों को राहत देने में योगदान दिया था।[56]

श्रीमंत वर्ग द्वारा पारिस्थितिकी संतुलन के लिए प्रयास

चूरू मंडल में शासक वर्ग के सहयोग से श्रीमंत वर्ग एवं जनसामान्य व्यक्तियों ने जल निर्बाध उपलब्धता और उपयोगिता के लिए तमाम प्रबंध करने के साथ ही चूरू मंडल की *रोही* में जगह-जगह *बीड़* एवं गाँव-शहर में बाग-बगीचे बढ़ाने के लिए वृक्षारोपण करवाया था। क्षेत्र का श्रीमंत वर्ग अपनी कमाई का एक हिस्सा पुण्य कार्यों पर खर्च करता था। अकाल के कष्टों को दूर करने के लिए श्रीमंत वर्ग ने जिस उत्साह से जलाशयों का निर्माण किया, उसी उत्साह के साथ उन्होंने ऐसे तमाम प्रयास भी किए, जिससे अकाल की विभीषिका को रोका जा सके। यह वर्ग जलाशय बनाने के लिए साथ-साथ उसके पास ही बाग-बगीची, *बाड़ी, आगोर* के लिए भी शासन से जमीन की अनुमति लेता था। ये प्रबुद्ध लोग अनुमति ली हुई जगह में अपनी देखरेख में पेड़-पौधे, झाड़ियाँ, फल-फूलों के छोटे-बड़े पौधे लगवाते थे।

चूरू मंडल के सामाजिक एवं धार्मिक विश्वासों में रुचि रखने वाले लोगों ने

श्री राम जी श्री छोगी नबचंना 1 कस्बा राजगढ़ में जमीं 1 रोही लुदी मं श्री दरबार री पड़त हुई तिका जमीं 1246)4 अखरे बीघा बारह सौ छियालिय बिस्वा 4 श्री दरबार सुं राजगढ़ रे पिंजरापोल मौल रुपये 4000) अखरे रुपया चार हजार कस्बों री गाय चरणे वास्ते जुबली पिंजरा पोल राजगढ़ नै चुकाय दी छह तेरी मंजूरी ता. 22 मार्च, 1927 ई. हुई कीगत के रुपए 4000) अखरे रुपया चार हजार तहसील राजगढ़ देना है ता. 19 मई, 1927 ई. ने जमा हुआ ताकि जमीं रे उगुणें, आथूणें, उतराद, दिखणाद पासै पड़त री जमीं रो कोई दावो उजर करणैं पावें नहीं कोई दावो उजर करसी तैनु राज दरबार सुं मना करी जासी। मेम्बरान कौंसिल ई. 1985 मिति दुजा सांवण सुद 2।

—पट्टा नकल राजगढ़ के टीकमाणी/फतेहपुरिया निजी संग्रह से प्राप्त अध्यापक रामकुमार वर्मा के सौजन्य से हुई।

55. *कागद बही*, नं. 36, वि.सं. 1886/1829 ई., पृ. 36, बीकानेर रिकॉर्ड्स, रा.रा.अ.बी.।
56. *ऐक्ट नं. 4, सन् 1927 ई., जंगलों का बिल*, रियासत बीकानेर सन् 1927 ई. गवर्नमेंट प्रेस, बीकानेर; गोविंद अग्रवाल, '*पत्रों के प्रकाश में स्वामी गोपालदास जी का व्यक्तित्व एवं कृतित्व*', पूर्वोक्त, पृ. 99-100; ब्रजरतन जोशी, पूर्वोक्त, पृ. 91।

गायों के चरने के लिए *गोचर* भूमि निर्मित करवाई थी। यहाँ जो भी धर्मार्थ निर्माण कार्य करवाया जाता था, उस जगह पेड़-पौधे अवश्य लगाए जाते थे। पेड़-पौधों की सुरक्षा के लिए पेड़ के चारों तरफ *गट्टा* (छोटा चबूतरा) बनवाया जाता था। प्रत्येक जलाशय की सुरक्षा के लिए उसके *पायतण* के चारों तरफ *बाड़* (छोटी झाड़ियाँ) करवाई जाती थी। चूरू के सेठ राजा शिवबक्शराय बागला ने पीथाणा *जोहड़े* के पास *पायतण* के चारों ओर *बाड़* लगवाई थी। इसी *जोहड़े* के पास वि.सं. 1945/1888 ई. में चूरू की प्रसिद्ध गौशाला की स्थापना की गई थी।[57] वि.सं. 1974/1917 ई. में राजगढ़ के सेठ टीकमाणी शिव प्रतापराम नारायण ने राजगढ़ में एक कुएँ का निर्माण करवाकर उसके नीचे बाड़ी की जमीन सुनिश्चित की थी।[58] चूरू शहर में धीर सागर कुएँ के दोनों ओर *बाड़ी-बागीची* थी। इसमें एक ओर की 200 बीघा जमीन रामरतन मिर्जामल पोतेदार ने वि.सं. 1879 /1822 ई में बाड़ी-बगीची के लिए सरकार से खरीदी थी, वहीं दूसरी ओर की जमीन के कागज तैयार करवाकर हरभक्त गुरमुखराय पोतेदार ने वि.सं.1923/1855 ई. में 45,550 दर गज जमीन बगीची के लिए सुरक्षित रखने के लिए सरकार से मंजूरी ली थी।[59]

चूरू नगर में सेठ करमचंद नैणसुख जाली राम रुक्मानंद लोहिया ने कुएँ के पास 25 बीघा जमीन में *बाड़ी* लगवाई थी। वि.सं.1921/1864 ई. में इस जमीन का *पट्टा* बनवाया गया था। सेठ ने *बाड़ी* की देखभाल करने के लिए माली को यहीं बसाया था।[60] यहीं चूरू शहर में सेठ मगनीराम पोद्दार ने वि.सं. 1924/1867 ई. को मगनी सागर कुएँ

---

57. *मरुश्री*, जुलाई-दिसंबर 1982 पूर्वोक्त, पृ. 43।

58. सर्वेक्षण के अनुसार कुआँ अभी बंद है। कुएँ के पास *बाड़ी* की जमीन स्थित है; गिरिजाशंकर शर्मा, पूर्वोक्त, पृ. 155।

59. धीर सागर कुएँ पर बगीची कराने की *पट्टा* नकल

(क) श्री दीवान वचनातू चूरू रा हवलदार मोहता गेनमल जोग लिया चूरू में कूवै र धीर सागर ऊपर पोतेदार रामरतन मिर्जामल बगीची करासी सू जमी बीघा 200 अखरे दोय सो श्री दरबार सू इयानै बगसी है सो मीणाए दीजो हुक्म छै हस्तू साह: ताराचंद 1879 मिती चैत बदी 81

रजुदफ्तर

(ख) सरब जमी दर गज 45,550 हुई तै रे निजराने रा रु 125/श्री सरदार शाही लेकर पोतेदार हरभक्त, गुरुमुखरा ने कागज कर दियो छै। ये रुपया चूरू रे साहे मुहता रावत मल कोचर के हस्ते जमा होसी संवत 1923 मिती कार्तिक सुदी 71—मरुश्री, जुलाई-दिसंबर, 1982 पूर्वोक्त, पृ. 44

60. कुएँ की जमीन की बाड़ी की पट्टा नकल 211

श्रीराम जी

श्री दीवान वचनातू जमी 2 लोहिया करमचंद्र नेणसुख : जालीराम : रुक्मानंद रै कूवै री बाड़ी बीघा 25 रो कागद कूळो करायो तैरी मोहते भानीराम ह. 2 हुआ था तीके में बाड़ी कूवै (लारै) हुती सु हणै निजराणै रा रु 252) अखरे रु एक सो इक्यावन श्री सीरदार साई लैर कागद करदीयो छै। सु या जमी इयारै कूवै लारै रहसी। जमी सु उतराद पासे ओसवालो रै दादाजी री बाड़ बीचालै राजपथ

के पास 28,800 दर गज जमीन का पट्टा दरबार से लेकर यहाँ *बाड़ी* लगवाई थी।[61] राजगढ़ के सेठ फतेह चंदजी टीकमाणी ने राजगढ़ के लिलुआ में श्री कृष्ण गौशाला की स्थापना लगभग संभवतया वि.सं. 1976/1919 ई. में की थी। इसमें गायों के लिए *गोचर* भूमि भी 80,000 रुपए में खरीद कर दी गई थी।[62]

चूरू मंडल के राजगढ़ कस्बे के लुदीबास में महाराजा की सरकारी जमीन खाली पड़ी हुई थी, जिसे नाप कर 1918 ई. में सेठ तनसुखराय पुत्र गणपत राय फतेहपुरिया ने राज्य से कुछ जमीन खरीदी और सार्वजनिक हित और पशुओं के उठने-बैठने के लिए *गोचर* भूमि प्रदान की थी। इस भूमि को बंधक, विक्रय करने का कोई अधिकार खरीदार को नहीं होगा, अगर इसमें किसी प्रकार की बुआई (खेती) की जाएगी तो नियमानुसार आपत्ति की जाएगी। ये सब निर्देश दरबार की ओर से जमीन देने के साथ दिए गए थे।[63] सन् 1922 ई. में लुदीबास में अगरवाले तनसुखराय गणपत रामौणी और

मारग बहै है। उगण पासे आसाराम री छत्तरी सु डोरा 5 ताईं। यैहे भांत जमी बी. 25 अखरे बीघा पचीस दीवी छै। हमै यै जमी रो कोई दावो टंटो न करसी, कोई करसी तैने श्री दरबार सु मनै कीजसी। ईतरी जमी मैं मालीयां नो बसावो ना बाड़ी करावो वा (खुशी) यारी हुवै तन राखो धरम अरथ कमठाणो करावो। नीजराण रा रुपीया चूरू रै साहे मोहता, सुरजमल ह. जमा हुसी, सं. 1921 मी. सावण सुदी 21''। —*मरुश्री*, जुलाई-दिसंबर, 1982 पूर्वोक्त, पृ. 48

61. *मरुश्री*, जुलाई-दिसंबर, 1982, पूर्वोक्त, पृ. 43-44।
62. *स्वर्ण जयंती स्मृति-सरोज*, पूर्वोक्त, पृ. 264-265।
63. फतेहपुरिया कुआँ के नीचे की जमीन की पट्टा नकल—

श्री रामजी

नंबर पत्रावली (मिसल) 22 तारीख दर्ज 12.12.18

नाम तहसील राजगढ़ नंबर 157

मोहर टिकट 1 रु.

श्री जी साहब बहादुर (महाराजा) की सरकार की स्वीकृति से कस्बा राजगढ़ में भूमि 1 लुदीबास में राजा की खाली पड़ी है, इस भूमि का नाप कराया गया तो भूमि नीचे लिखे अनुसार नक्शे व क्षेत्रफल (खसरे) अनुसार 11,800) अखरे दरगज गियारह हजार आठ सौ हुई है, इस जमीन को श्री दरबार (राजा) में भुगतान देकर रुपया मुफ्त) अखरे रुपया'' श्री गंगाशाही में अगरवचाले तनसुखराय वल्द (पुत्र) गणपतराय ने अदा कर दी, ये रुपया तहसील'' में तारीख'' 1918 ई. में जमा हुआ, इस जमीन में बारणा 1 पूर्व, 1 पश्चिम, 1 उत्तर, 1 दक्षिण नक्षे में दर्ज अनुसार रखेंगे। इस भूमि के क्षेत्रफल के अनुसार आधे आवास के लिए अदा कर दी है, के ऊपर आवास, मकान, खिड़की, जंगला, छोटा तलघर (गुंभारिया), रोशनदान जरूरत के अनुसार कराएंगे, इस भूमि का कोई भी मुकदमा वा आपत्ति नहीं कर सकेगा, कोई गलत मुकदमा या आपत्ति करेगा तो उसे श्री जी साहब बहादुर (महाराजा) की सरकार से रोका जावेगा। तारीख 8-1 वा 23-12-1918 ई.''

नोट (हस्तलिखित) : दर गज 11800 अगरवाले फतेहपुरिया तनसुखराय व गणपतराय को कुआँ पुखता निर्माण के लिए दी गई है, जो सार्वजनिक हित के लिए व मवेशियों (पशुओं) के

मथुरा प्रसाद तनसुखराय रामौणी ने राज दरबार से बाग के लिए छुड़ाई थी।[64] श्रीराम प्रसाद राजगढ़िया ने राजगढ़ में एक पक्का तालाब बनवाया था। उन्होंने इसके *पायतण* के लिए हजारों बीघा जमीन सरकार से खरीदी थी। इस *पायतण* को उन्होंने पशुओं के चरने के लिए प्रदान किया था। इस भूमि से राजगढ़ को बहुत लाभ हुआ था।[65] बजरंग दास टिकमाणी ने कस्बे की गायों के चरने के लिए 1246 बीघा जमीन वि.सं.1984/1927 ई.में खरीदी थी।[66] चूरू मंडल के घंटेल गाँव में एक कुएँ पर लगे शिलालेख के अनुसार सेठ जगन्नाथ सारड़ा ने वि.सं. 1966/1909 ई. को कुएँ के नीचे दक्षिण दिशा की तरफ 200 बीघा जमीन *गोचर* भूमि के लिए राज दरबार से छुड़वाई थी।[67] चूरू शहर के रामजस राय केडिया ने कुएँ के नीचे *बाड़ी* के लिए जमीन प्रदान की थी। कुएँ के पास बागला परिवार ने शिवबाग लगवाया था।[68]

रतनगढ़ के सेठ सूरजमलजी जालान की चूरू मंडल में वृक्षारोपण एवं *बीड़* निर्माण

उठने-बैठने के काम आएगी। मरम्मत वगैरह की जाकर अच्छी हालत में रखा जाएगा। इस भूमि को बंधक, विक्रय करने का खरीदार को कोई अधिकार नहीं होगा। अगर किसी प्रकार की इसमें बुआई (खेती) की जाएगी तो नियमानुसार (हस्ब कायदा) आपत्ति की जाएगी।

—पट्टा नकल रामकुमार वर्मा के सौजन्य से प्राप्त हुई।

64. पट्टा नकल-नंबर पत्रावली (मिसल) 38 तारीख दर्ज 5.1.22 नाम तहसील राजगढ़ नंबर 124 मोहर टिकट 1 रु.

श्री जी साहब बहादुर (महाराजा) की सरकार की स्वीकृति से कस्बा राजगढ़ में भूमि 1 लुदीबास पिराणा फलसा राजा की खाली पड़ी है, इस भूमि का नाप कराया गया तो भूमि नीचे लिखे अनुसार नक्शे व क्षेत्रफल (खसरे) अनुसार 6018/- अखरे दरगज छह हजार अठारह हुई है, इस जमीन को श्री दरबार (राजा) से भुगतान देकर रुपया¨ अखरे रुपया¨ श्री गंगाशाही में अगरवाले तनसुखराय गणपत रामोणी वा मथुराप्रसाद तनसुखराय रामौणी ने निःशुल्क अदा कर दी, यह रुपया तहसील¨ में तारीख¨ 1922 ई. में जमा हुआ, इस जमीन में बारणा 2 पूर्व, 2 पश्चिम, 2 उत्तर,¨ दक्षिण नक्शे में दर्ज अनुसार रखेंगे, इस भूमि, क्षेत्रफल के अनुसार कीमत अदा कर दी है, के ऊपर आवास, मकान, खिड़की, जंगला, छोटा तलघर (गुंभारिया), रोशनदान, जरूरत के अनुसार कराएँगे, इस भूमि का कोई भी मुकदमा व आपत्ति नहीं कर सकेगा, कोई गलत मुकदमा या आपत्ति करेगा तो उसे श्रीजी साहब बहादुर (महाराजा) की सरकार से रोका जाएगा। तारीख 16.3.1922 ई.।¨

नोट (हस्तलिखित) : इस पट्टे की भूमि, बाग व कुआँ की *सारण* (*गुण*) कराने के लिए दी है, पट्टे की भूमि को विक्रय करने का अधिकार नहीं है।

—पट्टा नकल रामकुमार वर्मा के सौजन्य से प्राप्त हुई

65. *स्वर्ण जयंती स्मृति-सरोज,* पूर्वोक्त, पृ. 275।

66. नकल पट्टा संवत 1985 मिती दुजा सावण सुद 2-तारीख 17.8.28 *जो बही जमी रें कागजां वा अमल रे चिट्ठा री बारले ठिकाणे री,* 1982-86, बही नं. 94 के पाना नं. 5 पर उपलब्ध है।

67. *मरुश्री,* अप्रैल-जून 1972।

68. *मरुश्री,* जनवरी-जून 1986 वर्ष 15, अंक 2, 3 (संयुक्तांक), पृ. 2, 3, 17।

में महत्त्वपूर्ण भूमिका रही है। उन्होंने 1,500 बीघा जमीन चूरू में *बीड़* निर्माण के लिए दी थी। चूरू के बागला परिवार ने भी 7-8 हजार बीघा जमीन *बीड़* बनाने के लिए दी थी। बंबई के खेमराज श्री कृष्ण दासजी ने आठ हजार बीघा जमीन *बीड़* के लिए प्रदान की थी। सूरजमलजी जालान ने रतनगढ़ में वि.सं. 1986/1929 ई. में लगभग 1000 बीघा एकड़ जमीन में *बीड़* निर्मित करवाई थी। *बीड़* की सार-सँभाल के लिए पहरेदार नियुक्त किए गए थे। पेड़-पौधे ठीक से पनपें, इसके लिए स्थान-स्थान पर खाद डाली गई थी। *बीड़* में उपयोगी वृक्षों एवं घास के बीज डाले गए थे। पेड़-पौधों और मवेशियों के लिए पानी की व्यवस्था के लिए यहाँ कुआँ भी खुदवाया गया था। इस तरह *बीड़* का सुचारू विधान गठित किया गया था। सूरजमल जालान ने रतनगढ़ स्टेशन के आस-पास कई पेड़ लगवाए थे।[69] चूरू में जतीजी का बगीचा, बारह महादेव का बाग, सुराणों का बाग, मालजी कोठारी का बाग और मदन निवास बाग थे। इनके अलावा भी कई बगीचियों का उल्लेख मिलता है। वि.सं. 1993/1936 ई. में एक सिंधी परिवार ने सिंधी पार्क का निर्माण करवाया था।[70] राजगढ़ कस्बे में घेहूका बगीची, शिव बगीची, घेहूका की *बाड़ी* एवं *सुराणा बाड़ी* भी विवेच्य काल में निर्मित की गई थी।[71] चूरू मंडल में कई श्रीमंतों ने स्वामी गोपाल दासजी के सहयोग से जगह-जगह वृक्षारोपण भी करवाया था।[72]

जन सामान्य एवं पारिस्थितिकी संतुलन

चूरू मंडल में जल की निर्बाध उपलब्धता, वर्षा को आकर्षित करने के लिए *बीड़* विकसित करने और वृक्षारोपण करने में स्वामी गोपालदास का महत्त्वपूर्ण योगदान है। स्वामीजी चूरू में निंबार्क संप्रदाय की गद्‌दी पर आसीन थे। उन्होंने अपने आपको हमेशा सार्वजनिक कार्यों में व्यस्त रखा। इस मंडल में उन्होंने अनेक छोटी-बड़ी कल्याणकारी संस्थाओं को खड़ा करके समस्त समाज में सार्वजनिक हित संबंधी मंगल भावना के बीज बोए। स्वामीजी ने अपने लोकहितार्थ कार्य ऐसी ही संस्थाओं के माध्यम से शुरू किए थे, जिनमें अकाल प्रभावित क्षेत्रों में पानी की समस्या को दूर करना, जगह-जगह *जोहड़*, *बीड़* (*गोचर* भूमि) प्याऊ की व्यवस्था करना सम्मिलित था। वि.सं. 1952/1895 ई. में लिखे पत्र के अनुसार उन्होंने 12-13 वर्ष की अवस्था में पेड़-पौधे लगाने और उनकी

69. जैमिनी कौशिक 'बरुआ', श्री सूरजमल जालान, *मधुमंगल श्री*, पृ. 179।
70. *चूरू चंद्रिका*, तृतीय स्वर्ण पदक समर्पण समारोह चूरू, दिनांक 23-24 अक्तूबर, 1979 के अवसर पर प्रकाशित पृ. 18।
71. श्री बलवीर सिंह एडवोकेट, राजगढ़ ने जानकारी दी।
72. गोविंद अग्रवाल, *पत्रों के प्रकाश में स्वामी गोपालदासजी का व्यक्तित्व एवं कृतित्व*, पूर्वोक्त, पृ. 29-30, 236-243।

सुरक्षा करने में रुचि लेनी प्रारंभ कर दी थी। यह उनके प्रकृति–प्रेम की प्रासंगिकता को दरशाता है।[73]

स्वामीजी के सहयोग से सर्वहितकारिणी सभा के सदस्यों ने वि.सं. 1979–80/1922–1923 ई. के समय 134 पेड़ लगाए थे।[74] स्वामीजी उस समय वृक्षारोपण के अंतर्गत पर्यावरण के संरक्षण के प्रति जागरूकता फैला रहे थे, जिस समय इस कार्य की कल्पना भी नहीं की गई होगी। चूरू के चारों ओर हजारों बीघा *रकबे* में सैकड़ों–हजारों पौधे लगवाए गए थे। स्वामीजी के इन प्रयासों से यहाँ निराश्रित पशु–पक्षियों को आश्रय और भोजन मिलता था। ढाणी, गाँव, कस्बे–शहर के समस्त लोगों ने अपने–अपने क्षेत्र में *बीड़* छुड़वाने के लिए स्वामीजी से आग्रह किया था। इस आग्रह को स्वीकार करते हुए, किसी को निराश न करके उन्होंने संपूर्ण चूरू मंडल में अनेकानेक स्थानों पर *बीड़* निर्मित करवाई थीं। स्वामीजी के सहयोग से जुगल किशोर बिड़ला ने चूरू के कालरा जोहड़े के पास एक हजार बीघा जमीन कड़वासर गाँव के *भोगतों* से *बीड़* के लिए छुड़वाई थी। स्वामीजी से प्रेरित होकर भावसिंहकाजी ने यहाँ एक श्रेष्ठ *बीड़* छुड़वाई थी।[75] स्वामीजी को देव स्थान में रहने के कारण मुआफी में मिली 157 बीघा 1 बिस्वा जमीन को उन्होंने 50 वर्षों के लिए *गोचर* भूमि को सौंप दिया था।[76] स्वामीजी के सहयोग से सेठ रुकमानंद बागला,[77] कलकत्ता के सेठ जयनारायणजी एवं रामचंद्रजी ने भी *गोचर* भूमि के लिए जमीन प्रदान की थी।[78]

नगर श्री, पत्र क्रमांक 174 के अनुसार स्वामीजी ने राजगढ़ के लीलकी गाँव में एक कुएँ के नीचे 100 बीघा जमीन छुड़वाई थी। नगरश्री के पत्र संख्या 154 के अनुसार सरदारशहर के डाल सिंह ने 30 सितंबर, 1929 ई. को स्वामीजी से सरदारशहर के पास *बीड़* बनाने का अनुरोध किया था। डाल सिंह ने पत्र में लिखा था कि सरदारशहर के

---

73. स्वामीजी का 16 सितंबर, 1885 को लिखा पत्र—
राजी खुशी का समाचार के दीजो और चिठी
पाछी दीजो। बगीची जाय कर हमारी माजी
नै राजी खुशी का समाचार जरूर कै दई जो।
हमां भोत राजी खुशी छां। पीपलां की
ख्यात पूरी राखी जो। —नगरश्री, पत्र सं. 183।

74. *गोविंद अग्रवाल,* *प.प्र.स्वा.गो.व्य.कृ.,* पूर्वोक्त, 65, 162।

75. वही, पृ. 100–101 उद्धृत *सनातन धर्म दर्शन,* सनातन धर्म सभा, चूरू सं. 1992।

76. वही, 101 चैत्र सुदी 1 सं. 1980 से चैत्र बदी 15 सं. 2029 तक जमीन *गोचर* भूमि को दी थी, बाद में इस समझौते को सं. 2101 तक बढ़ा दिया गया।

77. वही, पृ. 107–108।

78. वही, पृ. 107–108।

पास 1200–1300 बीघा जमीन बंजर और अनुपजाऊ है, यदि यहाँ *बीड़* निर्मित की जाए तो यह जगह हरियालीयुक्त होकर गायों के चरने के लिए उचित स्थान हो जाएगा।[79]

चित्र 6.6 : शिलालेख इंद्रमणि पार्क, चूरू

चूरू नगर में सेठ रुक्मानंदजी बागला ने सन् 1930 ई. में स्वामीजी के सहयोग से

79. वही, पृ. 138–139।

अपनी बेटी के नाम से चूरू में इंद्रमणि पार्क तैयार करवाया था। इंद्रमणि पार्क ऊँचे-ऊँचे टीलों को समतल करके बनाया गया था।[80]

चूरू के निकटस्थ 'गाछर बीड़' गाँव की हनुमान वाटिका पर लगे शिलालेख के अनुसार स्वामीजी एवं सर्वहितकारिणी सभा के प्रयत्नों से सेठ हरिबक्शजी भावसिंहका ने प्रजा के हितार्थ तेरह सौ साढ़े सत्तर बीघा तीन बिस्वा भूमि वि.सं. 1978/1921 ई. को *बीड़* निर्माण के लिए दी थी। भावसिंहका के पुत्रों ने इस *बीड़* में हनुमान वाटिका बनवाई थी।[81] 'पीथाणा जोहड़े' पर लगे शिलालेख के अनुसार वि.सं.1985/1928 ई. को बीकानेर राज दरबार से स्वामीजी के अनुरोध पर सेठ रुक्मानंदजी बागला ने 'पीथाणा जोहड़े' के पश्चिम-उत्तर-पूर्व दिशा में 3300 बीघा जमीन *गोचर* भूमि के पुण्यार्थ कार्य के लिए छुड़वाई थी।[82]

चूरू के एक अन्य संत भानीनाथजी ने भी स्वामीजी के प्रभाव के कारण चूरू मंडल में वृक्षारोपण में योगदान दिया था। इन्होंने चूरू की *पिंजरापोल* (गऊशाला) में सैकड़ों पेड़ लगवाए थे। गरमी के दिनों में वे रात को स्वयं पेड़-पौधों को पानी देते थे, इसलिए इन्हें ही *पिंजरापोल* का संरक्षक कहा जाता था।[83] चूरू मंडल में प्रत्येक गाँव के खेतों में जगह-जगह *जोहड़ी* होती थी, जिसके कुछ अवशेष आज भी शेष हैं। इन *जोहड़ियों* में एक कच्चा *जोहड़ा* होता है, जिसके चारों ओर झाड़ियाँ, *कैरिया, जाल का झुंड* उग जाता

---

80. चूरू के इंद्रमणि पार्क पर लगा हुआ शिलालेख—

।।श्री हरिः।। इंद्रमणि पार्क

श्रीमान सेठ रुक्मानंदजी बागला ने अपनी स्वर्गीया पुत्री इंद्रमणि बाई के स्मारक में सर्वहितकारिणी सभा के उद्योग से इस पार्क को बनाया, जिसका शिलारोपण श्री 108 बीकानेर राज्य के प्रधान अमात्य (दीवान) सर मनुभाई नंदशंकर मेहता के टी., सी.एस.आई. प्राइम मिनिस्टर के हाथों से वैशाख शुक्ल नवमी संवत् 1987 को कराया गया। शुभम्।

81. गाछर की *बीड़* हनुमान वाटिका पर लगा शिलालेख, पूर्वोक्त।
82. 'पीथाणै जोहड़े' पर लगा हुआ *गोचर-भूमि* संबंधी शिलालेख—

श्री गोपाल गिरधारी

श्री स्वामी गोपालदासजी की आज्ञा से श्रीमान सेठ रुक्मानंदजी राधाकृष्ण बागला ने श्री नरेंद्र शिरोमणि महाराजाधिराज श्री गंगासिंहजी बहादुर की सरकार से प्रार्थना करके यह बीड़ बीघा 3300 इस पीथाणै जोहड़े से आथुण उतरादे-पूर्व की तरफ गोचर भूमि के वास्ते धर्मार्थ छुड़वाया और इस रेतीली जमीन को उपजाऊ बनाने तथा सदा के वास्ते इसकी रक्षा करने के खर्च का कुल भार अपने ऊपर उठाकर इस पुण्य कार्य में ̈ दान किया मिती बैसाख कृष्ण 1 संवत् 1985

दोहा

गहरी लाली देखकर फूल गुमान भरे ॥ 1 ॥
कित एक बाग जहान में, लग-लग सूख गए ॥ 2 ॥

83. नगरश्री, पत्र क्रमांक 27।

था। *जोहड़ी* के पानी को खेतों में काम करने वाले कृषक और मवेशी पीने के काम में लेते थे। मवेशियों को पानी पिलाने के लिए अलग से एक *खेळ* बनी होती थी। *जोहड़ी* के चारों ओर ये झाड़ियाँ पानी की नमी से फलती-फूलती थीं। ये *जोहड़ियाँ* मनुष्य निर्मित न होकर प्रकृति ने अपने संरक्षण के लिए इन्हें बनाया था।

ददरेवा की *रोही में झाड़, चीड़ी जोहड़ी, बीजाणों, नीमड़ी, गिदाणी, अमराणों, हरचना, ढोलाणौ, ब्राह्मणी, मुखताणी एवं धानका जोहड़ी* के नाम से यहाँ कई जोहड़ियाँ हैं। राजगढ़ के लंबोर बड़ी गाँव में खाती की, मंडीवाली, गालवाणी, सलाणी, एक जांडवाली, फता की, श्मसान भूमि की, नथवाणा जोहड़ी एवं बणी में निराणा की जोहड़ी नाम से विभिन्न *जोहड़ियाँ* हैं। बारिश के मौसम में ये जोहड़ियाँ हरे द्वीप की तरह नजर आती थीं। इस स्थान पर गाँव के पर्यावरण प्रेमी लोग पीपल, बरगद, जांटी, नीम आदि के पेड़ भी लगवाते थे।[84]

चूरू मंडल में जसनाथी संप्रदाय ने भी जल की निर्बाधता बनाए रखने का प्रबंध करके प्रकृति का एक रूप बाड़ी कई स्थानों पर बनाई थी। सुजानगढ़ तहसील के घिंटाल में जसनाथी संप्रदाय की दो बाड़ियाँ हैं। एक धाड़ीवालों की और दूसरी ज्याणी सिद्धों की। इसी तहसील के पारेवड़ा में भी इनकी बाड़ी है। जोगलिया (तहसील, सुजानगढ़) में तीन बाड़ियाँ हैं। इन बाड़ियों में चार समाधियाँ हैं। बीनादेसर (तहसील, रतनगढ़) की बाड़ी में भी जसनाथी सिद्धों की तीन समाधियाँ हैं। इसी प्रकार चूरू मंडल में अनेक जगह इनकी *बाड़ियाँ* बनी हुई हैं।

चूरू मंडल में पर्यावरण प्रेमी बिश्नोई संप्रदाय का भी वृक्षारोपण एवं वन सुरक्षा में महत्त्वपूर्ण योगदान है। बिश्नोई संप्रदाय के संस्थापक जांभोजी का कार्यक्षेत्र प्रमुखतया चूरू मंडल और उसके आस-पास का भू-भाग ही रहा है। जांभोजी ने अपने 29 नियमों में एक नियम 'हरा वृक्ष नहीं काटना' लागू किया था, जो इस क्षेत्र में वन सुरक्षा के लिए बहुत ही महत्त्वपूर्ण था।[85]

इस अन्वेषण और विवेचन से यह बात उभरकर सामने आई है कि अकाल के समय स्थानीय लोग अन्न और जल की कमी के बावजूद दूसरे राज्यों/क्षेत्रों में नहीं

---

84. ददरेवा *रोही में जोहड़ियों का सर्वेक्षण* श्री बलवीर सिंह जांगिड़ एवं यहाँ के निवासी महादेव के साथ किया। इन्होंने यहाँ की जानकारी दी। लंबोर बड़ी गाँव के श्री पालाराम मेघवाल ने यहाँ की *जोहड़ियों* के बारे में बताया।

85. *राजस्थान की संत परंपरा,* (संपा.) प्रकाश चंद्र चांदावत, नवल किशोर उपाध्याय) रामकिशन बिश्नोई, *संत जंभेश्वरजी का जीवन दर्शन,* भारतीय इतिहास संकलन समिति, अजमेर-2010, पृ. 107; सागरमल शर्मा, *राजस्थान के लोकदेवता,* शेखावाटी शोध प्रतिष्ठान, चिड़ावा (झुंझुनू) वर्ष प्रतिपदा 2056, पृ. 91-98।

जाएँ, इसके लिए सरकार, श्रीमंत वर्ग, सेठ–साहूकारों और आम जनता ने जी–जान से जल की निरंतर उपलब्धता और निर्बाधता बनाए रखने के पुख्ता प्रबंध किए। इसके साथ ही शासकीय–गैर शासकीय प्रयासों से आर्थिक स्थिति को मजबूत बनाने और विकट हालात से जूझते लोगों को रोजगार देने के लिए जलाशयों, *जोहड़ों*, सार्वजनिक भवनों और मंदिरों का निर्माण करवाया जाता था। जलाशयों में जल का संचयन विशेष स्वच्छता के साथ किया जाता था। साथ ही जल की निर्बाध उपलब्धता बनाए रखने के लिए *बीड़* की व्यवस्था ऐसे की जाती थी कि ये *बीड़ें* जल के संरक्षण में सहायक हों और जीव–जंतुओं–पंख–पखेरुओं के संरक्षण में भी सहायक हों। इसके अतिरिक्त वे सब प्रबंध सामाजिक आदर्शों और राजकीय नीतियों के अनुरूप किए जाते थे। आमजन समेत सरकार और समाज स्वत: स्फूर्त सभी कार्यों को अंजाम देते थे। इसी कारण इतनी विकट परिस्थितियों में भी जीवन की बगिया खिली रही।

□

7

कृषि, पशुपालन, उद्योग एवं व्यापार-वाणिज्य के संदर्भ में जल प्रबंधन

प्रस्तुत अध्याय में चूरू मंडल में भूमि के प्रकार, कृषि भूमि के संदर्भ में जल संसाधनों की स्थिति, जल की उपलब्धता के लिए प्रयास और प्रबंधन, पशुपालन के अंतर्गत आवश्यकता पूरी करने के लिए जल प्रबंधन, व्यापार-वाणिज्य के संदर्भ में परिचयात्मक विवरण, व्यापारिक वस्तुएँ एवं उनकी निरंतर उपलब्धता के लिए किए जाने वाले प्रबंध, आयात-निर्यात, विभिन्न व्यापारिक मार्गों, व्यापारिक स्थलों यथा कस्बे, शहर, मंडी आदि व्यापारिक मार्गों और व्यापारिक गतिविधियों के संदर्भ में जल प्रबंधन का यथाक्रम अन्वेषण किया जा रहा है।

भूमि के विभिन्न रूप एवं जल प्रबंधन

चूरू मंडल मरुभूमि का एक भाग है। इसका अधिकतर भाग बालुकामय है। इस मंडल की सातों तहसीलों का अधिकांश क्षेत्र बालू के ऊँचे-ऊँचे टीलों से आच्छादित है।[1] अरावली पर्वतमाला के उत्तर-पश्चिम में फैला हुआ यह भाग अनुपजाऊ तथा जलविहीन है। यहाँ की रेतीली भूमि अपनी प्राकृतिक विशेषताओं के कारण कई भागों में बँटी हुई थी। इस भूमि के *धोरा, खारी पट्टी, ताल* और *सूईं* नाम उल्लेखनीय थे। चूरू मंडल में *धोरा* भूमि छोटे-बड़े रेत के टीबे वाली होती है। यहाँ *धोरा* भूमि की अधिकता है। *खारी पट्टी वाली* भूमि में क्षारीय तत्त्व पाया जाता है। *ताल* भूमि समतल और कुछ सख्त होती है। इस भूमि में वर्षा का पानी इकट्ठा हो जाता है। सुजानगढ़ तहसील के तालछापर,

---

1. गोविंद अग्रवाल, *चूरू मंडल का शोधपूर्ण इतिहास*, लोक संस्कृति शोध संस्थान, नगरश्री, चूरू, प्रथम संस्करण, 1974, पृ. 5; एल.आर. भल्ला, *सामयिक राजस्थान, राजस्थानी समाज, कला एवं संस्कृति*, कुलदीप पब्लिकेशन, जयपुर, 27वाँ संस्करण, 2004, पृ. 11, 12।

पड़िहारा एवं बीदासर क्षेत्र में *ताल* की भूमि है। *सूईं* भूमि समतल एवं चिकनाई से युक्त होती है। राजगढ़ तहसील की भूमि *सुईं* भूमि के वर्ग में आती है।[2] सरदारशहर, रतनगढ़, चूरू और डूँगरगढ़ तहसीलों का क्षेत्र बालुकामय है। यहाँ वर्षा का औसत भी कम है।[3] डूँगरगढ़ में रेत के टीलों के अधिक होने पर यहाँ की मिट्टी पौधों को पौष्टिक तत्त्व देने में असमर्थ है।[4]

चूरू मंडल में बड़े पहाड़ नहीं हैं। रतनगढ़ एवं सुजानगढ़ में कुछ छोटी-छोटी पहाड़ियाँ अवश्य हैं। सुजानगढ़ के गोपालपुरा में सबसे ऊँची पहाड़ी है। समुद्र की सतह से इसकी ऊँचाई 1651 फुट है, अर्थात् निकटस्थ की समतल भूमि से इसकी ऊँचाई लगभग 600 फुट है। रतनगढ़ तहसील के बीरमसर के पास की पहाड़ी समुद्र की सतह से 1304 फुट ऊँची है।[5] इस मंडल में उत्पादन क्षमता के आधार पर भूमि दो भागों में विभाजित की गई थी। प्रथम भाग में *जोत* की भूमि आती थी, जिसे *मजरूआ* के नाम से जानते थे। *मजरूआ* भूमि की उत्पादन क्षमता सामान्य रेगिस्तानी भूमि के स्तर की होती थी। *मजरूआ* में *ताल* की भूमि श्रेष्ठ होती थी। इस भूमि को जब वर्षा के जल से सिंचित किया जाता है तो इसे *बारानी* नाम से जाना जाता है। *बारानी* भूमि बरसात पर निर्भर होती है। द्वितीय भाग की भूमि में *पड़त* और बंजर भूमि आती है। यह भूमि कुछ वर्षों की *जोत* के बाद कुछ समय के लिए खाली छोड़ दी जाती थी। जहाँ अत्यधिक वर्षा होने पर कभी-कभी *जोत* की जाती थी, वह भूमि बंजर भूमि कहलाती थी। भौगोलिक दृष्टि से चूरू मंडल की भूमि *पड़त* की भूमि थी।

विवेच्य काल के दौरान चूरू क्षेत्र में भूमि की तो अधिकता थी, परंतु उपजाऊ भूमि की कमी देखी जा सकती है, इसलिए यहाँ खेती-बाड़ी भी बहुत कम क्षेत्र में होती थी। भू-मालिक किराए के किसानों को आमंत्रित करके कृषि कार्य करवाते थे।[6] जो भूमि कृषि योग्य थी, वह भी इतनी अधिक उपजाऊ नहीं थी कि वहाँ रबी और खरीफ की दोनों फसलें उगाई जा सकें, इसलिए जिस भूमि पर एक बार खरीफ अथवा रबी की खेती हो जाती थी, उसे अगली वर्षा ऋतु में उपजाऊ होने के लिए खाली छोड़ दिया

---

2. जी.एस.एल. देवड़ा, *राजस्थान की प्रशासनिक व्यवस्था,* धरती प्रकाशन बीकानेर, प्रथम संस्करण 1981, पृ. 211, उद्धृत *धान रे भोग री बही,* वि.सं. 1736/1679 ई., नं. 57; *फेगन सेटलमेंट रिपोर्ट,* पृ. 3-4; हकुम सिंह सोढ़ी, *ज्योग्राफी ऑफ बीकानेर,* पृ. 3-5।
3. गोविंद अग्रवाल, पूर्वोक्त , पृ. 9।
4. बनराज जोशी, *चूरू दर्शन,* जनसंपर्क कार्यालय, चूरू, प्रथम संस्करण 1978, पृ. 1।
5. गौरी शंकर हीराचंद ओझा, *बीकानेर राज्य का इतिहास,* प्रथम भाग, वैदिक यंत्रालय, अजमेर, प्रथम संस्करण 1939, पृ. 5; जी.एस.एल. देवड़ा, पूर्वोक्त, पृ. 212-213।
6. दृष्टव्य अध्याय-5।

जाता था। इस प्रक्रिया को यहाँ *अड़ाव* की जमीन कहते थे। इससे इतना स्पष्ट है कि इस काल खंड में भूमि की अधिकता थी, परंतु कृषि दबाव कम था। प्रो. इरफान हबीब भी पश्चिमी भारत की भूमि के बारे में ऐसी ही धारणा व्यक्त करते हैं।[7] चूरू मंडल की भूमि से एक ही वर्ष में दो प्रकार की फसलें पैदा की जा सकें, ऐसे उपजाऊ और कृषि संसाधनों का यहाँ अभाव था, इसलिए विस्तृत भूमि के एक भाग पर कृषि की जाती थी और दूसरे को खाली छोड़ा जाता था। यह चक्र निरंतर चलता रहता था।

रेतीली अनुपजाऊ भूमि, सिंचाई के साधनों का अभाव, पीने के पानी की अत्यंत कमी, खाद्य फसलों की अधिक महत्ता, प्राकृतिक आपदा (अकाल) की मार आदि समस्याओं के अलावा संपूर्ण चूरू मंडल में कृषि योग्य जमीन अत्यंत सीमित थी। *जोत वाली* भूमि भी बिना वर्षा के बंजर रहती थी। जहाँ भूमि उपजाऊ होती थी, बस्तियाँ उसी क्षेत्र में ज्यादा बसी थीं। चूरू मंडल में अधिकतर गाँव वहीं स्थित थे, जहाँ भूमि समतल और उपजाऊ थी। घने रेतीले क्षेत्र में आबादी कम थी। यहाँ की भूमि में जल की महत्ता अपने आप प्रतिपादित होती है कि वर्षा के जल से बंजर भूमि में भी उत्पादन संभव होता है।[8]

चूरू मंडल में भूमि की बनावट हलकी होने के कारण तेज आँधी बार-बार इसकी उपजाऊ शक्ति को समाप्त करती रहती है। मंडल के चूरू, राजगढ़, तारानगर और सुजानगढ़ तहसीलों की भूमि में चूने के पत्थर उपलब्ध हैं।[9] भूमि की इन विशेषताओं से यहाँ कृषि योग्य भूमि का अंश बहुत ही कम है। चूरू मंडल गें कृषि के लिए जल संसाधन के रूप में वर्षा जल ही महत्त्वपूर्ण संसाधन है। इस मंडल में भूमि की उत्पादन क्षमता बढ़ाने के लिए वर्षा के अलावा सिंचाई के अन्य साधन नहीं थे। जब पीने का पानी तीन-चार सौ फुट गहरे कुएँ से बड़ी मेहनत से निकाला जाता था, तब इतने गहरे कुएँ से पानी निकालकर सिंचाई करना नामुमकिन था।[10] लेकिन बीकानेर *बहियात* से ज्ञात होता है कि जल अभाव वाले चूरू क्षेत्र में वि.सं. 1883/1826 ई. में कुछ क्षेत्र

7. इरफान हबीब, *मध्यकालीन भारत में प्रौद्योगिकी (650-1750 ई.)*, राजकमल प्रकाशन, दिल्ली 2018, पृ. 19; गोविंद अग्रवाल, पूर्वोक्त , पृ. 5।
8. जी.एस.एल. देवड़ा, 'रेगिस्तानी क्षेत्र में (बीकानेर राज्य) कृषि योग्य भूमि व उसका वर्गीकरण', *राजस्थान हिस्ट्री कांग्रेस,* वॉल्यूम-10, कोटा 1976 पृ. 37-38; उद्धृत *हबूब बही,* वि.सं. 18 10/1753 ई. बस्ता नं. 1; भैया संग्रह—भैया देईदान के पत्र, उदाहरणार्थ माघ सुदि 9, 1877/10 फरवरी, 1821 ई; पाउलेट, पूर्वोक्त, पृ. 86; ईश्वर सिंह राणावत, *राजस्थान के जल संसाधन,* चिराग प्रकाशन, उदयपुर, प्रथम संस्करण 2004, पृ. 160-161।
9. *कागद बही,* नं. 3, वि.सं. 1827/1770 ई., पृ. 9 एफ-2, बीकानेर रिकाड्र्स, रा.रा. अ.बी, जी.एस.एल. देवड़ा, रेगिस्तानी क्षेत्र में कृषि योग्य भूमि उसका वर्गीकरण, पूर्वोक्त, पृ. 35; आर.सी. शर्मा, *सेटलमेंट ज्योग्राफी ऑफ दी इंडियन डेजर्ट,* 1972, पृ. 8-9, 27; बनराज जोशी, पूर्वोक्त, पृ. 3।
10. जी.एल.एल. देवड़ा, 'रेगिस्तानी क्षेत्र में कृषि योग्य भूमि व उसका वर्गीकरण', पूर्वोक्त, पृ. 36।

जलाशयों से सिंचित होते थे, जिनसे राज्य *बीघेड़ी* कर वसूलता था। चूरू के धीरसागर, रामसागर, बाघलों का कुआँ, पावटा कुआँ, नरवतराय की कुई, चौलावा कुआँ इत्यादि प्रमुख सिंचाई के स्रोत थे। इनके अलावा भी बनियों, खातियों, सुनारों, नाइयों, सिसगीर, भंडिरी, कुम्हार, रेगर, मोची, खटीक आदि अनेक जातियों के लोगों के पास भी कुएँ थे, जिनसे *बीघेड़ी* कर लिया जाता था।[11]

उक्त क्षेत्र के लगभग सभी कुओं के पास बाड़ी की जमीन भी होती थी, जिनका पानी पीने योग्य होता था। कुएँ के नीचे स्थित बाड़ी में साग-सब्जी और कभी सरसों, गेहूँ एवं जौ की खेती भी की जाती थी।[12] सुजानगढ़ क्षेत्र में *नाली* (वर्षा जल से तर जमीन) क्षेत्र में खेती होती थी और साथ ही पारंपरिक समाज के अनुभव और ज्ञान से यहाँ गेहूँ की उपज भी प्राप्त की थी।[13]

इस प्रकार यहाँ का कुछ क्षेत्र पारंपरिक जल स्रोतों से सिंचित होता था। शेष क्षेत्र में खेती-बाड़ी करने के लिए किसान वर्षा पर ही निर्भर रहते थे। प्रकृति की प्रतिकूलता, वर्षा की अनिश्चितता, सिंचाई के साधनों का अभाव आदि कारण यहाँ कृषि विकास में अवरोधक थे। चूरू मंडल की भौगोलिक परिस्थितियों के चलते किसानों ने खेती-बाड़ी की व्यवस्था और प्रबंधन भी उसी के अनुरूप किया। वर्षा की कमी के बावजूद यहाँ खेती-बाड़ी होती थी। खेतों में उत्पादन अच्छा हो, इसके लिए किसानों ने ऐसी फसलों को चयन किया, जो यहाँ की भूमि एवं भौगोलिक वातावरण के अनुकूल हों। चूरू मंडल में औसत वर्षा 11-12 इंच होती है। यहाँ वर्षा मुख्य रूप से श्रावण और भाद्रपद के महीनों में ही होती है। आषाढ़ से अश्विन तक वर्षा काल माना जाता है। पौष और माघ में वर्षा का होना लाभदायक माना जाता है। इस वर्षा को यहाँ *मावठ* कहा जाता है।[14]

चूँकि यहाँ कृषि वर्षा जल-आधारित है इसलिए जब भी वर्षा होती थी, किसान *बुआई* के लिए तैयार रहता था। यदि वर्षा चैत्र-वैशाख में हो तो बोई जाने वाली फसल *अगेती* कहलाती थी। श्रावण-भाद्रपद में वर्षा होने पर बोई जाने वाली फसल को *पछेती* फसल कहते थे। जानवरों के गोबर से बनी खाद खेतों में डाली जाती थी। विवेच्य काल में गोबर से बनी खाद के अतिरिक्त अन्य किसी प्रकार की खाद के प्रयोग का

---

11. *सावा बही चूरू*, नं. 2, वि.सं. 1883/1826 ई., पृ. 25-26 बीकानेर रिकॉर्ड्स, रा.रा.अ.बी.; राजेंद्र कुमार, बीकानेर की आभारी हूँ, जिन्होंने यह तथ्यात्मक जानकारी उपलब्ध कराई।
12. साक्षात्कार : भंवरदान चारण, उम्र 88 वर्ष, सिंहमुख—7 अगस्त, 2013, (कुछ कुओं के नीचे आज भी बाड़ी की जमीन स्थित है)।
13. गोविंद अग्रवाल, पूर्वोक्त, पृ. 9।
14. एल.आर. भल्ला, पूर्वोक्त, पृ. 27।

उल्लेख नहीं मिलता है।[15] किसान वर्षा आने से पूर्व ही खेत को फसल के लिए तैयार कर लेता था। वर्षा का जल जमीन में ठीक से रच जाए, इसके लिए वर्षा से पहले खेत में उगे झाड़-घासफूस को काटकर *सूड़* किया जाता था। *सूड़* करने के बाद *बुई, घास, सरकणा* को काटकर इकट्ठा करके *अलसोटी* की जाती थी। इसके बाद ऊँट से जुते हल से खेत की जुताई की जाती थी। जुताई के बाद खेत वर्षा का जल अधिक समाहित कर लेता था, साथ ही खेत की मिट्टी फसल के लिए नरम और उपजाऊ हो जाती थी। जुलाई के बाद खेत से *आल* (पानी की नमी) खत्म नहीं हो, इसके लिए *सुहागा* (जुती हुई कृषि भूमि में ढेले तोड़ने वाला लकड़ी से बना उपकरण) मारा जाता था।[16]

इस क्षेत्र में मुख्यतया खरीफ की ही फसल होती थी, क्योंकि खाने वाले अनाज के लिए लोग इसी फसल पर ज्यादा निर्भर होते थे। खरीफ फसल का औसत उत्पादन रबी से ज्यादा होता है। खरीफ की फसल को यहाँ *सावणी* और रबी की फसल को साढ़ी कहते हैं। *सावणी* में बाजरा, मूँग, मोठ, ग्वार, तिल आदि होते हैं, जबकि *साढ़ी* में चना, सरसों, जौ, राई, कुछ जगह गेहूँ भी होता है। राजगढ़ और तारानगर में समय पर वर्षा होने पर दो बार फसल होती है। चूरू, रतनगढ़ और सरदार शहर में एक फसल *खरीफ* (*सावणी*) ही होती है। सर्दी में वर्षा होने पर यहाँ तारामीरा भी बोया जाने लगा था। श्री डूँगरगढ़ में औसत वर्षा कम है, इसलिए यहाँ जमीन ग्वार एवं मोठ के लिए उपयुक्त है। यहाँ *मतीरे* भी उत्तम किस्म के होते थे। सुजानगढ़ के आस-पास वर्षा जल से तर हो जाने वाली नाली में गेहूँ और जौ भी बोया जाता था। 'बीदावतों की ख्यात' में लिखा है कि राव दूदा से जब मेड़ता छूट गया, तब वह बीदा के पास छापर और द्रोणपुर आया। बीदा ने दूदा को कुछ जमीन दी, जिसमें गेहूँ होता था। यह जमीन छापर के *ताल* में *दूदा-डाबर* के नाम से विख्यात है। इस तरह यहाँ गेहूँ की खेती 16वीं से 18वीं शताब्दी में भी होती थी।[17]

फसल की बुआई के बाद खेत में पैदा होने वाली घास, *बुई* को काटा जाता था। यह कटाई *निनाण* कहलाती थी। इस क्रिया से *आल*[18] को फसल के लिए सुरक्षित रखा जाता था। इस तरह से कम पानी में भी फसल लहलहाती थी, जैसे ही यहाँ वर्षा शुरू होती थी, वैसे ही किसान *कस्सी* लेकर खेत में *मेड़* बँधाई शुरू कर देते थे। एक खेत के पानी को दूसरे खेत में जाने से रोका जाता था, जिससे कि खेतों में पानी की साम्यता

---

15. इरफान हबीब, *मध्यकालीन भारत में प्रौद्योगिकी*, राज कमल, नई दिल्ली, 2018, पृ. 17।
16. सर्वे के दौरान ग्रामीणों ने जानकारी दी।
17. *स्वर्ण जयंती स्मृति-सरोज* (1920-1970 ई.), सर्वहितकारिणी सभा, राजगढ़, प्रथम संस्करण, 1976, पृ. 43-44; गोविंद अग्रवाल, पूर्वोक्त, पृ. 9; उद्धृत *बीदावतों की ख्यात*, पृ. 19; गौरीशंकर हीराचंद ओझा, पूर्वोक्त, पृ. 12।
18. जमीन की नमी।

और उपजाऊपन बना रहे।[19] चूरू मंडल के जनमानस ने कृषि में उचित जल प्रबंधन का अनुभव पीढ़ी-दर-पीढ़ी ग्रहण किया है। इसी अनुभव, परिश्रम और प्रयास से किसान वर्षा की कमी, सीमित सिंचाई साधनों और भूमिगत जल के खारे होने के बावजूद अच्छी उपज हासिल करने में सफल रहे हैं।

कृषि प्रधान देश के इस क्षेत्र में कृषि और पशुपालन अंतरंग रूप से एक-दूसरे से जुड़े हुए हैं। इस मरुभूमि में खेती-बाड़ी पूर्णरूपेण अनिश्चित वर्षा पर आधारित है। इस गंभीर स्थिति में इस शुष्क एवं घने रेतीले क्षेत्र में उन्नत पशु संपदा यहाँ के निवासियों के लिए महत्त्वपूर्ण देन है, क्योंकि पशुपालन के अतिरिक्त यहाँ के लोगों के लिए जीवनयापन का दूसरा साधन उपलब्ध नहीं था। इस तरह यहाँ के लोग ज्यादातर पशुपालन पर ही निर्भर थे।[20]

पानी की समस्या को देखते हुए इस भू-भाग में ऐसे पशु रखे जाते थे, जो कम पानी में गुजारा कर लेते थे। ऊँट, भेड़, बकरी, गाय आदि मरुस्थलीय पशु हैं। ऊँट मरुस्थलीय और अर्द्धमरुस्थलीय पशु है। यह यहाँ का प्रधान पशु है। ऊँट को खेत में हल चलाने, कुएँ से पानी निकालने, पानी लाने, बोझा ढोने तथा सवारी करने आदि अनेक कामों में उपयोग में लिया जाता है।[21] पशुओं में भेड़ों की संख्या यहाँ सबसे अधिक थी। सन् 1912-1913 ई. में बीकानेर राज्य में भेड़ों की संख्या 15,13,411 के आस-पास थी। भेड़ पालन से यह क्षेत्र ऊन का प्रमुख केंद्र बन गया था।[22] भेड़ की तरह गाय-बैल, भैंस, बकरी भी यहाँ बड़ी संख्या में पाली जाती थीं। यहाँ की गाय दूध के लिए प्रसिद्ध थी। ऊँट की तरह बैल भी बोझा ढोने, हल जोतने और कुएँ से पानी निकालने के काम में आता था।

दूध-घी के अलावा दुधारू पशुओं की कच्ची खाल और चमड़ा भी काम आता था। इस क्षेत्र में चमड़े का उत्पादन भी बड़े स्तर पर होता था। राज्य के कुल निर्यात का एक चौथाई भाग केवल पशुपालन के माध्यम से बनी वस्तुओं का ही होता था।[23] कृषि

---

19. साक्षात्कार, श्री भोलाराम, उदमीराम, सुरजा, स्थानीय किसान, ओजटू, राजगढ़।
20. *रिपोर्ट ऑफ दी बीकानेर बैंकिंग इनक्वायरी कमेटी* (1930), पृ. 70, रा.रा.अ.बी.; जी.एस.एल. देवड़ा, 'बीकानेर की मध्यकालीन अर्थव्यवस्था में सहायता व निस्तार का प्रतिरूप', *राजस्थान हिस्ट्री कांग्रेस,* वाल्यूम VII, पाली, 1974, पृ. 47; बनराज जोशी, पूर्वोक्त, पृ. 2-5; गिरिजाशंकर शर्मा, *मारवाड़ी व्यापारी,* कृष्ण जनसेवी ऐंड को., बीकानेर, प्रथम संस्करण 1988, पृ. 99।
21. बालचंद मोदी, *देश के इतिहास में मारवाड़ी जाति का स्थान,* प्रथम भाग रघुनाथ प्रसाद सिंघानिया, कलकत्ता, प्रथम संस्करण, वि.सं.1996, पृ. 40; एल.आर. भल्ला, पूर्वोक्त, पृ. 54; गोविंद अग्रवाल, पूर्वोक्त, पृ. 11; गौरीशंकर हीराचंद ओझा, पूर्वोक्त, पृ. 14।
22. *महकमा खास, बीकानेर,* 1906-1910, नं. ए. 512, पृ. 117, रा.रा.अ.बी.; बालचंद मोदी, पूर्वोक्त, पृ. 40; गिरिजाशंकर शर्मा, पूर्वोक्त, पृ. 99।
23. गिरिजा शंकर, पूर्वोक्त, पृ. 99-100।

श्रमिकों एवं अन्य निर्धन ग्रामीणों की बहुत बड़ी संख्या लाभप्रद रोजगार के लिए पशुधन पर ही आश्रित थी।

चूँकि इस क्षेत्र में वर्षा की कमी के साथ ही यहाँ रेतीली भूमि की अधिकता है, फिर भी वर्षा ऋतु में बौनी झाड़ियों और घास के उग आने से पशुओं के लिए अच्छी चरागाह (बीड़) तैयार हो जाती थी। उक्त विवरण एवं शोध से स्पष्ट होता है कि चूरू मंडल में मौसम और कृषि भूमि की स्थिति परस्पर अनुकूल नहीं थी और खेती-बाड़ी भी ज्यादातर वर्षा जल पर आधारित थी, इसके बावजूद यहाँ के लोगों ने अपने पारंपरिक ज्ञान, अनुभव और अथक मेहनत से जहाँ जल की कमी से निजात पाई, वहीं भूमि से अच्छी उपज लेने के साथ-साथ पशुपालन से भी अपने जीवन को सरल बनाया।

पशुधन एवं जल प्रबंधन

जल के अभाव वाले चूरू मंडल में मनुष्य ने जिस तरह से अपने लिए जल प्रबंधन किया था, उसी तरह अपने पशुधन, जंगली जानवरों और पक्षिओं के लिए भी जल व्यवस्था की थी। पशुओं के पानी पीने के लिए इस क्षेत्र में अधिकतर कच्चे *जोहड़-जोहड़ियाँ* होती थीं।

चित्र 7.1 : कच्चा जोहड़ा और उसके किनारे बना कुआँ, ताँबाखेड़ी, राजगढ़

गाँवों में अब भी कच्चे *जोहड़ों* में पशुओं को पानी पिलाया जाता है। पक्का *जोहड़ा* बनाते समय पशुओं के लिए गऊघाट बनवाया जाता था।[24]

24. *मरुश्री,* जनवरी-जून 1986, वर्ष 15, अंक 2-3, पृ. 15-16; *स्वर्ण जयंती स्मृति-सरोज,* पूर्वोक्त, पृ. 23।

चित्र 7.2 : पक्के जोहड़ों के साथ पशुओं के लिए जल व्यवस्था, गऊघाट, सेठाणी का जोहड़ा, चूरू

कुओं की *नाल* बनाने के बाद जब *कोठा* बनाया जाता था, तब उसके पास सबसे पहले पशुओं के लिए *खेळ* बनाई जाती थी। पालतू पशुओं को *खेळ,* गऊघाट और *जोहड़े* के पास ले जाकर ही पानी पिलाया जाता था। पशुओं के चरने के लिए राज्य प्रत्येक गाँव की *रोही, बीड़* और *जोड़* में कुछ भूमि संरक्षित रखता था। इसी प्रकार राज्य में गोचर भूमि भी पशुओं के चरने के लिए संरक्षित होती थी। गाँव के लोग अपने पशुओं के लिए घास की उपलब्धता के लिए अपने ही खेत का कुछ हिस्सा खाली छोड़ देते थे। उस हिस्से पर फसल नहीं बोई जाती थी। ऐसा भू-भाग *अड़ाव* कहलाता था।[25]

चित्र 7.3 : पशुओं के लिए खेळ, लंबोर गाँव, राजगढ़

25. *कागद बही,* नं. 3, वि.सं. 1827/1770 ई. पृ. 5 एफ-2, बीकानेर रिकॉर्ड्स, रा.रा.अ.बी.।

पशुओं के चरनेवाली जगह (*बीड़*) में भी कच्चे *जोहड़े* बनाए जाते थे।

चित्र 7.4 : बीचली ढाब, रेजड़ी, राजगढ़

बीड़ में पशुओं और पशुपालकों के लिए जल की व्यवस्था के लिए *कुंड-कुईं* बनवाए जाते थे। सन् 1939 ई. में चूरू की *बीड़* में श्री ऊंकारमलजी भावसिंहका ने *कुईं* और *प्याऊ* बनवाए थे। सेठ हरिबक्शजी के सुपुत्रों ने सन् 1923 में चूरू की *गोचर* भूमि में *कुंड* और कुआँ बनवाए थे।[26] अकाल के समय पशुधन की सुरक्षा के लिए जल की व्यवस्था राज्य सरकार की ओर से की जाती थी।[27] रतनगढ़ की *बीड़* में सेठ सूरजमल जालान ने पशुओं के पानी पीने के लिए एक कुआँ बनवाया था।[28] खेतों में काम आने वाले पशुओं के लिए भी पानी का प्रबंध तीन-चार खेतों के बीच में बनी हुई *जोहड़ी* में होता था। इन *जोहड़ियों* में पानी वर्ष भर नहीं रह पाता था। इस तरह पशुओं के लिए समुचित जल प्रबंध के कारण ही चूरू मंडल में पशुपालन में उतरोत्तर वृद्धि हुई और आर्थिक विकास का मार्ग प्रशस्त हुआ था।

व्यापार-वाणिज्य एवं जल प्रबंधन

किसी भी प्रदेश की आर्थिक संपन्नता अन्य प्रदेशों के साथ उसके व्यापार की प्रवृत्ति, प्रकृति और मात्रा पर निर्भर करती है। वस्तुओं और सेवाओं के लेन-देन को व्यापार कहते हैं।[29] वस्तु विनिमय की परंपरा बहुत पुरानी है, जो कम-ज्यादा रूप में

26. गोविंद अग्रवाल, *पत्रों के प्रकाश में स्वामी गोपाल दासजी का व्यक्तित्व एवं कृतित्व*, लोक संस्कृति शोध संस्थान, नगर श्री. चूरू, वि.सं. 2025, पृ. 101।
27. वाई.पी. सिंह, *सन ऑफ द सोइल (महाराज गंगासिंह जन्म शताब्दी)*, सूर्य प्रकाशन मंदिर, बीकानेर प्रथम संस्करण, 1981, पृ. 125।
28. ऋषि, जैमिनी कौशिक बरुआ, *मधुमंगल—श्री (श्री सूरजमल जालान, अभिनंदन ग्रंथ)*, जालान पुस्तकालय, कलकत्ता, पृ. 179।
29. एल.आर. भल्ला, पूर्वोक्त, पृ. 190।

आज भी देखने को मिलती है। आज भी अनाज के बदले में कुम्हारिन मिट्टी के बर्तन और मालिन सब्जी देते हुए मिल जाती है। पाणिनी काल में इस व्यवहार को *निमान* कहा जाता था। जिस माप में वस्तु ली जाती थी, उसी माप से कुछ बढ़ाकर वस्तु निश्चित अवधि बाद लौटा दी जाती थी।[30] चूरू मंडल में लेन-देन की विभिन्न प्रथाएँ थीं। किसी वस्तु को खरीदने से पहले वस्तु के पसंद आने पर *साई* दी जाती थी।

जब दो व्यक्ति मिलकर साझे में कोई पशु खरीदते थे तो यह प्रथा *पावठ* कहलाती थी। उस काल में *ओळ, अडाना* और *भोगलिया* प्रथा भी प्रचलन में थीं। ग्रामीण क्षेत्रों में *बारी* और *स्यारी* की प्रथा भी थी, जिसमें प्रत्येक घर अपनी बारी के अनुसार पूरे गाँव के पशुओं को चराता था। प्राय: चार गाय की एक बारी होती थी। जिसके चार गाय होती थी, वह समूचे गाँव की गायों को चराकर लाता था।

एक गाय या भैंसे का एक *आंगा* माना जाता था। आठ या दस *आंगों* की एक स्यारी होती थी। वह एक दिन के लिए समूचे गाँव को पानी पूरता था। जहाँ ऐसी *बारी-स्यारी* की व्यवस्था नहीं होती थी, वहाँ पूरे गाँव के परिवार मिलकर माली रख लेते थे और अपने *आंगों* के अनुसार पैसे दे देते थे। इसे *पीछ* कहते थे।[31] *पीछ* हर घर को देनी होती थी। यदि दरबार या ठिकाने से इसको माफ कर दिया जाता था तो माली इसे नहीं ले सकता था।[32] इसके अतिरिक्त व्यापारियों और उनके पशुओं के लिए *पाणी पीछ* की व्यवस्था राज्य करवाता था।[33] राजकीय आदेश से कुछ व्यापारिक काफिलों को कर में छूट दी जाती थी।[34]

---

30. रुक्के का पाठ इस प्रकार है—*''ली. चूरू रा. हुवालदार मौहौता मोनीराम तीथा घास गाडी 4 श्री दरबार में औजै चैने रौ उथारौ लीनी छै सु कातीसरै घास गाडी 4 नवो देदीजसी चैने रै वाडै में नोशाय दी जाटी, सं. 1903 मी. असाढ़ सुदी 15''* पाणिनीकालीन भारत में इस प्रकार के विनिमय को 'आपमित्यिक' कहा जाता था—वासुदेव शरण अग्रवाल, *पाणिनीकालीन भारतवर्ष*, पृ. 238-273, गोविंद अग्रवाल, पूर्वोक्त, पृ. 452-453।
31. राजेंद्र कुमार, 'पाणी पीछ'—एक जल प्रबंधन : बीकानेर राज्य के विशेष संदर्भ में, *राजस्थान हिस्ट्री कांग्रेस प्रोसिडिंग*, वॉल्यूम 28, सेशन जयपुर, पृ. 454।
32. यहाँ एक ऐसे आदेश पत्र का पाठ दिया गया है, जो इस प्रकार है—*'राज श्री रावला श्री भटाणीजी बचनात तथा सामी रामकीसनदास रा बेटा नै पी ही गाया री, पलीढ़ै री ठाकर दवारै री माफ है। कोई माली कुवौ जौडे सो लेण पावै नहीं; समत 1822 मीती बैसाख सुदी 15 सकलप भर दी नो है। रामकिसन रो पूत-पोतो श्री माऊजी नै दवा देसी, द : सेवग लगै रा है ऊपर सही रावला री छै।' गोविंद अग्रवाल, पूर्वोक्त, पृ. 455, 456; उद्धृत बीदावतों की ख्यात, पृ. 83।*
33. राजेंद्र कुमार, 'पाणी पीछ'—एक जल प्रबंधन : बीकानेर राज्य के विशेष संदर्भ में, पृ. 455; *कागद बही*, नं. 3, वि.सं. 1827/1770 ई., पृ. 25 एफ-1-2, बीकानेर रिकॉर्ड्स, रा.रा.अ.बी.।
34. *कागद बही*, नं. 3, वि.सं. 1827/1770 ई., पृ. 52 एफ-1, बीकानेर रिकॉर्ड्स, रा.रा.अ.बी.।

व्यापार–वाणिज्य के लिए नगर की स्थिति, खनिज, कच्चे माल की प्राप्ति के साधन तथा मार्ग पर सरायों के साथ जल की सुविधाएँ एवं सुरक्षा उपलब्ध कराना परमावश्यक था।[35]

चूरू मंडल में व्यापार और वाणिज्य की दीर्घकालीन परंपरा रही है। भौगोलिक स्थिति के कारण प्रारंभ में यहाँ पर व्यापारी वर्ग अधिक संपन्न नहीं हुए थे। 19वीं सदी और उसके बाद यह वर्ग विकसित हुआ और उसने देश के आर्थिक विकास में अपना सहयोग दिया। व्यापार–वाणिज्य करने वाला यह श्रेष्ठि वर्ग उतना ही पुराना है, जितना पुराना यह राज्य। श्रेष्ठि वर्ग के साथ–साथ यहाँ जनसामान्य एवं बंजारे भी संपूर्ण राजस्थान में व्यापारिक गतिविधियों में सक्रिय थे। चूरू में बंजारों की छत्री आज भी स्थित है। लोकगीतों और स्थानीय चर्चाओं में भी इनका विवरण मिलता है। बड़े बंजारे राजपूत शासकों को रसद की आपूर्ति करते थे। मंडल में एक जगह से दूसरी जगह सामान लाने और ले जाने में ऊँटों का प्रयोग होता था। यहाँ *कतार* शब्द का नाम व्यापार–वाणिज्य में बार–बार आता है। ऊँटों की पीठ पर सामान लादकर उनके पंक्तिबद्ध चलने को *कतार* कहा जाता था।[36]

बीकानेर राज्य का चूरू मंडल वाणिज्य–व्यापार का प्रमुख केंद्र था।[37] 12वीं एवं 13वीं सदी के प्रमुख व्यापारिक मार्ग यहीं से होकर गुजरते थे। अभिलेखागारीय सामग्री से पता चलता है कि दिल्ली से मुल्तान जाने के दो मार्ग प्रचलन में थे, जिसमें एक रास्ता दिल्ली से चूरू मंडल होता हुआ मुल्तान पहुँचता था। यह रास्ता दिल्ली से रोहतक, राजगढ़, रेणी, भादरा, नोहर, रावतसर, भटनेर, सूरतगढ़, अनूपगढ़ और बहावलपुर होता हुआ मुल्तान जाता था।[38] इसी मार्ग से बहावलपुर होता हुआ एक मार्ग सिंध पहुँचता था।

---

35. डी.डी. कौशांबी, *प्राचीन भारत की संस्कृति एवं सभ्यता*, नैमिचंद जैन (अनु.) राजकमल प्रकाशन, दिल्ली, 1969, पृ. 198, 199; ईश्वर सिंह राणावत, पूर्वोक्त, पृ. 181; ऋषि जैमिनी कौशिक 'बरुआ', पूर्वोक्त, पृ. 102; प्राचीनकाल से इस आवश्यकता को पूर्ण करने के लिए राज्य द्वारा निरंतर प्रयास किए जाते रहे हैं। इन सुविधाओं का व्यापारिक वृद्धि में महत्त्वपूर्ण योगदान रहा है। सम्राट अशोक के राज्य में सभी प्रमुख मार्गों पर प्रत्येक 16 से 29 किलोमीटर की दूरी पर वृक्ष, सराय, कुएँ एवं बावड़ियाँ बनी हुई थीं। ये नए निर्माण कार्य व्यापारियों के लिए वरदान साबित हुए।
36. जी.एस.एल. देवड़ा, *राजस्थान इतिहास के अभिज्ञान रूप*, राजस्थान हिंदी ग्रंथ अकादमी, जयपुर, प्रथम संस्करण, 2010, पृ. 211।
37. दशरथ शर्मा, *राजस्थान थ्रू दी एजेज*, प्रथम भाग, पृ. 492, 740; गिरिजा शंकर, पूर्वोक्त, पृ. 20; जी.एस.एल. देवड़ा, राजस्थान इतिहास के अभिज्ञान रूप, पूर्वोक्त, पृ. 212।
38. राजेंद्र कुमार, *ए स्टडी ऑफ ट्रेड रूट्स ऑफ वेस्टर्न राजपुताना इन लेट एटींथ सेंचुरी*, शोध पत्रिका *विरासत*, अंक–2, जनवरी–2015, इतिहास एवं संस्कृति विभाग, जनार्दन राय नागर राजस्थान विद्यापीठ विश्वविद्यालय, उदयपुर, पृ. 51।

शाकंभरी और अजमेर से बठिंडा और दीपालपुर तक का व्यापारी मार्ग भी चूरू मंडल के द्रोणपुर, छापर नामक स्थान से गुजरता था तथा दूसरा चूरू, नोहर होता हुआ सिरसा एवं बठिंडा को जाता था। 18वीं सदी में चूरू मंडल से देश के अनेक प्रमुख व्यापारी मार्ग गुजरने लगे थे, जो कुछ परिवर्तनों के साथ 19वीं सदी और बाद में भी प्रचलन में रहे हैं। सबसे मुख्य व्यापारी मार्ग दिल्ली से मारवाड़ का है, जो भिवानी से होता हुआ चूरू मंडल के राजगढ़, रेणी, चूरू, रतनगढ़, सुजानगढ़ से होता हुआ नागौर, जोधपुर से पाली पहुँचता था। बीकानेर से जयपुर का व्यापारी मार्ग सुजानगढ़ से गुजरता था।[39]

इसी तरह 16वीं और 17वीं शती में खंभात से लाहौर का रास्ता भी चूरू मंडल से होकर गुजरता था। मुगल बादशाह अकबर के आमंत्रण पर जैन आचार्य जिनचंद्र सूरी खंभात से लाहौर जाते हुए चूरू मंडल के अनेक गाँव-कस्बों से गुजरे थे। ये गाँव मालासर, राजलदेसर, बापेऊ, पड़िहारा और रेणी थे।[40] इस मंडल के कुछ मार्गों का पता 'दलपत विलास' से भी लगता है। चूरू मंडल से होता हुआ एक मार्ग रावलपिंडी, अटक, पेशावर और जमरूद से आगे की ओर जाता था। सन् 1677-78 ई. में बीलाड़ा (पूर्व जोधपुर राज्य) के राजसिंह अपने साथियों के साथ इसी मार्ग से गुजरे थे।[41] सन् 1808 ई. में मानस्टुअर्ट एलफिंसटन अपने समूह के साथ दिल्ली से कानोड़, सिंघाना, झूँझनूँ, चूरू, बीकानेर, पूगल आदि से होते हुए काबुल पहुँचे थे।[42] सांभर और डीडवाना से भिवानी का व्यापारिक रास्ता सुजानगढ़ और राजगढ़ होकर जाता था। *बीकानेर* की *कागद बहियों* में व्यापारियों के भिवानी से माल लेकर सुजानगढ़ आने का उल्लेख मिलता है।[43] पाउलेट के अनुसार दिल्ली, हिसार, गुडगाँव एवं बीकानेर, जोधपुर के व्यापारिक मार्ग चूरू में मिलते थे।[44]

चूरू मंडल के इन छोटे-बड़े व्यापारिक मार्गों से आने-जाने के लिए व्यापारी पैदल

---

39. जी.एस.एल. देवड़ा, *राजस्थान इतिहास के अभिज्ञान रूप*, पूर्वोक्त, पृ. 212, 213; गिरिजा शंकर शर्मा, पूर्वोक्त, पृ. 20; राजेंद्र कुमार, ए स्टडी ऑफ ट्रेड रूट्स ऑफ वेस्टर्न राजपुताना इन लेट एटींथ सेंचुरी, *शोध पत्रिका विरासत*, अंक 2, जनवरी-2015, पृ. 52।
40. गोविंद अग्रवाल, पूर्वोक्त, पृ. 478; उद्धृत युग प्रधान जिनचंद्र सूरी, पृ. 66-72।
41. वही, पृ. 188-189, 478; उद्धृत *परिषद् पत्रिका*, वर्ष 5, अंक 1, पृ. 14-15, 42, 43।
42. जी.एस.एल. देवड़ा, *राजस्थान इतिहास के अभिज्ञान रूप*, पूर्वोक्त, पृ. 218; गोविंद अग्रवाल, पूर्वोक्त, पृ. 478; उद्धृत *एन एकाउंट ऑफ दी किंगडम ऑफ काबुल*, लंदन संस्करण, 1842, जिल्द 1।
43. *सुजानगढ़ के सहायक एजेंट की रिपोर्ट*, 31 मई, 1873; *कागद बही*, *बीकानेर*, वि.सं. 1897/1840 ई, नं. 47, पृ. 266, बीकानेर रिकॉर्ड्स, रा.रा.अ.बी;. *अमृतघट* (अभिनंदन ग्रंथ), श्री मूलचंद पारीक अमृतोत्स्व एवं नागरिक अभिनंदन समिति, बीकानेर, प्रथम संस्करण 2001, पृ. 149।
44. गोविंद अग्रवाल, पूर्वोक्त, पृ. 478 उद्धृत कैप्टन. पी.डब्ल्यू. पाउलेट, *गजेटियर ऑफ द बीकानेर*, स्टेट, पृ. 91।

चलते थे या ऊँटों की सवारी अधिक करते थे। सवारी का कोई दूसरा साधन नहीं होता था। मार्ग में ठहरना विवेच्य काल में जल प्राप्त करना एक बहुत बड़ी समस्या थी। इसकी पूर्ति कुएँ, बावड़ियाँ, धर्मशालाएँ आदि बनाकर की गई थी। पानी के अभाववाले इस क्षेत्र में रास्तों पर जल की व्यवस्था की जाती थी। राज दरबार द्वारा व्यापारिक मार्गों से गुजरने वाले व्यापारियों के लिए जल की व्यवस्था के लिए स्पष्ट आदेश दिए जाते थे। *कागद बही* के अनुसार दरबार द्वारा राज्य के उमराव और चौधरियों को स्पष्ट निर्देश दिए गए थे कि नायक की *बाळद* (व्यापारियों के बैलों के काफिले) नमक लेकर राजगढ़ और रेणी जाएँगे, इसलिए मार्ग में तालाब के पानी का प्रबंध किया जाए।[45] यहाँ से गुजरने वाले यात्रियों ने यत्र-तत्र पानी के अभाव की चर्चा की है। बीलाड़ा के राजसिंह ने चूरू मंडल से गुजरते समय अपने यात्रा विवरण में लिखा था कि यहाँ रेणी में पानी की कमी है। रेणी के बायं गाँव में एक बावड़ी है, यहाँ का पानी खारा है।[46] पानी के अभाव वाले इस क्षेत्र में यदि राज परिवार का कोई सदस्य यहाँ से गुजरता था तो मार्ग में आने वाले जलाशयों में पहले से ही पीने के पानी की व्यवस्था की जाती थी। मेवाड़ के महाराणा सरदारसिंह वि.सं.1896/ सन् 1840 ई. में चूरू मंडल के मार्ग से होते हुए गयाजी पहुँचे थे। *दयालदास री ख्यात* के अनुसार श्री सरदारसिंहजी ने चूरू के मार्ग में आने वाले गाँव-गाँव में पानी की व्यवस्था के लिए *कुंडों* में पानी भरवाया था।[47] चूरू मंडल से होकर गुजरने वाले इन व्यापारिक मार्गों पर स्थानीय एवं विदेशी वस्तुओं के आदान-प्रदान के महत्त्वपूर्ण केंद्र विकसित हो चुके थे। इस मंडल में रेणी, राजगढ़, रतनगढ़, चूरू, सुजानगढ़ प्रमुख व्यापारिक केंद्र थे।[48] राज्य ने सीमा तय कर और व्यापारिक कर की वसूली के लिए सीमा पर स्थित गाँवों में चौकियाँ स्थापित की थीं। स्थानीय भाषा में इन्हें मंडी कहा जाता था। बीकानेर राज्य की जगात चौकी को भी मंडी कहा जाता था। टॉड के अनुसार राजगढ़ बीकानेर राज्य की मुख्य व्यापारिक मंडी थी।[49] यहाँ विभिन्न स्थानों से कारवाँ आकर ठहरते थे। इन मंडियों

---

45. *कागद री बही*, नं. 3, वि.सं. 1827/1770 ई., पृ. 51 एफ-2, बीकानेर रिकॉर्ड्स, रा.रा.अ.बी.।
46. गोविंद अग्रवाल, *चूरू मंडल का शोधपूर्ण इतिहास*, पृ. 188, 189 उद्‍धृत *परिषद् पत्रिका*, वर्ष 5, अंक 1, पृ. 14, 15, 42, 43।
47. *'हमै संमत 1896 फागण में महाराजाजी श्री सिरदार सिंहजी गयाजी जात्रा करण सारू उदैपुर सूं कूच कियो`` अरू श्री दरबार सूं चूरू रे रस्तै गाँव-गाँव में पाणी रो वा घास बलीतै रो जाब्तौ करायो पाणी रा कुंड भराया``* 'सिंढायच दयाल दास, पत्र 366, अनूप संस्कृत पुस्तकालय, बीकानेर।
48. राजेंद्र कुमार, बीकानेर राज्य के आर्थिक इतिहास लेखन में पुरालेखीय स्रोतों की भूमिका जगात बहियों के संदर्भ में, *हिस्टोरिकल डाक्यूमेंट्स ऐंड हिस्ट्री*, (संपा.) अनुराधा माथुर, राजस्थानी ग्रंथागार, जोधपुर, 2016, पृ. 13।
49. जी.एस.एल. देवड़ा, पूर्वोक्त, पृ. 132-133; गिरिजाशंकर शर्मा, पूर्वोक्त, पृ. 20; गोविंद अग्रवाल, पूर्वोक्त, पृ. 478।

की सहायक मंडियाँ भी होती थीं, जो कस्बों के आस-पास के गाँव में स्थित होती थीं। इन मंडियों का प्रशासनिक संगठन इनके भिन्न-भिन्न व्यापारिक महत्त्व को देखकर किया गया था। मंडी का मुख्य प्रशासनिक अधिकारी *हुवलदार* कहलाता था। *हुवलदार* का मुख्य सहायक *दरोगा* छोटी मंडियों और *बाहरली* चौकियों पर नियुक्त किया जाता था।[50] इनके अतिरिक्त इन जगात चौकियों पर *भोलावणियाँ* तैनात किए जाते थे।[51] जो जगात संग्रहण का कार्य करते थे। मंडी रेणी प्रसिद्ध मुल्तान-दिल्ली मार्ग पर स्थित थी।[52] राज्य को इन व्यापारिक केंद्रों से अनेक प्रकार के व्यापारिक शुल्कों से अत्यधिक आमदनी होती थी।

चूरू मंडल के प्रमुख व्यापारिक मार्गों तथा व्यापारिक केंद्रों के बारे में *जगात बहियों* के विस्तृत विवरण से पारगमन व्यापार की महत्त्वपूर्ण जानकारी प्राप्त होती है।[53] पूर्वी प्रदेशों से दिल्ली, रेवाड़ी और दादरी से रेणी एवं राजगढ़ होते हुए खांड, गुड़, बढ़िया वस्त्र, रेशम, चीनी, नील, लोहा, तंबाकू आदि मुख्य वस्तुएँ आती थीं।[54] कोटा अजमेर की ओर से मारवाड़ होते हुए मालवा की अफीम, तंबाकू, शक्कर, रुई और कोटा का कपड़ा यहाँ आते थे।[55] सिंध और मुल्तान की ओर से गेहूँ, खांड, चावल, रेशम, सूखे मेवे, तंबाकू, शक्कर, लोहा, सिंधी नमक, घी, लकड़ी के पहिए एवं शहतीर, लकड़ी के पागे एवं घोड़े

---

50. जी.एस.एल. देवड़ा, पूर्वोक्त, पृ. 132, 133 उद्धृत—*मंडी जमा खरच री बही,* वि.सं.1783/1726 ई., नं. 78, वि. सं. 1799/1742 ई., नं 79, वि. सं. 1807/1750 ई., नं. 80, बीकानेर रिकॉर्ड्स, रा.रा.अ.बी.।
51. राजेंद्र कुमार, 'बीकानेर राज्य के आर्थिक इतिहास लेखन में पुरालेखीय स्रोतों की भूमिका जगात बहियों के संदर्भ में', पृ. 15।
52. वही, पृ. 132-133; जी.एस.एल. देवड़ा, *सोशियो इकोनोमिक हिस्ट्री ऑफ राजस्थान,* जोधपुर, 1980, पृ. 36-45।
53. राजेंद्र कुमार, 'बीकानेर राज्य के आर्थिक इतिहास लेखन में पुरालेखीय स्रोतों की भूमिका जगात बहियों के संदर्भ में', *हिस्टोरिकल डाक्यूमेंट्स ऐंड हिस्ट्री,* (संपा.) अनुराधा माथुर, पृ. 11-17।
54. गोविंद अग्रवाल, पूर्वोक्त, पृ. 479; गिरिजाशंकर, पूर्वोक्त, पृ. 21 उद्धृत *श्री बीकानेर री जगात रो लेखो,* नं. 69, वि.सं. 1858/1801 ई, पृ. 1-12, *बही श्री रतनगढ़ रे दुकाना गुवाड़ा री,* नं. 81, वि.सं. 1860, पृ. 1-19, *जगात बही,* नं. 132, वि.सं. 1879/1822 ई.; *बही जगात गाँव जसरासर री चौकी री,* वि.सं. 1900/1845 ई. न. 184, पृष्ठ 1-30; *कागद बही,* बीकानेर, वि.सं. 1896, नं. 45—राजस्थान राज्य अभिलेखागार, बीकानेर; *अमृतघट,* पूर्वोक्त, पृ. 149।
55. *अमृतघट,* पूर्वोक्त, 149; गिरिजाशंकर पूर्वोक्त, पृ. 21; उद्धृत *श्री बीकानेर री जगात रो लेखो,* वि.सं. 1858/1801 ई., न. 69 पत्र 2-6; बीकानेर रिकॉर्ड्स; *सनद परवाना बही,* वि.सं. 1840/1783 ई., पृ. 65; जोधपुर रिकॉर्ड्स *बहियात, महाजना रे पीढ़िया री बही,* वि.सं. 1926/1869 ई. पृ. 39-51; *कागद बही,* वि.सं. 1897/1840 ई. न. 47 पृ. 266, रा.रा.अ.बी.; गोविंद अग्रवाल, पूर्वोक्त, पृ. 479।

आदि प्रमुख रूप से आते थे।[56] नागौर और फलौदी द्वारा पाली से बरतन, मसाला, गेहूँ, कपड़ा, हाथीदाँत, दवाइयाँ, नारियल आदि वस्तुएँ आती थीं।[57] *जयपुर* से सीकर होते हुए रेशमी तणी, सूती छपे वस्त्र, मणिहारी का सामान, ऊँट, पिलाण, सांगानेरी कागज, ताँबे-पीतल के बरतन, जवाहरात, सांगानेरी छींट, दुपट्टे, सिंघाना के रथ, मीनाकारी का सामान, सोने की जयपुरी मोहरें आदि मुख्य रूप से आती थीं।[58]

सुजानगढ़ एजेंसी रिपोर्ट के अनुसार बीकानेर राज्य का सबसे प्रमुख व्यापारिक मार्ग दिल्ली से भिवानी होकर राजगढ़, चूरू, रतनगढ़, रेणी, सुजानगढ़ से होता हुआ पाली को जाता था। इस भाग से यहाँ खांड, गुड़, सूजी, अंग्रेजी (विलायती) कपड़ों के थान, बनारस का रेशमी कपड़ा, जरीदार और अन्य प्रकार के वस्त्र, दिल्ली की पगड़ियाँ, सुनहरी एवं रूपहले धागे, मुरब्बे, अर्क, शर्बत, जूते, धान, सुनहरी एवं रूपहरी कनार, काँच का सामान, धातु, सोना-चाँदी, ऊनी-सूती धागे आदि का आयात होता था।[59] चूरू मंडल में आयात होने वाले माल में *घीया* पत्थर का प्रमुख स्थान था, क्योंकि *घीया पत्थर* (सोप-स्टोन) का पर्याय ही चूरू *भाठा* बन गया था।[60]

---

56. अमृतघट, पूर्वोक्त, 149; गिरिजा शंकर पूर्वोक्त, पृ. 21; उद्धृत *बही जगात, बीकानेर,* वि.सं. 1807/1750 अ, नं. 7, पृ.1-6; *सावा मंडी सदर,* वि.सं. 1822/1765 ई., नं. 11, पृ. 1-2; *श्री बीकानेर री जगात रो लेखे* वि.सं. 1858/1851 अ., नं. 69, पृ. 2-11; *बही मुल्तान सूं घोड़ा खरीद किया तेरी, संवत,* 1796/1739 ई., पृ. 1-3; *बही महाजना रे पीढ़ियाँ री,* वि.सं. 1926/1869 ई., पृ. 39-41; *बही नवी जगात रो लेखो,* वि.सं. 1859/1802 ई., नं. 74 (पूगल व महाजन चौकी के लेखे दृष्टव्य हैं), *कागद बही,* वि.सं. 1896/1839 ई., 46, रा. रा. अ.बी.।
57. गोविंद अग्रवाल, पूर्वोक्त, पृ. 479; *अमृतघट,* पूर्वोक्त, पृ. 149; गिरिजा शंकर, पूर्वोक्त, पृ. 21; उद्धृत *मंडी री जगात री बही,* वि.सं. 1805/1748 ई., नं. 4 (राजलदेसर, सांडवा व जैतपुर की जगात चौकियाँ के लेख दृष्टव्य हैं); *सावा मंडी सदर,* वि.सं. 1821-1822 नं. 10, पृ. 2; *जगात बही बीकानेर,* वि.सं. 1821/1764 ई., न. 17, पृष्ठ 3-8; *मंडी री जगात बही बीकानेर,* वि.सं. 1831/1774 ई., न. 32 पृ. 1-2; *चूरू रे जगात री बही,* वि.सं. (पोतेदार संग्रह); *बही महाजना रे पीढ़ीयाँ री,* वि.सं. 1926/1869 ई., पृ. 36-41; कागद बही, बीकानेर, वि.सं. 1896/1839 ई., न. 46-रा.रा.अ.बी.।
58. गोविंद अग्रवाल, पूर्वोक्त, पृ. 479 उद्धृत जेम्स टॉड, *एनाल्स ऐंड एंटीक्यूटीज ऑफ राजस्थान,* भाग-2, पृ. 158; गिरिजा शंकर शर्मा, पूर्वोक्त, पृ. 213 उद्धृत श्री *मंडी री जमाखरच,* वि.सं. 18 39/1802 ई., न. 35, पृ. 1-2; *बही देश रे जगात री,* वि.सं. 1859/1802 ई., नं. 77 (जसरासर-चौकी के लेखे दृष्टव्य है); *श्री बीकानेर रो जगात रो लेखों,* वि.सं. 1858/1802 ई., नं. 69, नं. 75 (सोमलसर चौकी का लेखा दृष्टव्य हैं) *बही महाजना रे पीढ़ियाँ री,* वि.सं. 1926/1869 ई., पृ. 39-41, रा.रा.अ.बी.; *अमृतघट,* पूर्वोक्त , पृ. 149।
59. गोविंद अग्रवाल, पूर्वोक्त, पृ. 479; उद्धृत *सुजानगढ़ के सहायक एजेंट की रिपोर्ट* (कार्यवाहक एजेंट राजपूताना के नाम) 31 मई, 1873।
60. गोविंद अग्रवाल, *चूरू मंडल का शोधपूर्ण इतिहास,* पृ. 479; उद्धृत *दस्तूरूल अमल,* नंबर 107, सन 1898 ई. *शरहनामा जकात राजश्री बीकानेर,* पृ. 20 इसमें *पैसार होने वाले* माल की सूची में '*चूरू रो भाटो की जकात की पूंछड़ी* (एक ऊँट या बैल का भार) लिखी है।

राज्य में व्यापारिक वस्तुओं की निरंतर उपलब्धता के लिए आयात के साथ-साथ यहाँ कुछ ऐसी वस्तुएँ भी थीं, जिनका यहाँ उत्पादन होता था और चूरू मंडल से बाहर भी भेजी जाती थीं। पशुओं से प्राप्त होने वाली वस्तुओं में भेड़ से मिलने वाली ऊन का प्रमुख स्थान था।[61] यहाँ से मुल्तान की ओर ऊन, ऊन के बने *लुंकारे* (एक प्रकार का ऊनी कंबल), मिश्री, चमड़े के बने पानी के थैले, *कुप्पियाँ* एवं *बींटके* (एक प्रकार का चमड़े का ट्रंक), लाख के चूड़े निर्यात किए जाते थे।[62] धान, तिल, ग्वार, घृत, नमक, बैल, *साँड़* (ऊँटनी) आदि सिंध को निर्यात किए जाते थे।[63] मृत पशुओं की खाल का भी निर्यात किया जाता था।

रेणी में पानी भरने के लिए चमड़े के *थैले* (*छागले*) बड़ी संख्या में बनाए जाते थे और उनका निर्यात किया जाता था।[64] *छागलों* के अलावा चमड़पोस, पीपे भी बनाए जाते थे। 'तवारीख राजश्री बीकानेर' के अनुसार *छागल*, हुक्का, *बींटी* (जिनमें कपड़ा रखा जाता था), चमड़े का काम रेणी में होता है।[65] कन्हैयाजू ने लिखा है कि रेणी में चमड़े के छागले, पीपे, चमड़पोस आदि बहुत उत्तम बनते थे और इनका व्यापार दूर-दूर तक होता था।[66] पाउलेट के अनुसार सुजानगढ़ में तैयार होने वाले कपड़े एवं चमड़े का निर्यात होता था।[67] उक्त क्षेत्र से *सांगरी, ग्वारफली, काचरी, फालरी, फोफलिया, कैरिया* आदि सूखे साग का भी यहाँ से निर्यात किया जाता था।[68] टॉड ने यहाँ के बड़े-बड़े *मतीरों* को व्यापार

61. राजेंद्र कुमार, 'मध्यकालीन बीकानेर राज्य के ऊन व्यवसाय में समाज की भूमिका (1750 से 1818 ई. तक)', *राजस्थान हिस्ट्री कांग्रेस प्रोसिडिंग,* वॉल्यूम 22, सेशन जोधपुर, पृ. 79।
62. जेम्स टॉड, *दी एनाल्स ऐंड एंटिक्वीटीज ऑफ राजस्थान,* भाग 2, पृ. 1155; गिरिजा शंकर, पूर्वोक्त, पृ. 21, 98; उद्धृत *जगात बही बीकानेर,* वि.सं., 1805/1748 ई., नं. 4 (राजलदेसर, सांडवा व जैतसर चौकी के लेख दृष्टव्य) *ऊन के लुंकारे री बही,* वि.सं. 1844/1787 ई., नं. 53, पृ. 1-7; *श्री मंडी री जगात रो लेखो,* वि.सं. 1900/1843 ई. नं. 186, पृ. 1-10 रा.रा.अ.बी.; गोविंद अग्रवाल, पूर्वोक्त, पृ. 475।
63. गिरिजाशंकर, पूर्वोक्त, पृ. 21; उद्धृत *बही नवी जगात रो लेखो,* वि.सं. 1859/1802 ई. नं. 74 (पूगल व महाजन चौकी के लेखे दृष्टव्य हैं) *महाजना रे पीढ़ियाँ री बही,* वि.सं. 1926/1869 ई., पृ. 36-41; *कागद बही,* वि.सं. 1826/1769 ई. नं. 3, पृ. 46, *जगात बही,* वि.सं. 1887/1830 ई. नं. 143, पृ. 1-7, रा.रा.अ.बी; *अमृतघट,* पूर्वोक्त, पृ. 150।
64. पाउलेट, *गजेटियर ऑफ दी बीकानेर स्टेट,* पृ.।
65. मुंशी सोहन लाल, *तवारीख राज श्री, बीकानेर,* पृ. 70।
66. गोविंद अग्रवाल, पूर्वोक्त , पृ. 475; उद्धृत कन्हैयाजू देव, *बीकानेर राज्य का इतिहास,* पृ. 14 यहाँ पीपे से अभिप्राय संभवतः कुप्पे से है, जो ऊँट की खाल को गलाकर बनाए जाते थे।
67. *पाउलेट गजेटियर,* बीकानेर, पृ. 129; गोविंद अग्रवाल, पूर्वोक्त, पृ. 475।
68. जेम्स टॉड, *द एनाल्स ऐंड एंटिक्वीटीज ऑफ राजस्थान,* भाग-2, पृ. 155; गिरिजा शंकर, पूर्वोक्त, पृ. 21; उद्धृत *मगरे री खारी पट्टी री जगात बही,* वि. सं. 1858/1801 ई., नं. 66, पृ. 7-10, वि.सं. 1858/1801 ई., नं. 67, पृ. 1-11; *सावा मंडी सदर,* वि.सं. 1832/1773 ई., नं. 20, पृ. 1-3, बीकानेर रिकॉर्ड्स रा.रा.अ.बी.; गोविंद अग्रवाल, पूर्वोक्त, पृ. 474।

का साधन बताया था। यहाँ के सभी बड़े कस्बों में पर्याप्त मात्रा में तलवारें, हथियारों के फल, बर्छे-भाले, कटार आदि बनाए जाते थे। ठाकुर शिवजी सिंह के समय में चूरू शहर में बड़ी एवं लंबी दूरी तक मार करने वाली तोपें बनाई जाती थीं। बीकानेर के महाराजा द्वारा ईस्ट इंडिया कंपनी से सन् 1818 ई. में संधि करने के बाद ये उद्योग धीरे-धीरे समाप्त हो गए थे।[69] सुजानगढ़ में रंगाई-छपाई का काम विशेष रूप से होता था।[70] आयात-निर्यात के साथ यहाँ के प्रत्येक गाँव-कस्बे-शहर में विभिन्न कार्य करने वाले पेशेवर लोग होते थे। ये लोग अपने-अपने कार्यों में दक्ष होते थे, जैसे सुनार सोने-चाँदी का काम करते थे, जड़िए जड़ने का, पटुवे पिरोने का काम करते थे। लुहार एवं गाड़िया लुहार लोहे की विभिन्न वस्तुएँ बनाते थे। कुम्हार मिट्टी के बर्तन बनाते थे। *तेली* तेल निकालते, मोची, चमार, खटीक और रैगर चमड़े का काम करते, *खरादी* खराद का, नीलगर एवं छीपे रंगाई का काम करते थे। माली कुएँ की *बाड़ी* की जमीन में शाक-सब्जी उगाते थे, *कंदोई* मिठाई बनाते एवं *मनियार चूड़ियाँ* बनाते थे। *मरीद* और चमार कपड़ा बनाते थे। इसी तरह धोबी, दर्जी, पिनारे, कसाई, *कुंजड़े, भड़भूजे, सिकलीगर, सिलावट, चेजारे, न्यारिये, दारूगरिए* आदि सभी अपने-अपने कार्य करते थे। यहाँ पर पुरुषों के साथ-साथ महिलाएँ भी अपने उद्योग कार्य करती थीं। बँधाई का कार्य यहाँ महिलाएँ ही करती थीं। घर-घर में स्त्रियाँ चरखे चलाया करती थीं।[71] इस तरह प्रत्येक गाँव-कस्बे की स्थानीय वस्तुओं की आपूर्ति वस्तु विनिमय के आधार पर होती थी। निश्चित ही इन सभी पेशेवर जातियों का क्षेत्र के व्यापार-वाणिज्य में अति महत्त्वपूर्ण योगदान था, लेकिन एक महत्त्वपूर्ण विषय, जो कभी भुलाया नहीं जा सकता, वह यह था कि उपर्युक्त विभिन्न कार्यों में जल की आवश्यकता होती थी, इसलिए दरबार प्रशासन और श्रीमंत वर्गों ने व्यापार और वाणिज्य के फलने-फूलने के लिए जल प्रबंधन की तरफ विशेष ध्यान दिया था। इसका अध्ययन पूर्वोक्त अध्यायों में विस्तार से किया गया है।

चूरू मंडल के व्यापारी विभिन्न स्थानों से अनेक प्रकार की वस्तुएँ लाकर यहाँ बेचते थे। यहाँ का सबसे पुराना व्यापारिक नगर रेणी था। दिल्ली से गुजरात एवं मुल्तान की ओर जाने वाले राजस्थान के प्रमुख व्यापारिक मार्ग रेणी से ही होकर निकलते थे।[72] रेणी के अपने अलग सिक्के थे। यह कस्बा 12वीं और 13वीं शताब्दी में व्यापार का प्रमुख केंद्र था। इसके बाद में यहाँ द्रोणपुर प्रमुख व्यापारिक केंद्र माना गया था। मुगल बादशाह

69. गोविंद अग्रवाल, पूर्वोक्त, पृ. 475।

70. वही।

71. *नागिरी प्रचारिणी पत्रिका,* वर्ष 57, अंक 2-3, पृ. 202।

72. राजेंद्र कुमार, 'ए स्टडी ऑफ ट्रेड रूट्स ऑफ वेस्टर्न राजपुताना इन लेट एटींथ सेंचुरी', शोध पत्रिका *विरासत,* अंक-2, जनवरी 2015, पृ. 51।

अकबर के समय द्रोणपुर एक वैभवशाली नगर था। पाउलेट ने अकबर के 43वें राज्य वर्ष सन् 1599 ई. में रबि-उल-अव्वल के एक फरमान का उल्लेख किया है, जिसके अनुसार द्रोणपुर का राजस्व 7,81,386 *दाम* था। लुदी भी व्यापार संपन्न स्थान था।[73] दयालदास ने फरमानों के आधार पर ही भाड़ग और सिद्धमुख को प्रमुख व्यापारिक केंद्र माना है।[74] टॉड के अनुसार बीकानेर राज्य में आयातित माल की *जगात* का आधा हिस्सा राजगढ़ से प्राप्त होता था। इसके बाद व्यापारिक नगरों में चूरू, राजगढ़, सुजानगढ़ तथा रेणी बीकानेर राज्य के मुख्य व्यापारिक नगर के रूप में विख्यात हुए। टॉड ने चूरू का व्यापारिक नगर के रूप में कई बार उल्लेख किया है। उनके अनुसार चूरू, राजगढ़ और रेणी के बाजार सिंधु एवं गंगा के प्रदेशों से आयातित माल से भरे रहते थे।[75]

चूरू, राजगढ़, रेणी एवं सुजानगढ़ धीरे-धीरे राज्य स्तर के ही नहीं अपितु देश के व्यापारिक केंद्र बन गए थे।[76] पोतेदार संग्रह के दस्तावेजों के अनुसार चूरू शहर में स्थित एक फर्म की व्यापारिक शाखाएँ भारत के बड़े-बड़े नगरों में फैली हुई थीं। कश्मीर से लगाकर मध्य प्रदेश तक एवं मुल्तान और बंबई से लेकर कलकत्ता तक इसके व्यापारिक केंद्र स्थापित थे। इस फर्म का विदेशों में भी व्यापार विकसित होने लगा था। अंतरराष्ट्रीय स्तर पर आयात-निर्यात का काम यहाँ होता था।[77] 'तवारीख राजश्री' में भी पुराने व्यापारिक केंद्रों के साथ कुछ नए व्यापारिक केंद्रों का भी उल्लेख मिलता है। इन नए केंद्रों में श्री डूँगरगढ़, सरदार शहर के नाम मिलते हैं।[78] जगदीश सिंह गहलोत ने बताया कि राजपूताने में व्यापार के केंद्र में उदयपुर में भीलवाड़ा, बीकानेर में चूरू और राजगढ़, जयपुर में

---

73. *पाउलेट गजेटियर*, बीकानेर, पूर्वोक्त, पृ. 23।
74. *दयालदास री ख्यात*, पूर्वोक्त, पृ. 112, 117, 152।
75. सिंढ़ायच दयालदास, *दयाल दास री ख्यात*, अप्रकाशित, अनूप संस्कृत पुस्तकालय, बीकानेर, पृ. 112, 117, 152; पाउलेट *गजेटियर ऑफ दी बीकानेर स्टेट*, पृ. 54; जेम्स टॉड, पूर्वोक्त, पृ. 152; गोविंद अग्रवाल, पूर्वोक्त, पृ. 477; *स्वर्ण जयंती स्मृति-सरोज*, पूर्वोक्त, पृ. 18।
76. जी.एस.एल. देवड़ा, *राजस्थान इतिहास के अभिज्ञान रूप*, पूर्वोक्त, पृ. 214; जी.एस.एल. देवड़ा, *सम आस्पेक्टस् ऑफ सोशियो इकोनोमिक हिस्ट्री ऑफ राजस्थान*, पृ. 36-45; जी.एस.एल. देवड़ा, इंडियन बिजनेस थ्रू द एजेज-नॉर्थर्न रीजन, फुट प्रिंट ऑफ एंटरप्राइज, (संपा. एस.एस. कानोरिया, अमित मित्रा, कोकिला रंगाचारी) फिक्की, ऑक्सफोर्ड, दिल्ली, 1999, पृ. 124-30।
77. *मरुश्री* (व्यापारिक अभिलेख सामग्री विशेषांक, पोद्दार-संग्रह), जनवरी-जून 1985, चूरू, पृ. 32-38; मरुश्री, जनवरी-जून, 1980, वर्ष 9, अंक 2-3, पृ. 5, 7; गोविंद अग्रवाल, 'आधुनिक राजस्थान के आर्थिक इतिहास का नवीन स्रोत—एक निजी अज्ञात संग्रह', *राजस्थान हिस्ट्री कांग्रेस*, वाल्यूम, कोटा 1976, पृ. 30-33; जी.एस.एल. देवड़ा, *राजस्थान इतिहास के अभिज्ञान रूप*, पूर्वोक्त, पृ. 214।
78. मुंशी सोहनलाल, *तवारीख राज श्री बीकानेर*, पृ. 71-72।

मालपुरा और जोधपुर में पाली प्रमुख केंद्र थे।[79] उत्तरी भारत, कश्मीर, चीन का माल और यूरोप, फ्रांस एवं अफ्रीका के माल के साथ इन व्यापारिक केंद्रों से लेन-देन होता था। कच्छ एवं गुजरात के बंदरगाहों से बंजारों के काफिले यहाँ आते थे।[80] चूरू के व्यापारी 19वीं सदी के चौथे दशक में सतलुज एवं सिंध नदी के मार्ग से व्यापार करने लगे थे।[81]

व्यापारिक मार्गों पर जल संसाधनों की ऐतिहासिक सामग्री के अभाव के कारण विस्तृत जानकारी देना संभव नहीं है। व्यापारिक मार्गों पर ग्राम सभाएँ तथा धर्मात्मा लोग मार्ग में आने-जाने वाले यात्रियों की सुविधा के लिए सरोवर, कुएँ, बावड़ी, मंदिर, सराय आदि निर्मित करवाते थे।[82]

चित्र 7.5 : व्यापारिक मार्ग राजगढ़-रेणी, ददरेवा के पास बना कुंड और तिबारा

व्यापारिक मार्गों पर श्रीमंत वर्ग ने अपनी सुविधा के लिए जलाशयों का भी निर्माण करवाया था। पानी के अभाव एवं भीषण गरमी वाले इस क्षेत्र में जल संसाधन निर्माण ही व्यापार-वाणिज्य की उन्नति में सहायक हुए थे। इन जल संसाधनों के साथ-साथ सेठ-साहूकारों ने यात्रियों के ठहरने के लिए सरायों का भी निर्माण करवाया था। इन सुविधाओं के कारण ही इस मंडल के व्यापारी इस मार्ग को अपने व्यापार के लिए चुनते

---

79. गोविंद अग्रवाल, *चूरू मंडल का शोधपूण इतिहास*, पूर्वोक्त, पृ. 477।
80. जगदीश सिंह गहलोत, *राजपूताने का इतिहास*, जिल्द 1, पृ. 117, 118, 81 *मरुश्री*, जनवरी-जून 1980, वर्ष 9, अंक 2-3, पृ. 5-7।
81. *मरुश्री*, जनवरी-जून 1980, वर्ष 9, अंक 2-3, पृ. 5-7
82. ईश्वर सिंह राणावत, पूर्वोक्त , पृ. 192-193, उद्धृत *कुंभलगढ़ प्रशास्ति*, शिला 1-3, श्लोक 63; *एपिग्राफिया इंडिका*, भाग 24, पृ. 314-28; रामवल्लभ सोमानी, *हिस्ट्री ऑफ मेवाड़*, पृ. 90।

थे। ठाकुर संग्रामसिंह के समय में चूरू का वाणिज्य-व्यापार उन्नति पर था। ठाकुर ने एक दिन की *जगात* से प्राप्त आय से यहाँ *चौलावा* कुआँ बनवाया था।[83]

चित्र 7.6 : व्यापारिक मार्ग राजगढ़-रेणी, ददरेवा के पास बना कुंड और तिबारा

विवेच्य काल में इस क्षेत्र में यातायात के साधन ऊँट, बैलगाड़ी और खच्चर ही होते थे। यहाँ स्थानीय एवं राज्य स्तर के व्यापारिक मार्गों पर जगह-जगह जलाशय बने हुए हैं। इन जलाशयों में चूरू नगर से पूर्व की ओर से आने-जाने के मार्ग पर *बूंटिया* और *सिरसला* गाँव थे। राय भगवानदास बागला की धर्म पत्नी श्रीमती बृजकुँअरि ने इस मार्ग पर धर्मशाला (सराय) और कुएँ बनवाए थे। इसी मार्ग पर इसी *सेठाणी* ने रतनगढ़ की ओर जाने वाले मार्ग पर सेठाणी का *जोहड़ा* बनवाया था। यहाँ कोसों दूर मार्ग में पीने के पानी का कोई दूसरा साधन नहीं था।[84] चूरू के सेठ संपतराय के सुपुत्र गाणकराम ने शहर के उत्तर-पूर्व की ओर जाने वाले मार्ग में धर्मशाला और ऊँचे *मुरवों* वाला कुआँ बनवाया था। इन *मुरवों* को दूर से देखकर मालूम हो जाता था कि उस जगह कुआँ है। चूरू से *दिशावर* जाने वाले प्रवासियों के लिए यह पहला विश्राम स्थल होता था। यह कुआँ *नाडिया* कुआँ नाम से जाना जाता है। यह मार्ग यात्रियों के आवागमन से सदैव

83. गोविंद अग्रवाल, पूर्वोक्त, पृ. 205।
84. सुबोध कुमार अग्रवाल, *माटी की महक*, लोक संस्कृति शोध संस्थान, नगर श्री, चूरू, प्रथम संस्करण 1987, पृ. 12; *मरुश्री*, जुलाई-दिसंबर 1982, वर्ष 11, अंक 4, पृ. 39।

आबाद रहता था। आज भी यह कुआँ बड़ा उपयोगी है।[85] चूरू से दक्षिण-पूर्व दिशा में झुँझूनूँ की ओर जाने वाले मार्ग पर आठ किलोमीटर दूर रामसरा और ऊँटवालिया गाँवों के बीच में पथराला जोहड़ा है। इस *जोहड़े* के पास *तिबारा* (बरामदा) बना हुआ है, जिस पर शिलालेख लगा हुआ है। इस जोहड़े के पाँच किलोमीटर के क्षेत्र में सीकर, झुँझनूँ जिलों की सीमाएँ लगती हैं। बीकानेर से ऊँटों के द्वारा इसी मार्ग से माल आता-जाता था। इस *जोहड़े* पर व्यापारी विश्राम करते थे। बीकानेर के *बिनजारे* (बंजारे) इस *जोहड़े* के नाम से आज भी परिचित हैं। *जोहड़ा* वर्ष भर राहगीरों की प्यास बुझाता था।[86] इसी मार्ग में जाटणी का बनवाया हुआ छोटा तालाब भी है।[87]

बीकानेर-भिवानी मार्ग पर सेठ बजरंग दास टिकमाणी ने राजगढ़ के पास सन् 1874 ई. में एक कुआँ और धर्मशाला बनवाई थी। राजगढ़-भिवानी के मार्ग पर यह कुआँ अपने आप में 19वीं शताब्दी का महत्त्वपूर्ण जलाशय था।[88] चूरू से फतेहपुर मार्ग पर शिवबक्सराय लक्ष्मीनारायण गोयनका के द्वारा बना हुआ कुआँ और धर्मशाला स्थित है।[89] चूरू से रेणी के मार्ग में मडदाओं और मंत्रियों के बनवाए हुए कुएँ हैं।

चित्र 7.7 : मंत्रियों का कुआँ, चूरू

85. नाडिया कुएँ के पास धर्मशाला के द्वार पर भित्तिलेख अंकित है—*'श्री कुवो धर्मशाला संपतराय को बेटो माणकरामजी गोयनका कराया मिती पोह बदी। वि.सं. 1944'*।
86. शिलालेख का पाठ—*'वि.सं. 1997 (1940 ई.) में सेठ उदैराम लक्ष्मी नारायण चाँदगोठिया ने इस प्रेमसरोवर नाम से इसे पक्का करवाया था।'*
87. स्वयं सर्वे किया।
88. *स्वर्ण जयंती स्मृति-सरोज,* पूर्वोक्त, पृ. 262।
89. सुबोध कुमार अग्रवाल, पूर्वोक्त, पृ. 2-3।

रेणी–भटनेर मार्ग में लंबोरिया की बनवाई हुई पाताल तोड़ बावड़ी है। इस बावड़ी के पास दो–तीन कमरे भी यात्रियों के विश्राम के लिए बने हुए हैं। सुजानगढ़ से बीकानेर के मार्ग पर बीदासर में *माणकसर* नामक तालाब बना हुआ है। इस तालाब के पास तिबारा भी बना हुआ है। सुजानगढ़ और रतनगढ़ में पड़िहारा में एक तालाब बना हुआ है। इसी मार्ग पर भोजसर का तालाब है। राजगढ़–चूरू मार्ग में दूधवाखारा स्टेशन के पास एक *कुंड* और धर्मशाला स्थित है। राजगढ़ से रेणी के मार्ग में न्यांगली के पास दो *कुंड* बने हुए हैं। इसी तरह *जिगसाणा ताल* के पास एक बहुत पुराना *कुंड* है। इस *कुंड* के पास एक सराय भी बनी हुई है, जिसके कुछ अवशेष ही बचे हुए हैं। ददरेवा के पास भी *कुंड* एवं *तिबारा* बना हुआ है।[90]

चित्र 7.8 : व्यापारिक मार्ग राजगढ़ और रेणी के बीच 'जिगसाणा ताल' के पास बना कुंड, तारानगर

चूरू से उत्तर–पूर्व के मार्ग की ओर सेठ लालचंद गोयनका का बनाया हुआ कुआँ एवं धर्मशाला है।[91] चूरू से उत्तर दिशा के रेणी के मार्ग में रतनपुरा में शिवबक्शराय बागला का बनवाया हुआ पीथाणा जोहड़ा और धर्मशाला है।[92] स्वामी गोपालदासजी के सहयोग

---

90. स्वयं सर्वे किया।
91. सुबोध कुमार अग्रवाल, पूर्वोक्त, पृ. 16।
92. पीथाणा *जोहड़े* का शिलालेख (जिसका मूल पाठ अध्याय पाँच में दिया गया है।); *मरु श्री*, जुलाई–दिसंबर 1982, वर्ष 11, अंक 4, पृ. 43; सुबोध कुमार अग्रवाल, पूर्वोक्त, पृ. 17।

से सेठ कन्हैयालाल जी बागला ने डूँगरगढ़ से राजलदेसर के मार्ग में एक कुआँ खुदवाया था।[93] रतनगढ़–सुजानगढ़ मार्ग पर छापर में एक बहुत बड़ा तालाब है, जिसे वर्तमान में गांधी सागर नाम से जाना जाता है।[94] चूरू–रतनगढ़ मार्ग में 'कारेला जोहड़ा' स्थित है।[95] चूरू के स्थानीय छोटे–छोटे मार्गों पर भी जलाशय निर्मित करवाए जाते थे। रतनगढ़ के *बीड़* से गाँव वालों का नियमित रास्ता था। इस *बीड़* से गुजरने वाले राहगीरों के लिए सेठ श्री सूरजमलजी जालान ने एक *कुंड* और कुआँ बनवाया था।[96] चूरू के पश्चिमोत्तर की ओर जाने के मार्ग पर राम सागर कुआँ था, जिस पर दक्षिणियों की सेना ने पड़ाव डाला था।[97] रतननगर से तीन किलोमीटर उत्तर–पश्चिम की ओर देपालसर और शिवपुरा गाँव के बीच एक पक्का *जोहड़ा* बना हुआ है। यह *जोहड़ा* श्री नंदरामजी केडिया ने बनवाया था।[98] सुजानगढ़ से दो कोस पूर्व की ओर बोबासर गाँव में सुजानगढ़–फतेहपुर मार्ग पर

चित्र 7.9 : व्यापारिक मार्ग राजगढ़–रेणी पर जिगसाणा ताल के कुंड के पास व्यापारियों के रहन–सहन के लिए बनी सराय

93. गोविंद अग्रवाल, *पत्रों के प्रकाश में स्वामी गोपाल दासजी का व्यक्तित्व एवं कृतित्व*, नगर श्री, चूरू, प्रथम संस्करण, वि.सं. 2025, पृ. 36–37।
94. स्वयं सर्वे किया।
95. सुबोध कुमार अग्रवाल, पूर्वोक्त, पृ. 16।
96. ऋषि जैमिनी कौशिक 'बरूआ', पूर्वोक्त, पृ. 179।
97. गोविंद अग्रवाल, पूर्वोक्त, पृ. 240–241।
98. सुखदेव मीणा, *रतन नगर का ऐतिहासिक वैभव*, तंवर ब्रदर्स, रतन नगर, प्रथम संस्करण 2008, पृ. 5।

बालमुकुंद तोसनीवाल का बनाया हुआ *कुंड* एवं प्याऊ स्थित हैं। सुजानगढ़-जयपुर मार्ग पर चतुरदान सामौर की भूमि पर श्री प्रेमसुख भीमसरिया की बनवाई हुई एक विशाल प्याऊ है। इस प्याऊ के अंतर्गत तीन बड़े *कुंड*, एक तरण *कुंड*, पास ही राहगीरों के रहने के लिए धर्मशाला, शिव मंदिर और हनुमान मंदिर बनवाए थे।[99] कृषि, पशुपालन, उद्योग एवं व्यापार-वाणिज्य के संदर्भ में जल प्रबंधन के अन्वेषण के दौरान जल उपलब्ध करवाने के लिए की व्यवस्थाओं का सर्वेक्षण किया गया। उन प्रबंधन के स्थलों की जर्जर स्थिति को सामने लाने के लिए उनकी तसवीरें भी ली। इस मामले में ऐतिहासिक स्त्रोतों से मिली जानकारी के आधार पर आनुपातिक रूप से चूरू मंडल के श्रीमंत वर्ग ने जरूरतवाली जगहों और लोगों के आवागमन के मार्गों पर अधिक संख्या में जल उपलब्ध कराने के संसाधनों का निर्माण करवाया। मार्ग पर निर्मित जल संसाधनों का उचित प्रबंध ही व्यापार-वाणिज्य की उन्नति का प्रमुख कारण था। विवेच्य काल में मार्गों पर निर्मित धर्मशालाओं, सरायों और जलाशयों से ज्ञात होता है कि जल की व्यवस्था व्यापार-वाणिज्य की मूलभूत आवश्यकता है। जल के उचित प्रबंधन के बिना पशु, बैलगाड़ी, हाथी, घोड़े-खच्चर आदि यात्रा नहीं कर सकते थे। मार्गों पर निर्मित इन जल संसाधनों ने वाणिज्य-व्यापार में वृद्धि की थी, क्योंकि जल के अति अभाव वाले इस क्षेत्र में जल की आवश्यकता को देखते हुए ही मार्गों में तालाबों, कुओं, *कुंडों, जोहड़ों* आदि का निर्माण करवाया गया था। ये सभी तथ्य व्यापार-वाणिज्य और जल संसाधनों के परस्पर घनिष्ठ संबंधों को प्रतिपादित करते हैं। जल संसाधनों के प्रबंधन ने ही व्यापार-वाणिज्य के विकास में महत्त्वपूर्ण सहयोग प्रदान किया था।

□

---

99. *मरुश्री*, मार्च 1974, वर्ष 3, अंक 2 (ग्राम बोबासर से संबद्ध जानकारी हेतु श्री भंवर सिंह सामौर का आलेख देखें)।

8

निष्कर्ष

प्रस्तुत पुस्तक *'थार मरुस्थल का परंपरागत जल प्रबंधन'* की विषयवस्तु विवेच्य काल में बीकानेर राज्य के क्षेत्रांतर्गत स्थित चूरू मंडल के अस्तित्व में आने एवं उसके जल प्रबंधन के विभिन्न आयामों के विवेचन, विश्लेषण और शोध से संबंधित है। चूरू बीकानेर राज्य के अंतर्गत उत्तर-पूर्व में स्थित वह महत्त्वपूर्ण मरुस्थलीय क्षेत्र है, जो अपनी महत्ती भौगोलिक, राजनीतिक, सामाजिक, सांस्कृतिक और आर्थिक स्थिति के कारण बीकानेर के शासकों के लिए सदैव महत्त्वपूर्ण रहा है। इस कारण यह क्षेत्र कई प्रशासनिक व्यवस्थाओं एवं परिवर्तनों का प्रत्यक्षदर्शी रहा है। सन् 1620 ई. में चूहरू नामक जाट के द्वारा बसाया गया यह नगर कई प्रशासनिक और राजनीतिक उथल-पुथल झेलने के बाद बीकानेर महाराजा सार्दुल सिंह के शासनकाल (1943-1949 ई.) में एक नई इकाई के रूप में स्थापित हुआ, तदनंतर चूरू, राजगढ़, रेणी, सरदार शहर, रतनगढ़, श्रीडूँगरगढ़ और सुजानगढ़ तहसीलों को एकीकृत करके चूरू मंडल के रूप में उभरकर सामने आता है। इस मंडल का मुख्यालय चूरू नगर को बनाया गया।

इसके बाद एक बार फिर एक और प्रशासनिक परिवर्तन के तहत चूरू मंडल को दो उपविभागों या उप मंडलों यथा—राजगढ़ और रतनगढ़ में बाँट दिया गया। चूरू मंडल का क्षेत्र बीकानेर राज्य के कुल क्षेत्रफल का पाँचवाँ भाग है, इसलिए यहाँ की मरुस्थलीय परिस्थितियों, विशेषकर जल के अभाव और उसकी उपयोगिता ने पूरे क्षेत्र में जीवनचक्र को गहरे से प्रभावित किया। इसके साथ ही यहाँ जीवन को सुचारु बनाए रखने और विकास के साथ कदमताल करने के लिए राज दरबार, श्रीमंत-साहूकार-सेठ वर्ग और आमजन की ओर से जल के प्रबंधन के लिए किए गए के प्रयास बेहद सराहनीय हैं। इन प्रयासों में परंपरागत विधियों को अक्षुण्ण बनाए रखने और प्रकृति के साथ सामंजस्य स्थापित करते हुए जल एवं दूसरे संसाधन जुटाने में बुद्धिमत्ता, दूरदर्शिता और अद्भुत

कला भी दिखाई देती है। अत: विवेच्य काल और क्षेत्र में जल की गंभीर समस्या से निपटने के लिए बीकानेर प्रशासन, उनके अधीन सामंतों, श्रीमंत वर्ग, सेठ-साहूकारों ने निष्काम भाव से जल प्रबंधन के प्रत्यक्ष और अप्रत्यक्ष प्रयास किए गए। इन प्रयासों का विश्लेषणात्मक अध्ययन क्रमवार किया गया है, साथ ही अन्वेषण के समय सामने आए नए तथ्यों, साक्ष्यों और जल प्रबंधन की विधियों का भी अन्वेषण किया गया है।

जल के अभाव वाले इस क्षेत्र में जल संग्रहण किसी अनुष्ठान से कम नहीं रहा। अत: इसके लिए विभिन्न धार्मिक और सामाजिक मानदंडों, परंपराओं और सोपानों का अनुसरण किया जाता था। वर्षा-ऋतु का आगमन और उससे प्राप्त जल का वैज्ञानिक तरीके से संग्रहण, संरक्षण और वितरण, सभी इस क्षेत्र के जनजीवन की अंतस आकांक्षाओं और अपेक्षाओं को गहरे तक प्रभावित करता था। चूँकि इस क्षेत्र में वर्षा ही जल का मुख्य स्रोत था, इसलिए जल की उपलब्धता के अन्य स्रोत न के बराबर होने के बावजूद लोगों ने विवेच्य काल और क्षेत्र में जल संचयन के अंतर्गत कच्चे तालाबों, कुओं, *कुंडों*, बावड़ियों, *जोहड़ों* आदि में जल एकत्रीत करके अपने जीवन और जीव-जंतुओं की रक्षा के लिए जल की महत्ता को सदैव ही ध्यान में रखा है। इस पुनीत कार्य में प्रकृति के साथ तालमेल का सदैव ध्यान रखा गया।

पुस्तक के शोधात्मक गहन विश्लेषण के अंतर्गत चूरू मंडल में जल प्रबंधन को स्पष्ट करते हुए वर्षा के माध्यम से प्राप्त होने वाले *पालर* जल, *पाताल* जल और *रेजाणी जल* का अध्ययन करने के साथ जल संरक्षण और संग्रहण के लिए विभिन्न जलाशयों के निर्माण की विभिन्न विधियों और जलाशयों के स्वरूपों को भी समझने का प्रयास किया गया है। अन्वेषण के तहत यह भी सामने आया कि जलाशयों का निर्माण विभिन्न नक्षत्रों और दिशाओं को ध्यान में रखकर किया जाता था।

जलाशयों के रूप, आकार एवं उनकी बनावट के साथ-साथ निर्माण विधि भी क्षेत्र विशेष की भौगोलिक स्थितियों एवं वहाँ उपलब्ध संसाधनों पर निर्भर करती थी। चूँकि यहाँ *धाँधला भाट्ठा* प्रचुर मात्रा में मिलता था, इसलिए यहाँ जलाशय भी इससे मजबूती पाते थे। इसके अतिरिक्त यहाँ वर्षा जल की औसत मात्रा बहुत कम थी, इस कारण वर्षा से प्राप्त जल को वर्ष भर सहेजकर रखना बहुत जरूरी होता था। इसी के अनुसार जल संग्रहण के रूप और प्रकार थे, अर्थात् रेतीली जमीन एवं सूर्य की प्रचंड तपिश वाले इस क्षेत्र में जलाशयों के रूप में सर्वाधिक संख्या *कुंडों* की थी। ये *कुंड* जल की जरूरत वाले प्रत्येक क्षेत्र में बनाए जाते थे। इन *कुंडों* में जल के आगमन से लेकर निकासी तक का समुचित प्रबंध होता था। इसी क्रम में यहाँ जलाशयों के दूसरे रूप *जोहड़े* और तालाब थे। तालाब बनवाने से पूर्व स्थान का चयन बहुत ही सावधान और ध्यान से किया जाता था। इस चयन में अधिक से अधिक जल संग्रहण एवं स्वच्छता को सर्वोच्च प्राथमिकता

दी जाती थी। ये तालाब कच्चे एवं पक्के दोनों ही तरह के बनाए जाते थे। इनके निर्माण में विविधता संसाधनों की उपलब्धता पर निर्भर करती थी। इसी के अनुसार तालाब के रूप और प्रकार एवं उसका सौंदर्य निर्धारित होता था। पाताल जल के अत्यधिक गहराई में मिलने के कारण कुएँ से जल निकालना आसान काम नहीं होता था, इसलिए इसे आसान बनाने के लिए *सारण* बनाई जाती थी। इससे समय और परिश्रम का सही उपयोग करते हुए ऊँट एवं बैलों की सहायता से *चड़स* से अच्छी मात्रा में जल निकाला जाता था। जल की एक-एक बूँद का सदुपयोग किया जाता था, इसलिए कुएँ के पास अतिरिक्त जल के संचयन के लिए *खेळ* बनी होती थी। *खेळ* का जल पशुओं के काम आता था। *खेळ* से जो जल रिसता या बहता था, उसे भी व्यर्थ नहीं जाने दिया जाता था। यह जल कुएँ के पास में बनी बाड़ी या बगीची को सींचता था। जैसी भौगोलिक परिस्थितियाँ होती थीं, वैसी ही अनुकूलता बनाना यहाँ का समाज बखूबी जानता था। इन्हीं प्रभावों से यहाँ का समाज अछूता नहीं रहा। इस क्षेत्र के जलाशयों ने समाज और संस्कृति को पूरी तरह प्रभावित किया। जल के अभाव वाले इस क्षेत्र में जीने का केंद्र बिंदु जलाशय ही रहे हैं। मानव की संपूर्ण दिनचर्या इसी के इर्द-गिर्द घूमती रहती थी। इसी कारण यहाँ के प्रत्येक सामाजिक, सांस्कृतिक, धार्मिक, आर्थिक गतिविधियों एवं भवन निर्माण तक में जलाशयों को विशिष्टता प्रदान की गई थी। इन जलाशयों के माध्यम से जल की बूँद-बूँद सहेजकर रखने वाले इस समाज ने राज दरबार के साथ मिलकर जल की समुचित व्यवस्था की थी।

जलाशयों के निर्माण, खुदाई एवं मरम्मत के कार्य को पुण्य का कार्य माना जाता था। इस कार्य में यहाँ का प्रत्येक व्यक्ति स्वतः-स्फूर्त भाव से भागीदारी करता था। इस कार्य में ऊँच-नीच, अमीर-गरीब, जाति भेद एवं लिंग-भेद कहीं नजर नहीं आता था। उस समय की सामाजिक चेतना से समाज की एकता और सामंजस्य दृष्टिगत होता है। जलाशयों के निर्माण में धन-धान्य से संपन्न श्रीमंत एवं व्यापारिक वर्ग ने विशेष भूमिका निभाई थी। इनकी संख्या यहाँ सैकड़ों में ही नहीं अपितु अनगिनत है। इस कार्य में सबसे महत्ती भूमिका स्वामी गोपालदासजी ने निभाई थी। इनके अतिरिक्त इस कार्य में महत्ती भूमिका निभाने वाले व्यक्तियों को उनके कार्य के नाम से पुकारते-पुकारते उनके कार्यानुसार समाज में कुछ नए वर्ग भी बन गए थे, जिनमें माली, *गजधर, सूँघिया* एवं *चैजारे* थे।

समाज के इस पुनीत कार्य में शासकीय वर्ग भी पूरा सहयोग करता था। चूँकि अध्ययन काल में भूमि पर जनसंख्या का दबाव कम था और राज्य की समृद्धि के लिए आबादी और उसकी उन्नति आवश्यक होती थी, इसलिए यहाँ का शासक वर्ग किसी जगह बसावट से पूर्व ही वहाँ जल की व्यवस्था करवाता था। नई बसावट एवं पुरानी

बसावट को सुचारु बनाए रखने के लिए भी जल का उचित प्रबंधन किया जाता था। इसके साथ ही नई गुवाड़ियाँ बाहर से आकर राज्य में बसें एवं पलायन कर चुकी गुवाड़ियाँ भी वापस आकर बसें, इसके लिए राज्य की ओर से उन्हें विभिन्न रियायतें प्रदान की जाती थीं, साथ ही आबादी के लिए रोजगार एवं उसकी सुरक्षा के इंतजाम भी किए जाते थे। मरुस्थलीय क्षेत्र में जल के उचित प्रबंधन के कारण ही जनसंख्या में वृद्धि हुई। सन् 1891 ई. में इस क्षेत्र की जो जनसंख्या 54,957 थी, वह 1941 ई. में बढ़कर 1,20,830 हो गई थी। आबादी के बढ़ने से राजकोश में भी वृद्धि होती है। आबादी का घनत्व जल की उपलब्धि के साथ-साथ भूमि की प्रकृति पर भी निर्भर करता था। जहाँ जल, कृषि योग्य भूमि के साथ रोजगार के अतिरिक्त साधन भी मिल जाते थे, वहाँ उसी अनुपात में जनसंख्या में वृद्धि होती थी।

जल के उचित प्रबंधन के साथ-साथ जल की निर्बाध उपलब्धता के लिए भी समस्त उपक्रम किए जाते थे। इसके लिए जलाशय की सार-सँभाल पर विशेष ध्यान दिया जाता था ताकि सभी को जल सुचारु रूप से उपलब्ध हो सके। जल की गुणवत्ता बनाए रखने के भी कुछ नियम लोक के मानस में थे। जल की स्वच्छता के प्रति जिस तरह समाज में चेतना थी, उसी तरह राज दरबार ने भी जल की स्वच्छता को प्रोत्साहन देने के साथ-साथ नियम तोड़ने वालों के लिए दंड का विधान किया था।

चूरू मंडल में यहाँ जलाशयों का निर्माण अधिकतर *केहतसाली* के समय हुआ था। अकाल के समय यहाँ मानव जीवन की रक्षा और अर्थव्यवस्था को सुधारने के लिए राज्य सरकार, सामंत, श्रीमंत और सेठ-साहूकार वर्ग की ओर से जो राहत कार्य शुरू किए जाते थे, उनमें जल की व्यवस्था करना मूल में होता था। भीषण संकट के समय शासक अपनी प्रजा के लिए सहायतार्थ कार्यों में लाखों रुपए व्यय करते थे। इस पैसे से *जोहड़*, कुएँ खुदवाना, पक्के *कुंड* बनवाना, मिट्टी से भरे तालाबों की मिट्टी निकलवाना, टूटे जलाशयों की मरम्मत करवाना, मंदिर, सराय और धर्मशालाएँ आदि बनवाना शामिल होता था। जल, अनाज और पशुओं के लिए चारे की कमी वाले त्रिआयामी अकाल सबसे अधिक कष्टप्रद होते थे। अकाल के समय आबादी के पलायन को रोकने एवं जनता को रोजगार देने के लिए जलाशय निर्माण का कार्य सर्वप्रमुख होता था। विपदा के समय समस्त आधारभूत आवश्यकताओं को पूरा करने और लोगों को राहत देने के लिए विभिन्न कार्यों को अंजाम देने के फलस्वरूप ही महाराजा गंगा सिंहजी को 'केसरे हिंद गोल्ड मैडल' प्राप्त हुआ था।

विवेच्य क्षेत्र का पारंपरिक समाज जिस उत्साह के साथ जलाशयों का निर्माण करता था, उसी उमंग के साथ जल की निर्बाध उपलब्धता और स्वच्छता के प्रयास भी करता था। तालाब या अन्य कोई जलाशय कितना भी बड़ा क्यों न हो, *आगोर* से

जल के साथ आई मिट्टी को जलाशय के पैंदे से समय-समय पर साफ करना पड़ता था। *आगोर* से आने वाली मिट्टी से जलाशय के आकार-प्रकार में परिवर्तन होकर बिगड़ने का यह क्रम निरंतर चलता रहता था। इसी कारण समाज के लोग जल की निर्बाधता के प्रयास संयमपूर्वक करते थे। समाज तालाब से मिट्टी निकालने के कार्य को उत्सव समझकर करता था। जलाशय बनाने की मंजूरी से लेकर जल का प्रबंध एवं जन-जन तक जल पहुँचाने के समस्त नियम दरबार में बने होते थे। दरबारी नियमों से अधिक समाज का सामाजिक कर्तव्य ही मूल सिद्धांत था। जल को सूर्य की तपिश से बचाने के लिए कच्चे-पक्के *जोहड़ों* के किनारों पर वृक्ष भी लगाए जाते थे। वृक्ष लगाना *'एक पंथ दो काज'* की लोकोक्ति को सार्थक करता था, अर्थात् पेड़-पौधे बड़े होने पर जमीन के मरुस्थलीकरण को तो रोकते ही थे, साथ ही वर्षा को आकर्षित करके जल संग्रहण की मात्रा भी बढ़ाते थे। इसके लिए *बीड़, बीहड़, गोचर* भूमि तथा बगीचे-बाड़ी आदि निर्मित करवाए जाते थे। बीकानेर के महाराजा ने यहाँ मरुक्षेत्र में वृक्षों के महत्त्व को समझकर ही सर्वप्रथम वन संपदा की सुरक्षा के लिए 'जंगलों का बिल, रियासत बीकानेर सन् 1927 ई.' पास किया था। शासक वर्ग के साथ-साथ श्रीमंत वर्ग एवं जनसामान्य ने चूरू मंडल में कई जगह हजारों बीघा भूमि *बीड़,* गोचर आदि के लिए छोड़ी और छुड़वाई थी। प्राचीन ऋषि-मुनियों की तरह इस क्षेत्र के लोक संतों ने भी अपने उपदेशों में प्रकृति के संरक्षण को बहुत ज्यादा महत्त्व दिया। उनके अनुयायी आज भी उनके बनाए नियमों का पालन करते हैं। चूरू मंडल में भूमि की प्रकृति भी अलग-अलग क्षेत्र में अलग-अलग प्रकार की थी। यहाँ का समाज मुख्यतया कृषि पर निर्भर था और कृषि पूरी तरह वर्षा पर ही निर्भर थी और इस क्षेत्र में वर्षा बहुत कम होती थी, लेकिन वर्षा की अनिश्चितता और न्यूनता के बावजूद यहाँ का समाज भली-भाँति जानता था कि कम वर्षा में कैसे अच्छी उपज प्राप्त की जा सकती है। इसके लिए वह जहाँ उचित फसल का चुनाव करता था, वहीं भूमि को भी इसी के अनुरूप बनाता था, ताकि वर्षा की एक-एक बूँद जमीन में समाकर फसल के पकने तक काम आ सके।

कृषि के बाद इस क्षेत्र के लोगों का दूसरा मुख्य व्यवसाय पशु पालन था, क्योंकि असामयिक वर्षा के कारण पशुपालन के अतिरिक्त यहाँ के लोगों के जीवनयापन का दूसरा साधन उपलब्ध नहीं था। यहाँ की भौगोलिक परिस्थितियों के अनुसार पशुपालन ही रोजगार का पर्याय था। चूरू मंडल में कृषि और पशुपालन का संबंध अन्योन्याश्रित था। पशुओं में भेड़, बकरी, गाय एवं ऊँट प्रमुख थे, क्योंकि ये मवेशी कम जल में भी गुजारा करने में समक्ष हैं। इसके अलावा कम वर्षा में ही यहाँ *रोही* में घास पनप जाती थी और यह घास इनके लिए आसानी से चारे के रूप में उपलब्ध हो जाती थी।

पशुओं के लिए भी जल का उचित प्रबंध किया जाता था। *केहतसाली* के समय जैसी राहत मनुष्यों को दी जाती थी, वैसी राहत पशुओं के लिए भी चारे-जल की व्यवस्था करके दी जाती थी।

चूरू मंडल की भौगोलिक परिस्थितियाँ व्यापार-वाणिज्य के अनुकूल न होने के उपरांत भी यहाँ के कई कस्बे मुख्य व्यापारिक केंद्रों के रूप में उभरे। इसका मुख्य कारण यहाँ जल की उचित व्यवस्था थी। 12वीं-13वीं शताब्दी से ही मुल्तान, बहावलपुरी, दिल्ली इत्यादि से व्यापारी मरुस्थल और भीषण गरमी के उपरांत यहाँ से होकर गुजरते थे, क्योंकि यहाँ प्रत्येक स्थान पर जल का उचित पारंपरिक प्रबंधन था, जिसके परिणामस्वरूप लंबी दूरी तय करने के लिए व्यापारियों के विश्राम एवं जल की व्यवस्था हेतु जगह-जगह कुएँ, बावड़ियाँ, सराय, धर्मशालाएँ आदि बनवाई जाती थीं। इसके अतिरिक्त जब भी कोई कारवाँ यहाँ से गुजरता था तो दरबार की तरफ से स्थानीय अधिकारी को 'पाणी पीछ' की व्यवस्था करने के आदेश दिए जाते थे। चूरू मंडल व्यापारिक केंद्र के साथ-साथ आयात-निर्यात में भी अपनी महत्त्वपूर्ण भूमिका निभाता था। पोतेदार संग्रह के दस्तावेजों के अनुसार चूरू शहर में स्थित एक फर्म की व्यापारिक शाखाएँ भारत के बड़े-बड़े नगरों में थीं। जल की उचित व्यवस्था होने पर ही व्यापारी लोग कस्बों-शहरों में आकर रुकते थे। इससे यहाँ आयात-निर्यात में बढ़ोतरी हुई। इन व्यापारिक गतिविधियों से *जगात* के रूप में राज्य की आय में वृद्धि हुई। इसी कारण जल के प्रबंध के इस कार्य को गति प्रदान करने के लिए राज्य सरकार जलाशय निर्माण एवं कम मूल्य में तालाब- *जोहड़ों, बीड़, गोचर* भूमि के लिए जमीन की अनुमति प्रदान कर देती थी। इसके अलावा श्रीमंत वर्ग भी इन कार्यों के लिए जमीन उपलब्ध करवाता था। जलाशय निर्माण के कार्य में व्यापारिक वर्ग ने भी विशेष भूमिका निभाई थी। वर्तमान में भी इनके बनाए जलाशयों को या इनके अवशेषों को गाँव-कस्बों एवं मार्गों में देखा जा सकता है। मार्गों पर उपलब्ध जल के प्रबंधों ने व्यापार-वाणिज्य की उन्नति का मार्ग प्रशस्त किया एवं महत्त्वपूर्ण सहयोग प्रदान किया था। ये सभी तथ्य व्यापार-वाणिज्य तथा जल संसाधनों के घनिष्ठ संबंध को प्रतिपादित करते हैं।

समाज-संस्कृति एवं जलाशय के अंत:संबंधों ने इस क्षेत्र के सामाजिक एवं आर्थिक जीवन स्तर को प्रतिष्ठा पहुँचाई थी, जिसकी पुष्टि टॉड के इस कथन से होती है कि चूरू, राजगढ़ एवं रेनी के बाजार सिंधु एवं गंगा के प्रदेशों से आयातित माल से भरे रहते थे। जलाशयों की अपनी महत्ता के कारण ही यहाँ का समाज जलाशयों को देवता तुल्य मानकर इसके स्थान को पूजता था और यहाँ के बड़े जलाशयों के पास ही मंदिर एवं साधु-संतों के ठहरने के ठिकाने होते थे। इस तरह समाज-संस्कृति एवं जलाशयों की परस्पर निर्भरता एवं आवश्यकताओं ने लोगों के सामाजिक-सांस्कृतिक, आर्थिक

एवं धार्मिक हित प्रत्यक्ष एवं अप्रत्यक्ष रूप से प्रभावित और परिवर्तित किए। इन्हीं के परिणामस्वरूप जल के अभाव वाले इस क्षेत्र में समाज अपने अथक प्रयासों से अपनी पारंपरिक जल प्रणाली को आज भी न्यूनाधिक रूप से सँजोए हुए हैं।

संक्षेप में *'थार मरुस्थल का परंपरागत जल प्रबंधन'* के अन्वेषण के अंतर्गत क्षेत्र की भौगोलिक परिस्थितियों, जलाभाव, अनावृष्टि, अकाल और सूखा जैसी कठिनाइयों में लोगों के जीवनयापन की कोई और आर्थिक व्यवस्था न होने के अतिरिक्त चूरू मंडल के कर्मठ लोगों, शासकों, (सामंतों, (ठाकुरों) श्रीमंतों (धनाढ्य सेठ-साहूकारों), समाज सेवकों और इस क्षेत्र के समस्त जनसाधारण का भी जल प्रबंधन के प्रयासों में प्रत्यक्ष-अप्रत्यक्ष तौर पर महत्त्वपूर्ण योगदान रहा। अतः इस शोध से यह स्पष्ट हुआ कि जल की आवश्यकता, महत्ता, जलवर्णना विज्ञान, जल प्रबंधन के तत्कालीन परंपरागत और वैज्ञानिक तरीके कौन-कौन से थे, साथ ही जलाशयों के निर्माण की शैलियों और विधियों का ज्ञान भी हुआ। इन सबके अतिरिक्त जल प्रबंधन में अप्रत्यक्ष तौर पर सहयोग देने वाली विधियों—यथा वन्य संरक्षण, वृक्षारोपण, *बीहड़ों* का निर्माण इत्यादि का भी विस्तृत ब्योरा उपलब्ध हुआ। जल प्रबंधन के लिए उचित स्थलों का चयन—यथा व्यापारिक, स्थानीय लोगों, पशु-पक्षियों के लिए जलाशयों के निर्माण के साथ-साथ वन्य जीवों के लिए उचित स्थान देखकर जल की व्यवस्था की जाती थी। व्यापार किसी भी देश, प्रांत या क्षेत्र की अर्थव्यवस्था का अति महत्त्वपूर्ण भाग होता है। अतः शोध से यह भी पता चला कि व्यापारिक मार्गों पर भी जल की आवश्यक व्यवस्था होनी चाहिए और विवेच्य काल में इस क्षेत्र में ऐसी उचित व्यवस्था की गई, जिसके चलते यहाँ कठिन परिस्थितियों के उपरांत जीवन सरल हुआ। निःसंदेह इस पुस्तक में संबंधित सभी पहलुओं पर सूक्ष्म जानकारी उपलब्ध कराने का प्रयास किया गया है। इस पुस्तक से यह स्पष्ट होता है कि जल प्रबंधन के सभी प्रकार उच्च तकनीक से निर्मित थे, परंतु अब उनमें से बहुत से जलाशय नष्ट हो चुके हैं। चूरू में सेठ भगवान दास बागला के बनवाए हुए गधासागर कुएँ को नष्ट करके यहाँ सुभाष चौक निर्मित किया गया है। सर्वे से ज्ञात हुआ है कि राजगढ़ के फतेहपुरिया तालाब एवं सरदार शहर में तालाब के कुछ ही अवशेष शेष हैं। तारानगर के बूचावास गाँव में *कुइयों* के समूह होते थे, पर अब वहाँ एक-दो *कुइयाँ* जर्जर अवस्था में दिखाई देती हैं। अधिकतर जलाशय या तो अतिक्रमण के शिकार हो चुके हैं या फिर मात्र कचरा डालने के स्थान बनकर रह गए हैं।

ऐसा नहीं है कि 21वीं सदी में भी चूरू मंडल में जल की समस्या समाप्त हो चुकी है, बल्कि यह समस्या आज भी पहले की तरह बहुत गंभीर है। समाचार पत्रों और पत्रिकाओं में इस क्षेत्र में जल संकट की खबरें निरंतर छपती रहती हैं। आज आधुनिक

विज्ञान और तकनीकी विकास के उपरांत जल संरक्षण पर शासन, समाज और आमजन का ध्यान न के बराबर है, इसलिए दोहराना होगा कि चूरू मंडल में परंपरागत जल प्रबंधन के प्रयासों, उस काल में जल के संकट और जल प्रबंधन के रास्ते में आने वाली कठिनाइयों से निपटने के तत्कालीन समाज के प्रयासों से सबक लेते हुए आज का शासन, समाज और आमजन काम करे तो जल की जो समस्या हमारे सामने मुँह बाहे खड़ी है, उससे बड़ी आसानी से निपटा जा सकता है। अगर शासन और समाज इस दिशा में कदम बढ़ाता है तो इस पुस्तक के लेखन का उद्देश्य पूर्ण होगा।

□

परिशिष्ट

बीकानेर दरबार द्वारा अगरवाले तनसुख राय गणपत रामोणी फतेहपुरिया को बाग और कुएँ की *सारण* के लिए दी गई भूमि का पट्टा एवं नक्शा, पट्टा *बही* नंबर–38, तारीख 5 जनवरी, 1922

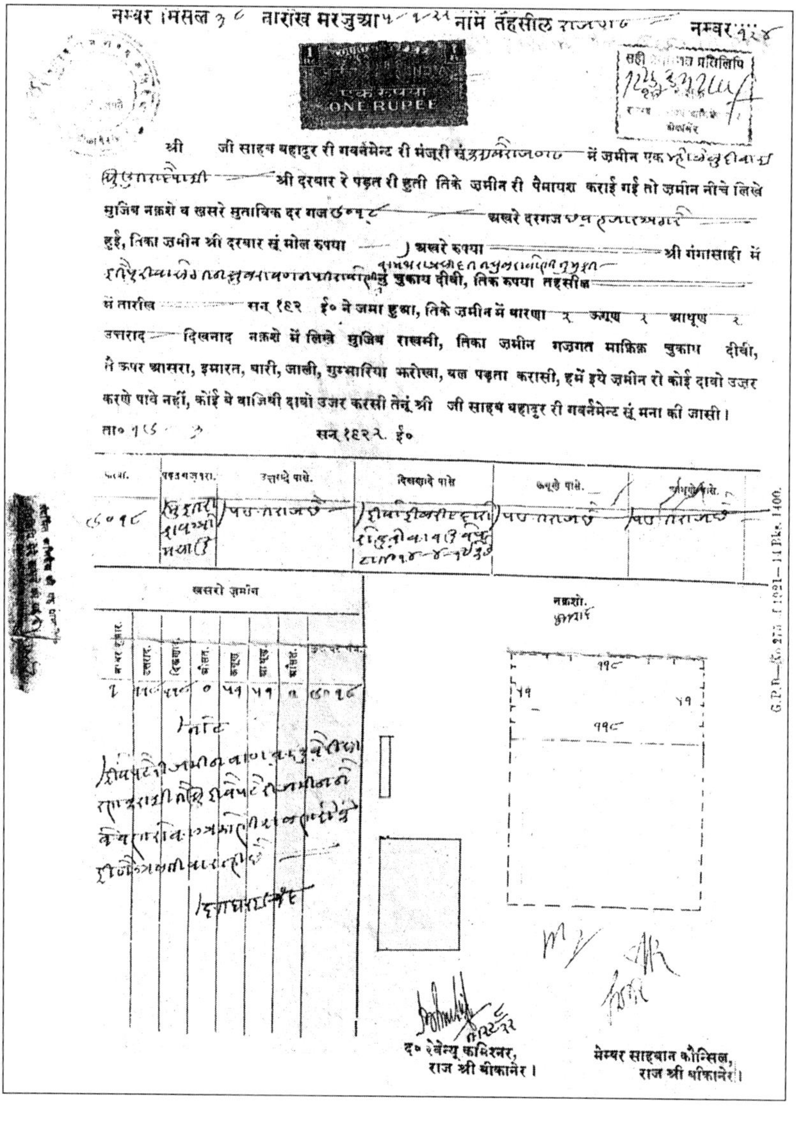

नम्बर मिसल ३८ तारीख मरजुआ ५-१-२२ नाम तहसील राजगढ़ नम्बर १२८

ONE RUPEE

श्री जी साहब बहादुर री गवर्नमेन्ट री मंजूरी सूं ... में ज़मीन एक ... श्री दरबार रे पड़त री हुती तिके ज़मीन री पैमायश कराई गई तो ज़मीन नीचे लिखे मुजिब नक़शे व खसरे मुताबिक़ दर गज ... अखरे दरगज ... हुई, तिका ज़मीन श्री दरबार सूं मोल रुपया ... अखरे रुपया ... श्री गंगासाही में ... चुकाय दीवी, तिक रुपया तहसील में तारीख ... सन् १९२ ई० ने जमा हुआ, तिके ज़मीन में थारणा २ ऊगुण २ आथूण २ उत्तराद ... दिखनाद नक़शे में लिखे मुजिब राखमी, तिका ज़मीन गज़गत माफ़िक़ चुकाय दीवी, ते ऊपर आसरा, इमारत, धारी, जाली, गुम्मारिया झरोखा, वल पढ़ता करासी, इमें इये ज़मीन रो कोई दावो उज़र करणे पावे नहीं, कोई बे वाजिबी दावो उज़र करसी तेनूं श्री जी साहब बहादुर री गवर्नमेन्ट सूं मना की जासी।

ता० ५ ... सन् १९२२. ई०

रकबा	पड़त गज़ारा	उत्तरादे पासे	दिखणादे पासे	ऊगूणे पासे	आथूणे पासे
८०१८					

खसरो ज़मीन

नक़शो.

G.P.R.—No. 273. 1.1921—14 Bks. 1400.

द० रेवेन्यू कमिश्नर,
राज श्री बीकानेर।

मेम्बर साहबान कौन्सिल,
राज श्री बीकानेर।

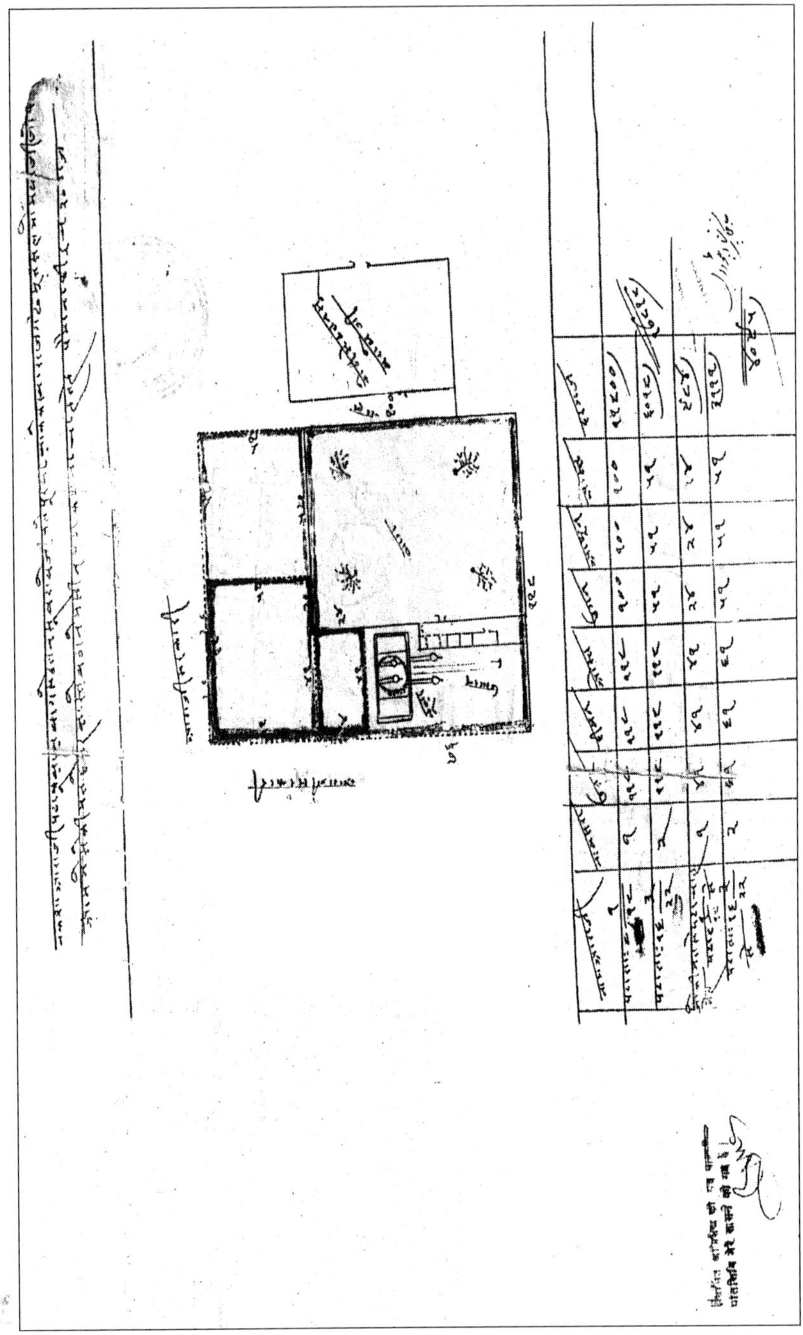

परिशिष्ट-2

बीकानेर राजदरबार से *गोचर* भूमि के लिए श्री बजरंगदास टीकमाणी, राजगढ़ द्वारा खरीदी गई जमीन का पट्टा एवं नक्शा

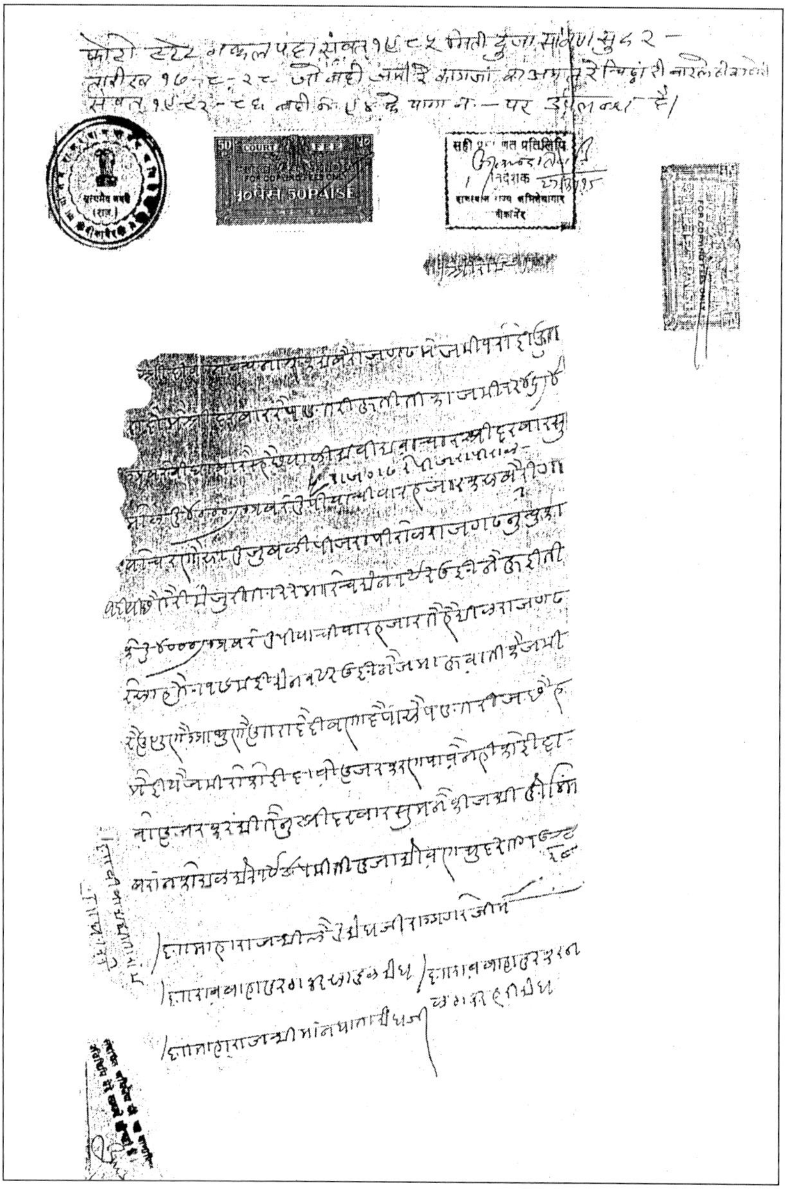

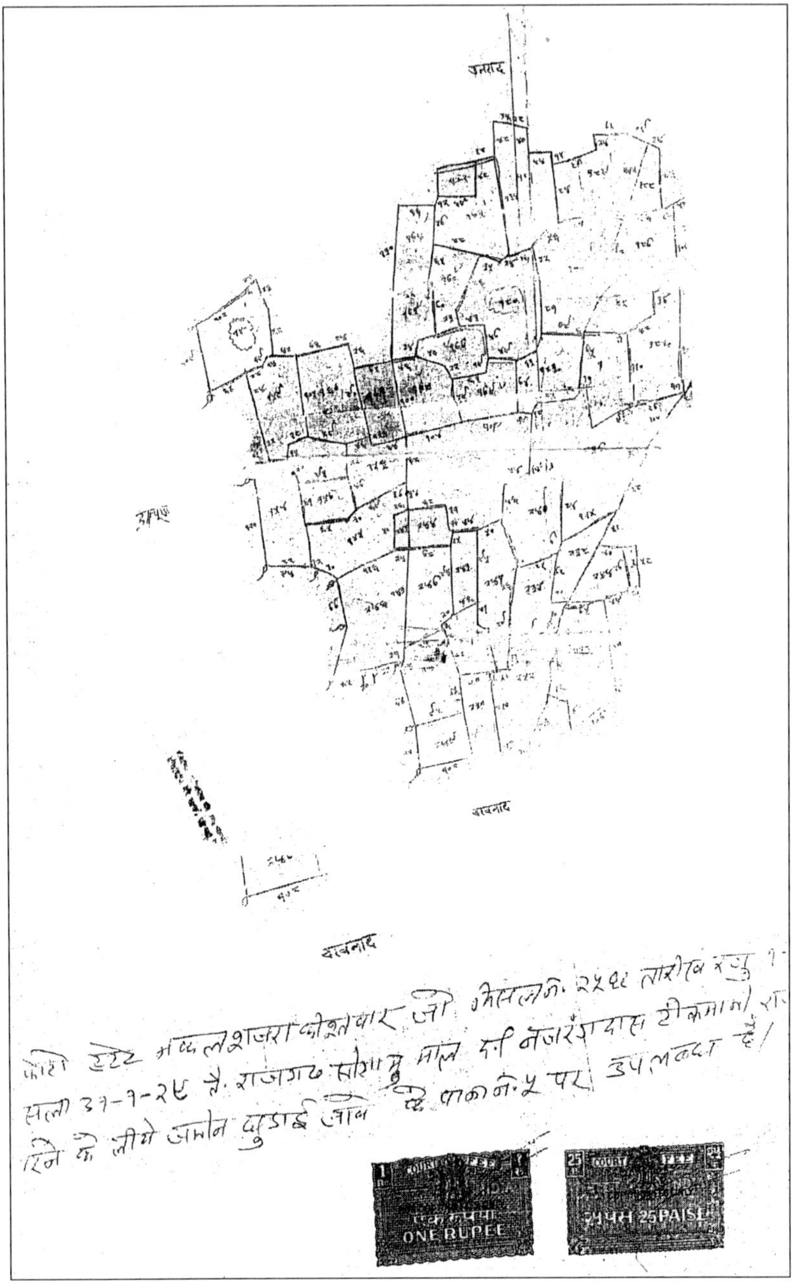
COURT FEE
ONE RUPEE
25 PAISE

परिशिष्ट-3

टीकमाणी कुएँ की पट्टा नकल

श्रीरामजी।

नम्बर मिसल ३२८ तारीख मरजुआ २७-८-१७ नाम तहसील [illegible] नम्बर २/८

श्री जी साहब बहादुर री गवर्नमेन्ट री मंजूरी सं [illegible] में जमीन एक [illegible]

[illegible]

श्री दरबार रे पट्टा री हुती तिके जमीन री पैमायश कराई गई तो जमीन नीचे लिखे मूजिब नक्शे व खसरे मुताबिक दर गज ७२०० — अखरे दर गज [illegible] — हुई, तिका जमीन श्री दरबार सूं मोल रुपया — अखरे रुपया — श्री गंगा माली में [illegible] नुं चुकाय दीवी, तिके रुपया तहसील — में तारीख — सन १९- ई० ने जमा हुवा, तिके जमीन में बारणा २ ऊगुण — आथूण — उत्तराद — दिखणाद नक्शे में लिखे मुजिब राखसी, तिका जमीन गजगत माफिक चुकाय दीवी, ने ऊपर आसरा, इमारत, बारी, जाली, गुम्भारिया, झरोखा, वगैरह पड़ना करासी, हमें इणे जमीन रो कोई दावो उजर करणे पावे नहीं, कोई [illegible] दावो उजर करसी तेनूं श्री जी साहब बहादुर री गवर्नमेन्ट सूं मना की जासी। ता० ५-५ — सन १९९८ ई०

रकबो.	पवत मजरा.	उत्तरादे पासे.	दिखणादे पासे.	ऊगूणे पासे.	आथूणे पासे.
७२००	[illegible]	नगराजीसीर कारी	नगराजीसीर कारी	गली —	नगराजीसीरथा

खसरो जमीन.

नम्बर शुमार.	उत्तराद.	दिखणाद.	कोणा.	ऊगूण.	आथूण.	कोणा.	कुल दर गज.
१	३०	३०	०	३०	३०	०	९००
२	७०	७०	०	१००	१००	०	७०००
							७२००

मोट [illegible]

नक्शो.

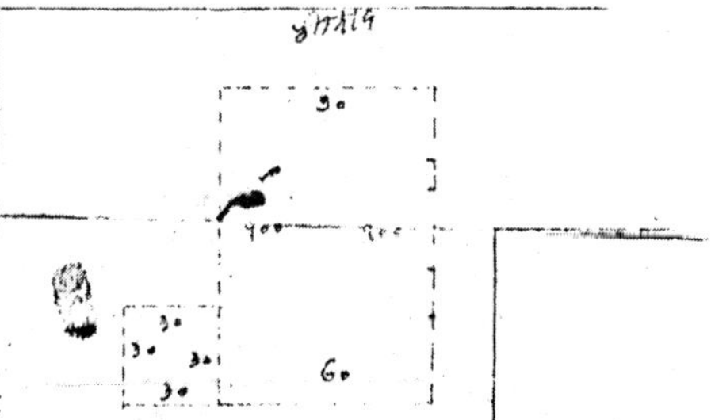

[illegible signatures]

साहब रेवेन्यु कमिश्नर, राज श्री बीकानेर।

मेम्बर साहबान कौन्सिल।

परिशिष्ट-4

स्वामी गोपालदासजी के संग्रह से प्राप्त पत्र की नकल

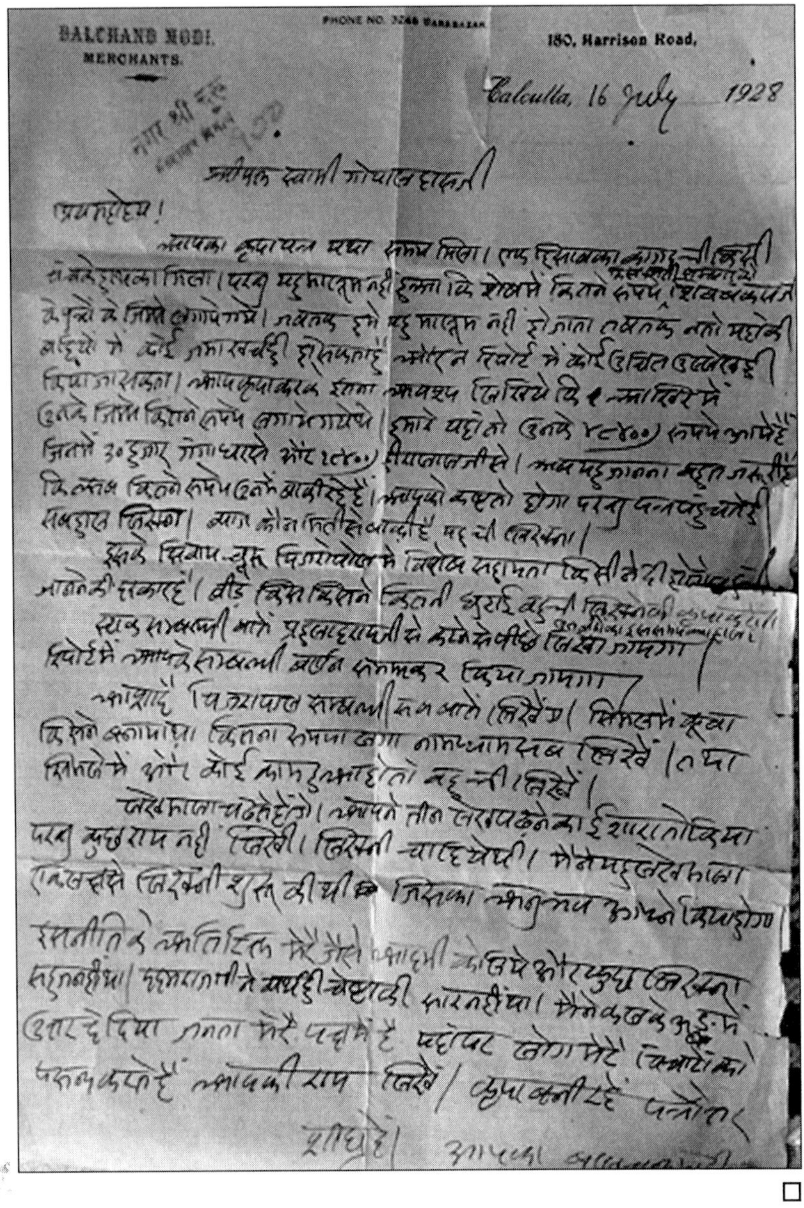

BALCHAND MODI.
MERCHANTS.

PHONE NO. 3246 BARABAZAR

180, Harrison Road.

Calcutta, 16 July 1928

श्रीयुत स्वामी गोपालदासजी

[illegible]!

आपका कृपापत्र [illegible] मिला। [illegible] हिसाबका [illegible] मिला। परन्तु यह मालूम नहीं हुआ कि [illegible] कितने रुपये [illegible] के [illegible] लगाये गये। जबतक हमे यह मालूम नहीं हो जाता तबतक [illegible] कोई [illegible] नहीं [illegible] और न रिपोर्ट मे कोई उचित उल्लेख ही किया जा सकता। आप कृपाकर इतना अवश्य लिखिये कि [illegible] उनके [illegible] कितने रुपये लगाये गये। हमारे यहां तो उनके ४८४००) रुपये आये हैं जिसमें ३० हजार [illegible] और १८४००) [illegible] से। अब यह जानना [illegible] कि [illegible] कितने रुपये उनमें बाकी रहे हैं। [illegible] होगा परन्तु [illegible] लिखना। [illegible] लिखना।

इसके सिवाय [illegible] के [illegible] सहायता किसीने दी हो [illegible] [illegible] कि [illegible] कितने [illegible] [illegible]

[illegible] प्रहलादरायजी से [illegible] लिखा जायगा। रिपोर्ट मे आपके सम्बन्धी [illegible] किया जायगा।

[illegible] सम्बन्धी [illegible] लिखें। [illegible] कितना रुपया लगा [illegible] सब लिखें। [illegible] और कोई [illegible] हो तो वह भी लिखें।

[illegible] आपने तीन [illegible] का इशारा तो किया परन्तु कुछ राय नहीं लिखी। लिखनी चाहिये थी। मैंने यह [illegible] लिखनी शुरू की थी [illegible] जिसका [illegible] राजनीति [illegible] मेरे जैसे आदमी [illegible] और कुछ लिखना [illegible] नहीं था। [illegible] नहीं था। [illegible] उतार दे दिया [illegible] मेरे [illegible] है [illegible] लोग मेरे [illegible] को [illegible] आपकी राय लिखें। कृपा बनी रहे। [illegible]

[illegible] आपका [illegible]

परिशिष्ट-5

ताम्रपत्र की नकल

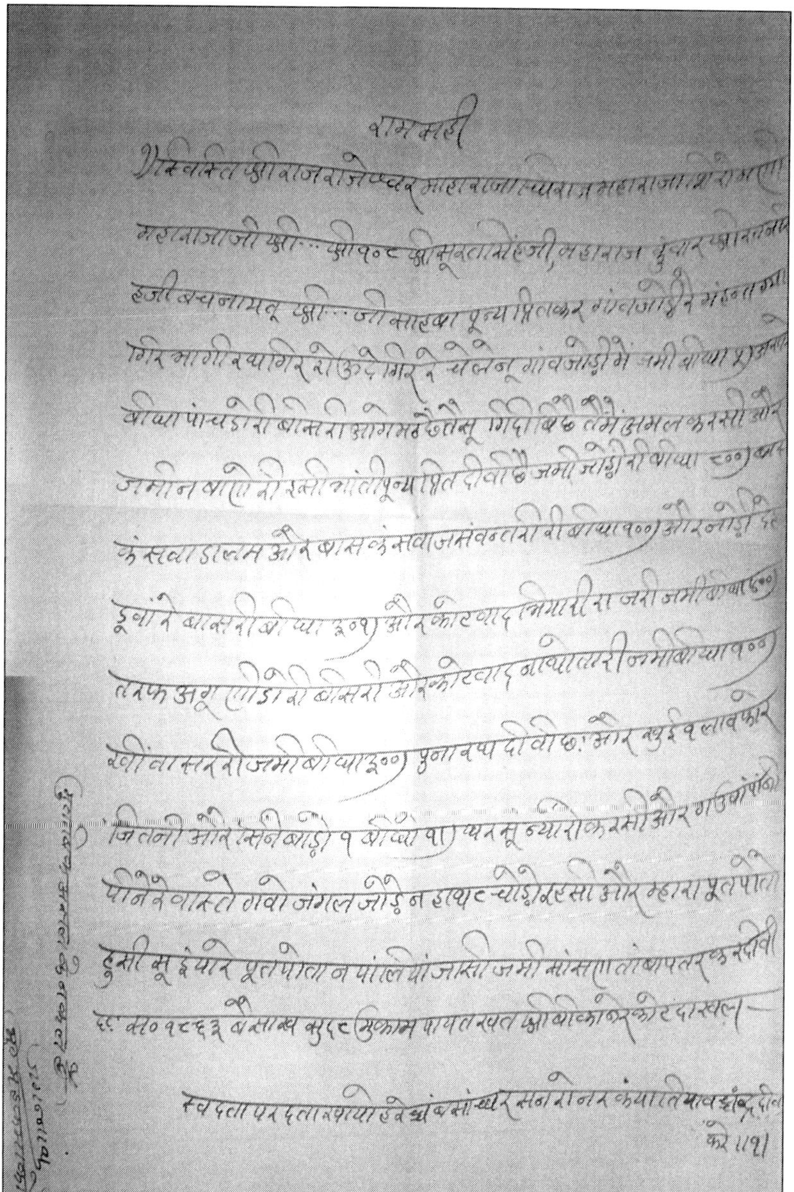

रामजी

श्री सिद्ध श्री राजराजेश्वर महाराजाधिराज महाराजा श्री राम[illegible]

महाराजाजी श्री... श्री १०८ श्री सूरतसिंहजी, महाराज कुंवार श्री [illegible]

हजी वचनायत् श्री... जी साहबा पुण्य प्रीत कर गांव जोड़ी रे महंत [illegible]

गिर भागीरथ गिर रो उदेगिर ने चेलां नू गांव जोड़ी में जमी बीघा [illegible]

बीघा पांचसौ रा बास्ते रा आगम ठौड़ सूं गिदा [illegible] तमें अमल करसी और

जमीन थारे नै रसी [illegible] पुण्य प्रीत दीवी छै जमी जोड़ी री बीघा ५०० [illegible]

के सवा डालम और थास के सवा जमी [illegible] री बीघा १०० और जोड़ी [illegible]

डूंगे ने बास्ते री बीघा ३०१ और कोटवाद [illegible] री जरी जमी बीघा ६००

तरफ अगू लोडा री बास रो और कोटवाद [illegible] री जमी बीघा १००

रवीं बास्ते री जमी बीघा २०० पुण्य कर दी वी छै और कुई १ लाव [illegible]

जितनी और [illegible] बाड़ी १ बीघा ५१ [illegible] और [illegible]

पीने रे वास्ते गवो जंगल जोड़ [illegible] और म्हारा पूत पोता

दूसरी सूं ईयार पूत पोता न पालसी जासी जमी [illegible] ताम्रपतर कर दीवी

सं० १८६३ बैसाख बुद ८ मुकाम [illegible]

स्वदत्तां परदत्तां वा यो हरेत वसुन्धरां [illegible]

करे ॥१

परिशिष्ट-6

श्री उदयरामजी बागला के कुएँ पर लगे हुए शिलालेख की प्रतिलिपि एवं हस्तलखित प्रति

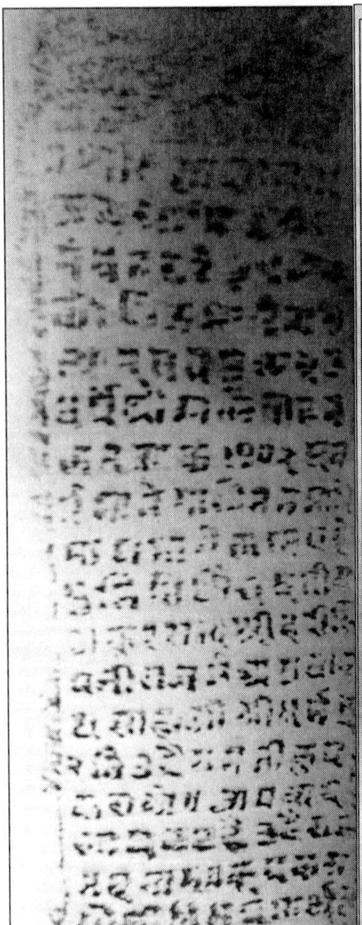

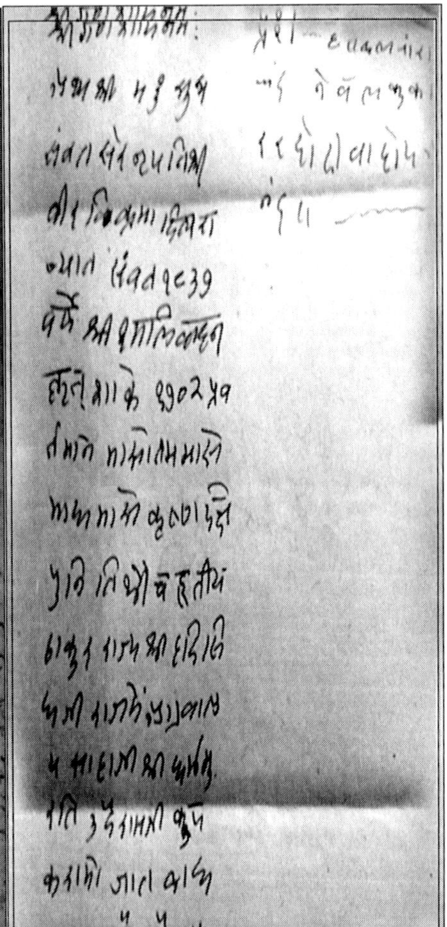

परिशिष्ट-7

माणकसर ताल-बिदासर की *पाल* पर लगे प्राचीन शिलालेख की प्रतिलिपि

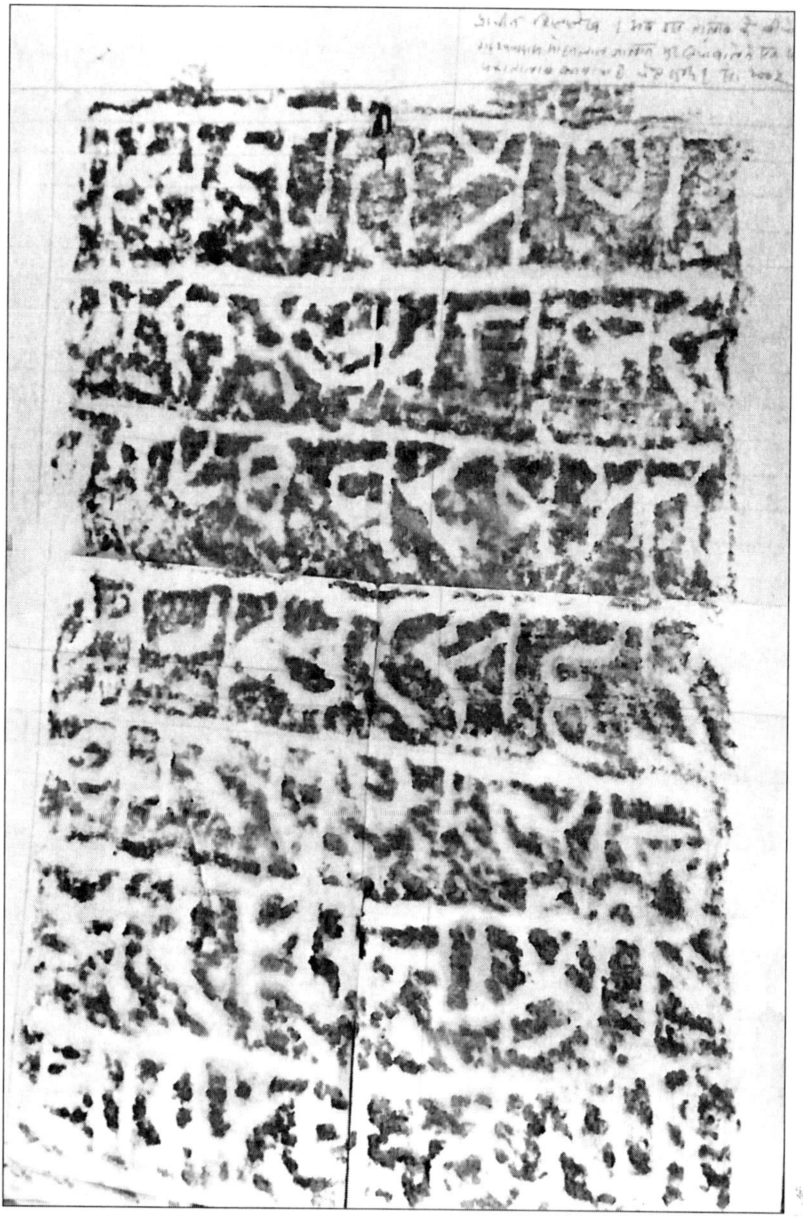

परिशिष्ट-8

पड़िहारा में साँवलदास द्वारा निर्मित कुएँ पर लगा 22 पंक्तियों का शिलालेख और उसकी हस्तलिखित प्रतिलिपि

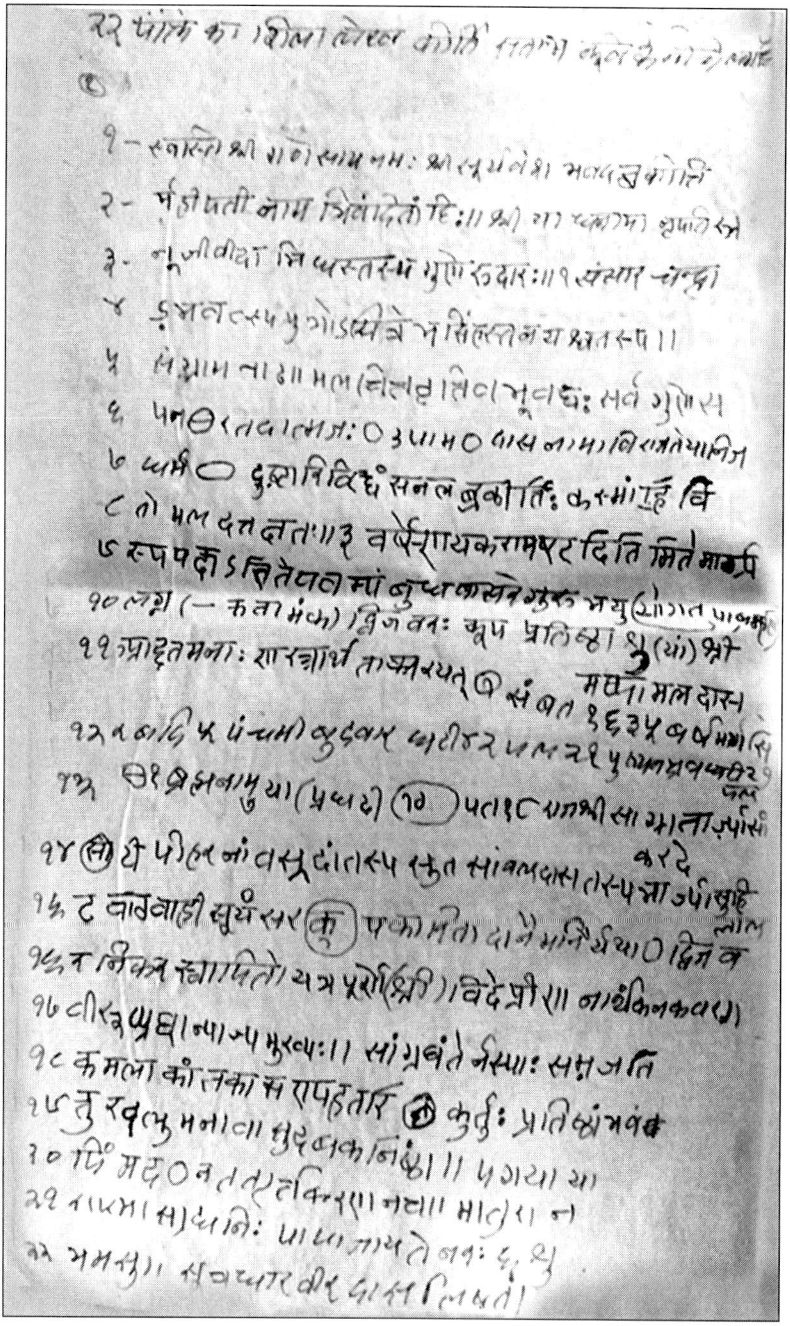

परिशिष्ट-9

डॉ. गिरीजाशंकर शर्मा कृत पुस्तक *मारवाड़ी व्यापारी* में श्रीमंतवर्ग द्वारा निर्मित जलाशयों की सूची

श्रीमंत वर्ग	स्थापना वर्ष	जलाशय का रूप और जगह
श्री हरदेवदास बदरीदास केडिया	1918 ई.	रतननगर में एक कुआँ
श्री गिरधारीलाल सरदारमल टांटिया	1919 ई.	सरदारशहर में एक कुआँ
लूणकरणसर के सेठ-साहूकार	1921 ई.	देसलसर गाँव में एक कुंड
श्री बिरधीचंद बींजराज अग्रवाल, सुजानगढ़	1921 ई.	झारिया गाँव में कुंड
श्री बलदेवदास, चूरू	1921 ई.	चूरू में कुआँ
सेठ रामचंद्र मंडावाला, सेठ बदरीप्रसार खेमका	1921 ई.	चूरू में कुआँ बनवाया, आज भी मौजूद है
सेठ भानमल औसवाल, सरदाशहर	1922 ई.	एक कुआँ
श्री सूरजमल महाजन, रतनगढ़	1923 ई.	एक कुआँ
सेठ घनश्यामदास पोद्दार, डूँगरगढ़	1924 ई.	गांगियासर में एक कुआँ
सेठ भाल पुत्र कानीराम, सरदारशहर	1926 ई.	कुआँ
सेठ चुन्नीलाल अग्रवाल	1927 ई.	जसरासर में कुआँ
रामजीदास धानुका, रतनगढ़	-	-
सेठ बिशन दयाल बिहारी लाल, रेणी	1927 ई.	एक कुआँ, 1931 में रेणी की रोही में कुंड
सेठ रामगोपाल चांडक, सरदाशहर	1931 ई.	सरदारशहर में कुआँ
सेठ कालूराम माहेश्वरी, सरदारशहर	1931 ई.	कुआँ
सेठ गोविंदराम अग्रवाल, रतननगर	1932 ई.	रतननगर में कुआँ
सेठ भीमराज अग्रवाल, सरदारशहर	1932 ई.	सरदारशहर में कुआँ
सेठ कान्हीराम, बूकनसर	1932 ई.	बूकनसर में कुंड
सेठ धर्मचंद मूंधड़ा, सरदारशहर	1933 ई.	कुआँ
सेठ जगन्नाथ सारड़ा, मलकीसर	1934 ई.	बड़ाबास में एक कुंड

सेठ धर्मचंद शोभागचंद मूंधड़ा	1935 ई.	धुपालिया में एक पक्का तालाब
सेठ मोतीलाल अर्जनलाल गोडादिया, सुजानगढ़	1935 ई.	एक कुंड
सेठ लादूराम, शिवचंद राय, सूरजमल और गणपत तापड़िया	1935 ई.	गोपालपुरी की डूँगरी के पास तालाब
सेठ ब्रह्मदत अग्रवाल, रतननगर	1936 ई.	एक कुआँ
सेठ बींजराज झालरिया, सरदारशहर	1936 ई.	कुआँ
सेठ रामेश्वरलाल पेड़ीवाल, सरदारशहर	1937 ई.	कुआँ
सेठ ठाकरसीदास अग्रवाल, जसरासर	1938 ई.	जसरासर में एक तालाब
सेठ कुलक्षेत्र अग्रवाल, रेणी	1938 ई.	एक कुंड और तालाब
सेठ नाहरमल बाजोरिया, डूँगरगढ़	1938 ई.	तालाब
सेठ घनश्यामदास और शिवदेवी, चूरू	1938 ई.	सिरसला गाँव में एक तालाब
रायबहादुर बलदेवदास, दूधवाखारा	1941 ई.	कनकपुरा में कुआँ

□

परिशिष्ट-10

श्रीडूँगरगढ़ एवं उसके अधीनस्थ गाँवों में स्थित जलाशयों की सूची
(लेखिका ने सर्वेक्षण के दौरान संगृहीत किए तथ्य)

	गाँव कुआँ	श्रीडूँगरगढ़	ट्यूबवेल बंद/चालू	तालाब	पक्का	तालाब कच्चा
1.	ठूकरियासर	*उत्तरादा* बास कुआँ *दिखणादा* बास कुआँ	बंद बंद	1 खारापानी 2 चालू	4	5
2.	आडसर	गोपाल सिंह राजपुरोहित कुआँ लिघूराम चैधरी कुआँ राम कुमार पेडिवाल कुआँ	चालू चालू बंद		1 1	1
3.	लिखमादेसर	उतरादा कुआँ दिखणादा नया कुआँ	बंद चालू बंद	1	1	—
4.	सतासर	नया कुआँ *दिखणादा* कुआँ पुराना कुआँ बाबा की कुटिया में	चालू बंद बंद	1 1		
5.	मोमासर	भांबू बास का कुआँ नाहटों का कुआँ भोमियाणी मंदिर के पास कुआँ बाजार में कुआँ	बंद बंद बंद बंद	13	*रूपाणा* *जोहड़ा* मगरिया की ताल में	

6.	बिग्गा	*बाड़ी वाला कुआँ बाड़ी से* उतरादा कुआँ पुष्करणा बास कुआँ माला बास कुआँ बड़ा बास कुआँ *गट्टाणी* कुआँ	बंद बंद बंद बंद बंद चालू	4	*पंचवाई जोहड़ा गोमाण जोहड़ा*	*पंचवाई कच्चा गोमण* कच्चा
7.	सातलेरा	स्कूल के पास कुआँ ब्राह्मणों के मोहल्ले का कुआँ	बंद बंद	1	पक्का *जोहड़*	*कच्चा-2*
8.	धीरदेसर चोटियान	अगूणा कुआँ उत्तरादा कुआँ आथूणा कुआँ	बंद चालू बंद	3	*तीलटा जोहड गोगराणा*	*उटाणिया झवकाणा अंसलाई गेलाणा सताणा मेघाणा*
9.	कुंतासर	बोड़िया कुआँ उतरादा कुआँ	चालू बंद	2	श्मशान भूमि में पक्का *जोहड़*	*बिल्लाई मालणा गोलाई*
10.	रेवाडा	1 कुआँ	बंद	1		*बोरड़ी* वाला *जोहड़*
11.	सुरजनसर	ब्राह्मणों के बास सार्वजनिक	चालू चालू	2	खिलेरिया	
12.	लाखनसर	2	बंद	1	—	—
13.	उदासर (चारणान)	1	चालू	1	1	1

14.	धीरदेसर (पुराहितान)	मेघवाल बास में जाटों के बास में	बंद बंद	1	—	—
15.	लखासर	बाणिया का कुआँ मिठिया का कुआँ खुमारवाड़ का कुआँ खातियों का कुआँ राठौड़ा का कुआँ	चालू बंद बंद बंद बंद	4	*सोमाणा जोहड़ गाँव में जोहड़ भुराणा जोहड़ भैरुजी की ओरण में जोहड़ दूजाणो*	*हरजाणा नेशनल हाई-वे के पास केरालो झारनटा सोमाणा कच्चा*
16.	बेनीसर	2 1 शिव मंदिर के पास	बंद चालू	4	*आथूणा गंदलाई राजूड़ी*	*पश्चिम दिशा में पूर्व दिशा में*
17.	गजपुरा	—	—	—	*चंदलाई*	*आड़ी जोहड़ी जैसाणा*
18.	बाना	*बोड़िया नयोड़ा*	बंद चालू	3	*राजालो जोहड़ा सराणों जोहड़ा हरसालिया*	*भूपाणिया भीजालियो मोखाणिया नरसगाणों*
19.	जैसलसर	*टाडे में*	बंद	3	*गोचर में*	—
20.	सालासर	*टाडे में*	बंद	2	—	*बीहड़ भूमि में*
21.	रीड़ि	*ख्याणी बास*	बंद	1	*मोदी जोहड़ा*	*मेंडानिया बेगलाना*
		पुराना बास	बंद		*पंजावा जोहड़ा*	*घुमराना हथाणा*
		दुमेरा बास	बंद			*खेरताली कड़वाली*
		डेरी बास	बंद			धींगाणिया
		खेणी रोही	बंद			

		विहरिरामजी	बंद			
		मेले मैदान में	बंद			
22.	अभयसिंह पुरा	टाडा में	बंद	1	दुसाली	भालाण
					मुलाणा	खेताली
23.	सूडसर	1	बंद	3	—	गंडलाई जोहड़
24.	रेऊ	1	बंद	3	अमलाई तलाई	नियाणिया
25.	देरासर	1	बंद	3	पीतली जोहड़	कच्चा-1
26.	दुलचासर	खारिया	बंद	3	गोगाणा	खिंतलाई मनाणो
					मनलाई	मलती ललाई भरलाई
					पकोड़ी	
27.	गोपालपुरा	बीकानेर रोड पर	बंद	2	गोन्याणो	भटियाणी
28.	उदरासर	टंकी के पास	बंद			
		अगूणाबास	बंद	2	उतराद में	5 कच्चा
		भैराराम देई के घर के पास	बंद	दिखणाद में		
29.	जालबसर	उतरादा	बंद			सुलती ताल
		बस स्टैंड पर	चालू	3	आथूणी दिशा में	मोलाणियों
		स्कूल पर	चालू			पीलती
30.	बिरमसर	मेघ कूकणों	बंद	2	आथूणी दिशा में	किलांणियों
		दिखणादा	चालू		राधा ब्राह्ममणि	पोरवराणों
31.	लाधड़िया	उत्तरादा बास	बंद	2	आथूणी दिशा में	कोयला की जोहड़ी

						आथूणी दिशा में
32.	धोलिया	गरगढ़ मार्ग पर	बंद		*उत्तरादी दिशा में*	*3 कच्चा*
		दिखाणादा	बंद	1		
		गाँव के बीच	बंद			
33.	सांवतसर	2 कुआँ	बंद	4	*उत्तरादी दिशा में खंदेड़ा*	*खोड़ाना डूमाना*
						आसाणा जावणवाली हूंडेर
34.	लिखमीसर उत्तरादा	2 कुआँ	बंद	3	*कुतिया तलाई*	*डेरवाली खेरवाली*
						पकूसाना रेडनिया लूणीयों
35.	*लिखमीसर दिखणादा*	कुआँ–1	बंद	2	—	*लासवामा जोहड़*
36.	बीझांसर	गाँव के बीच	चालू	3	*गोखाणा जोहड़*	*मालकी ताल*
		भूखरोका कुआँ	बंद		*रूपाणा जोहड़*	*दुप्पटा*
					राजसेण जोहड़	*गंदी तलाई*
					घोड़े वाला ताल	
37.	लोडेरा	आथूणा कुआँ	चालू	3	घिटाणिया मोतिया	घिटाणिया कच्चा
						गोचर भूमि पश्चिम
						मोतिया कच्चा

						श्मशान भूमि में कच्चा
38.	राजपुरा	कुआँ–1	चालू	1	नेतवाली	उत्तर दिशा में
39.	बरनांगसर	पुराना बरनांगसर	बंद		तियाणिया	भीरलाई पीलती
	नया बरनांगसर	बंद	3		खतलाई	बीटाणिया डेलाणी
	नया कुआँ	बंद				खुडिया रेगलाई
						बियाणिया जोहड़ा
						किकलाया पंचलाया
						निणती
40.	कुनपालसर	*गवाड़ में*	बंद	3	श्रामसागर	हेमलाया
41.	बापेऊ	स्कूल के पास	बंद	8	बापेऊ पुरोहितान पक्का जोहड़	बरखणा जीवलाई
		बस स्टैंड पर			गोचर भूमि में	धोलती खितलाई
42.	बापेऊ पुरोहित	1 कुआँ	बंद	3	—	—
43.	राजेड़ू	4	बंद	4	*जीवलाई*	*जीवलाई मानकाणा*
					हड़मान सागर	*सानाणा खितलाई*
						पंचलाई भुजलाई
						तेजामा रावड़ा

						डुमानती
44.	ऊपनी	कुआँ–1	बंद	4	*पुराणियो* जोहड़	अमामी सुक्यो
						तुलछाणी
45.	कल्याणसर पुराना	कुआँ–2	बंद	3	*नरराणियो*	*7 कच्चा* जोहड़
46.	कल्याणसर नया	कुआँ–1	बंद	3	1	9
47.	बाडेला	श्मशान भूमि में	बंद	5	1	*रामाणो देदाणो खनरी*
		गाँव के बीच	बंद	5		
48.	*धर्मास*	*रेड़ाऊ*	बंद			
		धोलिया	बंद		माजीवालो	खोडानी इमरती
		बोडीया	बंद	3	ब्रज कामो	देसलाव जोरक्यां
		नयावाला	बंद		उदाणों	टोडराणो नाडियो
		स्कूल में	बंद			हसलायो भोलराणो
						जेसाणो ब्रजकानो
						नलाई असलायो
						असलायो दिखणादो
						नाई हाली बुरलाई
						हेताणो धोलल

49.	कीतासर	बाबरियों के बास	बंद	5	मालाणो	मिनलाई वुल्लाई
		भाटियों के बास	बंद		गोरण	भगराणो कोदाणा
		हड़मान सागर	बंद		पेमलाब	सिललाव जागराणो
		आथूणी दिशा	बंद			बगेलाव
						अड़वालिया
50.	सीतलनगर	कुआँ–1	बंद	1	—	जिंदगाँव, अरमाणो
51.	धर्मास	कुआँ–1	बंद	2	भोमियाजी जोहड़	धोलानिया
52.	नोसरिया	कुआँ–1	बंद	1	चटानिया जोहड़	भराणा नोसरिया
53.	मिंगसरिया	कुआँ–2	बंद	3	1	*पेमलाई धनलाया*
						करमाणिया बेगलानी मोरलाना मोराणा
54.	इंदपालसर	कुआँ–1	बंद	5	*कालरा रोड पर*	*मेघदायौ डेलानिया*
55.	हथाना	कुआँ–1	चालू	1		*हथामा जोहड़*
56.	पूनरासर	हुडा बास	बंद	6	*अमराणी*	रूघलाई
		गोदारों के बास	बंद		*छिंपाणों*	जठोनी
		सिंहों के बास	बंद		*मेनकाणो*	
		बाणियों के बास	चालू			
57.	श्री डूँगरगढ़					
	मोमासर बास	डावरामजी का कुआँ	बंद			

		भेसालियो का कुआँ	चालू			
		तैलियों का कुआँ	बंद			
		चांडकों का कुआँ	बंद			
	बिग्गा बास	मालूरामजी डागा कुआँ	बंद			
		डागा स्कूल के पास	बंद			
		टोडरमलजी का कुआँ	बंद			
		कसाइयों का कुआँ				
		गऊशाला के पास	बंद			
		बिनाणियों के पास	बंद			
	आडसर बास	रेगरों का कुआँ	बंद			
		आसू भाई का कुआँ	बंद			
		पुगलिया गेस्ट हाउस के पास	बंद			
		मालुओं का कुआँ	बंद			
		झंवरों का कुआँ	बंद			
		मैंधड़ों का कुआँ	बंद			
		कृष्णसदन का कुआँ	चालू			
		सोमाणियों का कुआँ	चालू			

		लाधुराम राठी का कुआँ	बंद			
		लखोटिया का कुआँ	बंद			
	कालू बास	लाबनिया का कुआँ	बंद			
		सदारामजी झंवर का कुआँ	बंद			
		बोथरा का कुआँ	चालू			
		श्मशान भूमि में कुआँ	चालू			
		मेघवाल बास में कुआँ	बंद			
		सोनी का कुआँ	चालू			
		चिमनाराम माली	चालू			
		चिमनाराम करनाणी	चालू			
		भदाणियों का कुआँ	बंद			
		मोहता कुआँ	बंद			
	बाजार	भंवरलाल जी डागा का कुआँ	बंद			
		मोढ़ियों का कुआँ	बंद			
		नगरपालिका का कुआँ	बंद			
		नाटिया का कुआँ	बंद			

परिशिष्ट-11

चूरू के प्रसिद्ध कुएँ

(लेखिका की ओर से किए गए सर्वेक्षण के अनुसार)

1. कन्हैया लाल बागला का कुआँ	25. मंत्रियों का कुआँ
2. भगवानदास बागला का कुआँ	26. तेलियों का कुआँ
3. धानुका का कुआँ	27. भरतियों का कुआँ
4. नाडिया कुआँ	28. झुंझारजी का कुआँ
5. सिंघी पार्क कुआँ	29. चैलावा कुआँ
6. मोचियों का कुआँ	30. पावटा कुआँ
7. गोयनका जलाशय	31. गोयनका का कुआँ
8. रामजस का कुआँ	32. भोलाराम बागला का कुआँ
9. शोभाराम लिंडेवाला का कुआँ	33. कोसी धोरा मरदा कुआँ
10. सुनारों का कुआँ	34. शिव बाग कुआँ
11. मगनी सागर कुआँ	35. बारह महादेव मंदिर कुआँ
12. धीर सागर कुआँ	36. लील्हों का कुआँ
13. क्षीर सागर कुआँ	37. महणसरियों का कुआँ (धोलिया कुआँ)
14. गधा सागर कुआँ	38. लोहियों की छतरी का कुआँ
15. लोहियों का कुआँ	39. गुगोजी के पास कुआँ
16. जतीजी के बगीचे का कुआँ	40. सिगड़ू कुआँ
17. बड़ा मंदिर का कुआँ	41. बारह महादेव का कुआँ
18. गढ़ वाला कुआँ	42. रेगरों का कुआँ (गोपाल पाठशाला के पास)
19. सेखसरिया कुआँ	43. मेघवालों की कुई
20. पोदारों की छतरी का कुआँ	44. धोबियों का कुआँ
21. मणियारों का कुआँ	45. सांथालियों का कुआँ
22. नाथों का कुआँ	46. रामकरण का कुआँ
23. गौशाला का कुआँ	47. गोयनका का कुआँ
24. लछीराम बहड़ का कुआँ	48. सुराणा पार्क कुआँ

49. माल जी कोठारी का कुआँ	57. खेमका का कुआँ
50. कोठारियों का कुआँ	58. खेमका बगीची कुआँ
51. बौड़िया कुआँ	59. मंत्रियों का कुआँ
52. पेड़ीबालो का कुआँ	60. जलेबी चोरों का कुआँ
53. चमारों का कुआँ	61. भावसिंहका कुआँ (हनुमानगढ़ी)
54. लुहारों का कुआँ	62. रामचंद्र मंडावेवाला कुआँ
55. खटीकों का कुआँ	63. कब्रिस्तान का कुआँ
56. पशु अस्पताल कुआँ	

कुइयाँ

1. शकरी कुईं	8. बगड़िया की कुईं
2. गीगराज नाई की कुईं	9. मुनीमजी की कुईं
3. कालीजी मंदिर कुईं	10. खारती कुईं
4. शांतिनाथ मंदिर कुईं	11. व्यासों की कुईं
5. लाला की कुईं	12. भैरूजी की कुईं
6. बुहर की कुईं	13. स्वामीजी मंदिर की कुईं
7. चुन्नी लाल धाणका कुईं	

□

परिशिष्ट-12

राजगढ़ (सादुलपुर) के जलाशय

(लेखिका ने सर्वेक्षण किया)

1.	टीकमाणी कुआँ मोहतां गर्ल्स स्कूल के पास	चालू
2.	पींजरापोल गऊशाला कुआँ	चालू
3.	टीकमाणी पाठशाला पं. काशीराम के घर के पास कुआँ	खत्म
4.	स्वामियों की ढाणी रेलवे लाइन के पास कुआँ	चालू
5.	शिवभगवान माली *बाड़ी का कुआँ*	चालू
6.	गणगौर चौक में कुआँ	चालू
7.	श्याम मंदिर के पास पक्का तालाब	समाप्त
8.	पुराना डाकघर के पास कुआँ	चालू
9.	सरावगी बाड़ी कुआँ	समाप्त
10.	पं. राधेश्याम (पार्वती) का कुआँ	बंद
11.	मानमल सिंधी सादुलपुर में कुआँ	समाप्त
12.	मालियों की *बाड़ी में* कुआँ	चालू
13.	पं. पालीराम के *खेड़े* में कुआँ	चालू
14.	पं. श्रीराम आचार्य *खेड़ा* कुआँ	चालू
15.	मोहल्ला नरड़ियान में दाउद की *कुईं*	बंद
16.	पारखों की बाड़ी में कुआँ	बंद
17.	घेवका का कुआँ	चालू
18.	फतेहपुरियों के बाग में कुआँ	चालू
19.	घेवका की *कुईं*	बंद
20.	लुदी बास में *कुईं*	बंद
21.	भंगियों की *कुईं*	बंद
22.	भंगियों के मोहल्ले में कुआँ	बंद
23.	लाल *कुईं* मोहल्ला मालियान *कुईं*	बंद
24.	खातियों की *कुईं* चिरंजी के घर के पास	समाप्त

25.	दादु द्वारा के पास कुईं	बंद
27.	धोबियों के मोहल्ले की कुईं	बंद
28.	दर्जियों के मोहल्ले की कुईं	बंद
29.	दास रामदास की बाड़ी का कुआँ	बंद

अन्य जलाशय

1.	लोहारीवाला मंदिर का तालाब
2.	शिवमंदिर की बगीची और कुंड
3.	चंपालाल बागड़ी का कुंड नेहरू बाल मंदिर स्कूल के पास
4.	सतनालीवालों का कुआँ श्री बिरदीचंद सतनाली वाला

□

परिशिष्ट-13

कागद बही, नं. 12, वि.सं. 1857/1800 ई.

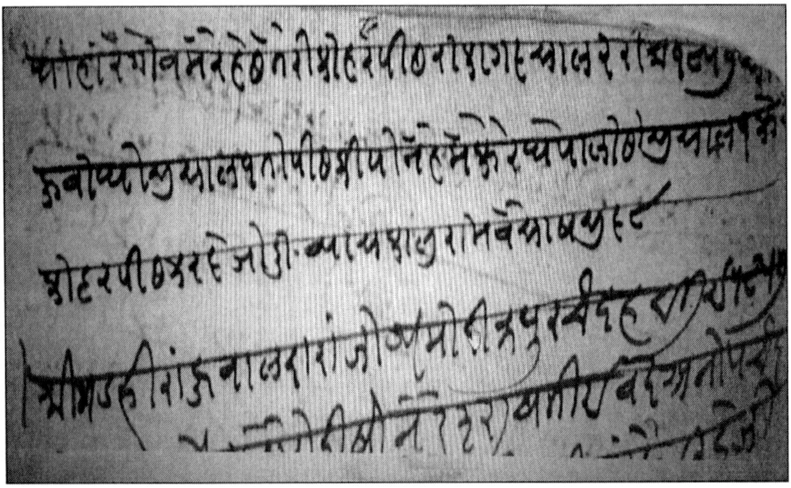

परिशिष्ट-14

कागद बही, नं. 67बी, वि.सं. 1920/1863 ई.

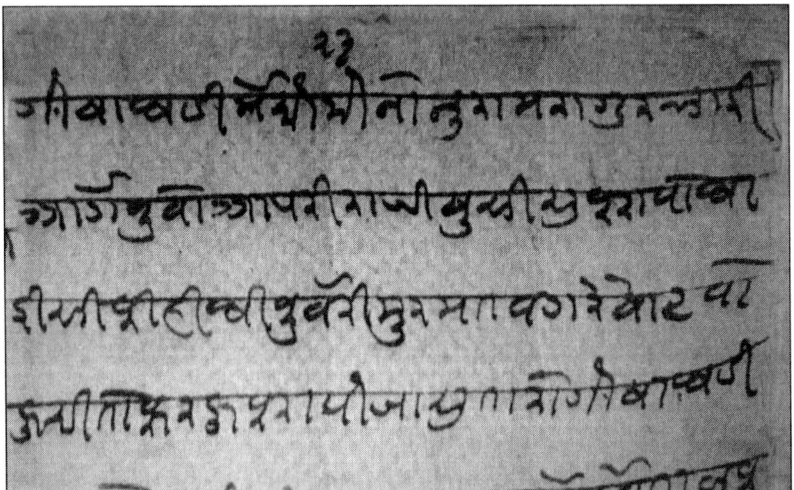

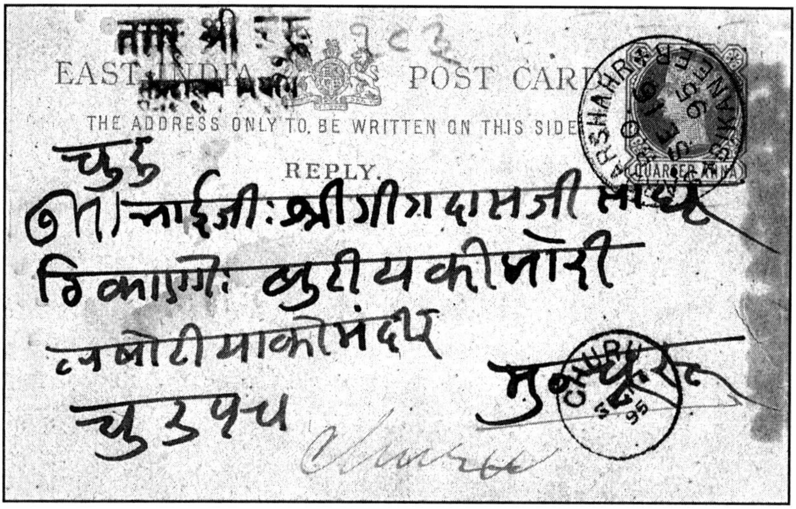

EAST INDIA POST CARD

THE ADDRESS ONLY TO BE WRITTEN ON THIS SIDE

REPLY.

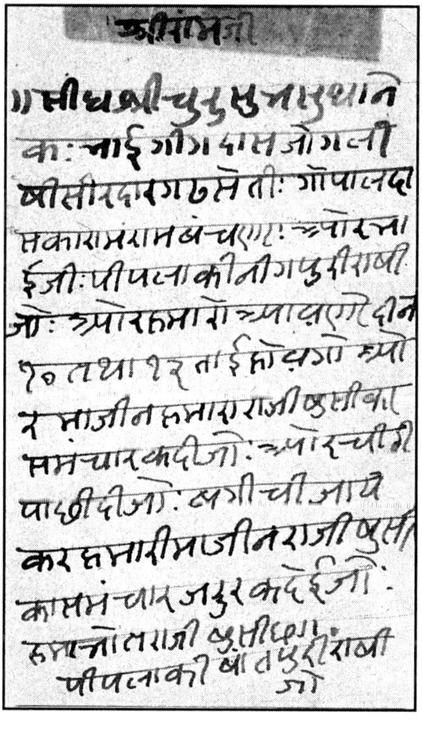

स्वामी गोपाल दासजी का प्रथम पत्र,
16 सितंबर, 1895, नगर श्री शोध संस्थान, चूरू

माननीय

महाराजा मानधाता सिंह जी

साहिब ।

रेवेन्यू मिनिस्टर, राज श्री बीकानेर

बीकानेर ।

श्रीमान् महाराजा साहिब

जय मंगल हो ।

मुझे यह निवेदन करते निहायत खुशी होती है कि जो रेतीली बेकार जमीनें गोचर भूमि के लिये चूरू में उपजाऊ बनाने के लिये कृपालु बीकानेर गवर्नमेंट ने छोडी है, उसके कृतज्ञता प्रकाशन उपलक्ष्य में सेठ रुक्मानन्द जी राधाकृष्ण बागला ता० १६.१० ३०.ई० को आपके सभापतित्व में चूरू में स्थानीय जनता की तरफ से आम जल्से में श्री जी साहब बहादुर की गवर्नमेंट को धन्यवाद देंगे और साथ रुक गोचर भूमि याने बीहड़ के भविष्य के बन्दोबस्त के लिये एक अच्छी रकम का स्थाई फण्ड प्रदान करेंगे।

इसलिये आप से सादर प्रार्थना है कि इस अवसर पर अवश्य पधार कर उत्सव की शोभा बढाते हुवे ऐसे परोपकारी कामों में जनता का उत्साह बढावें ।

आपका शुभेच्छुक

चूरू

तारीख १६.१०.३०.

गोचर भूमि संबंधी स्वामीजी, पत्र,
16 अक्तूबर, 1930, नगर श्री शोध संस्थान, चूरू

संदर्भ ग्रंथ सूची

(1) प्राथमिक स्रोत-राजस्थान राज्य अभिलेखागार, बीकानेर

(क) बीकानेर बहियात, रामपुरिया रिकॉर्ड्स

(ख) जगात-बहियाँ

- *मंडी री जगात बही*, नं. 4, वि.सं. 1805/1748 ई.
- *मंडी रे साहे री बही*, नं. 5, वि.सं. 1806/1749 ई.
- *जगात री बही*, नं. 7, वि.सं. 1807/1750 ई.
- *श्री गजसिंहपुरे री जगात बही*, नं. 10, वि.सं. 1815/1758 ई.
- *श्री मंडी रे खाता तेरी बही*, नं. 12, वि.सं. 1818/1761 ई.
- *जगात री बही*, नं. 17, वि.सं. 1821/1764 ई.
- *लूण रे जगात री बही*, नं. 23, वि.सं. 1829/1772 ई.
- *जगात री बही*, नं. 25, वि.सं. 1829/1772 ई.
- *श्री मंडी रे जमाखर्च री बही*, नं. 31, वि.सं. 1831/1774 ई.
- *मंडी रे जगात री बही*, नं. 32, वि.सं. 1831/1774 ई.
- *चूरू री जगात री बही*, नं. 33, वि.सं. 1832/1775 ई.
- *श्री मंडी रे जगात री बही*, नं. 37, वि.सं. 1834/1777 ई.
- *श्री मंडी रो जमा खर्च री बही*, वि.सं. 1834/1777 ई.
- *मंडी री सावा बही*, वि.सं. 1831/1777 ई.
- *श्री मंडी रो जमा खर्च बही*, नं. 44, वि.सं. 1840/1783 ई.
- *श्री मंडी रे जमा जोड़ री बही*, नं. 45, वि.सं. 1840/1783 ई.
- *लूणकरणसर रे जगात री बही*, नं. 46, वि.सं. 1841/1784 ई.
- *श्री मंडी री जगात रो साहवो*, नं. 48, वि.सं. 1843/1786 ई.
- *ऊन रे लूंकारा री बही*, नं. 53, वि.सं. 1844/1787 ई.
- *राजलदेसर री जगात री बही*, नं. 64, वि.सं. 1856/1799 ई.
- *सावा बही राजगढ़*, नं. 65, वि.सं. 1847–1857/1790–1800 ई.

- *मगरे री खारी पट्टी री जगात री बही*, नं. 66–67, वि.सं. 1858/1801 ई.
- *मगरे री खारी पट्टी री जगात री बही*, नं. 75, वि.सं. 1859/1802 ई.
- *बही श्री रतनगढ़ रे दुकाना गुवाड़ा री*, वि.सं. 1860/1803 ई.
- *राजगढ़ रे थाणे रो जमा खर्च*, नं. 82, वि.सं. 1861/1804 ई.
- *बही साहूकारा रे भाछ री*, वि.सं. 1861/1804 ई.
- *जगात बही*, नं. 132, वि.सं. 1879/1822 ई.
- *चूरू थाणे री सावा बही*, नं. 141, वि.सं. 1887/1830 ई.
- *बही जगात गाँव जसरासर री चैकी री*, नं. 184, वि.सं. 1900/1843 ई.
- *श्री मंडी री जगात रो लेखो*, नं. 186, वि.सं. 1900/1843 ई.

(ग) सावा बहियाँ

- *मंडी सदर बही*, नं. 1, वि.सं. 1802/1745 ई.; नं. 3, वि.सं. 1802–4/1745–1747 ई.; नं. 5, वि.सं. 1810–18/1753–1761ई.; नं. 8, वि.सं. 1815–16/1758–1759 ई.; नं. 10–12, वि.सं. 1821–22/1764–1765 ई.; नं. 13, वि.सं. 1824/1767 ई.; नं. 14, वि.सं. 1825/1768 ई.; नं. 18, वि.सं. 1831–32/1774–1775 ई.; नं. 31, वि.सं. 1832/1775 ई.; नं. 32–33, वि.सं. 1860–63/1803–1806 ई.; नं. 35, वि.सं. 1864–65/1807–1808 ई.
- *सावा बही रेणी*, नं. 1, वि.सं. 1814/1757 ई.
- *सावा बही अनूपगढ़*, नं. 1, वि.सं. 1818/1761 ई.; नं. 12, 13, 1889–94/ 18 32–1837 1ई.
- *सावा बही नोहर*, नं. 1, वि.सं. 1822/1765 ई.
- *सावा बही चूरू*, नं. 1, वि.सं. 1829/1772 ई.; नं. 2, वि.सं. 1871/1814 ई.
- *सावा बही राजगढ़*, नं. 1, वि.सं. 1828/1771 ई.; नं. 2, वि.सं. 1831/1774 ई.; नं. 4, वि.सं. 1839–42/1782–1785 ई.; नं. 8, वि.सं. 1847/1790 ई.; नं. 133, वि.सं. 1881/1824 ई.; नं. 44, वि.सं. 1933/1876 ई.
- *सावा बही रतनगढ़*, नं. 1, वि.सं. 1858/1801 ई.; नं. 2, वि.सं. 1858–61/1801–1804 ई.; नं. 3, वि.सं. 1875/1818 ई.
- *सावा बही हनुमानगढ़*, नं. 1, वि.सं. 1862–67/1805–1810 ई.
- *सावा बही सुजानगढ़*, नं. 1, वि.सं. 1865/1808 ई.; नं. 3, वि.सं. 1887/1830 ई.; नं. 4, वि.सं. 1887–94/1830–1837 ई.

(घ) कागद बहियाँ

- *कागद बही*, नं. 3, वि.सं. 1826/1769 ई.; *कागद बही*, नं. 10, वि. सं. 1854/1797 ई.; नं. 46, वि.सं. 1896/1739 ई.; नं. 49, वि.सं. 1897/1740 ई.; नं. 88, वि.सं.

1942–43/1885–1886 ई.; नं. 83, वि.सं. 1939/1882 ई.

- *बही महाजना रे पीढ़ियाँ री,* वि.सं. 1926/1869 ई.
- *बही श्री बड़े कमठाणे री,* नं. 8, वि.सं. 1827/1870 ई.

(2) सेक्रेट्रिएट रिकॉर्ड (अंग्रेजी), बीकानेर

- *महकमा खास, बीकानेर,* नं. 18ए,1900 ई.; नं. 98, 1900 ई. ; नं. 126, 1904 ई.; नं. 264, 1904 ई.; नं. 1501, 1901 ई.
- रेवेन्यू डिपार्टमेंट, बीकानेर, 1928 ई., नं. बी 1519–1520; 1930 ई., नं. बी 780–837; 1932 ई., नं. ए 1295–1335; जोहड़-बीड़, फाइल नं. 305/2
- प्राइम मिनिस्टर ऑफिस, बीकानेर, नं. 7, 1941 ई.

(3) लोक संस्कृति शोध-संस्थान, नगर श्री, चूरू में उपलब्ध प्राथमिक स्रोत

- महाराजा सूरत सिंह द्वारा 11 सितंबर, 1812 ई. को रतनगढ़ में एक मंदिर, कुआँ एवं बाड़ी का ताम्रपत्र
- महाराजा रतन सिंह द्वारा 22 फरवरी, 1830 ई. को गाँव धीरासर में कुआँ बनाने के लिए ताम्रपत्र
- पोतेदार संग्रह
- *कटिंग्स ऑफ वर्नाक्यूलर ऐंड इंग्लिश न्यूजपेपर्स, 1921–30 ई.*
- शिलालेखों की नकल–बीदासर के पक्के तालाब के कुएँ पर लगे शिलालेख की नकल, उदयराम बागला के कुएँ पर लगे शिलालेख की नकल, पड़िहारा कुएँ पर लगा कीर्तिस्तंभ, माणकसर ताल पर स्थित शिलालेख।

(4) शिलालेख

1. प्रेम सरोवर, ऊँटवालिया, चूरू।
2. पीथाणा जोहड़े के पास स्थित गोचर भूमि का शिलालेख।
3. गाछर बीड़ पर लगा हुआ शिलालेख।
4. इंद्रगणि पार्क पर लगा शिलालेख।
5. नाडिए कुएँ पर लगा शिलालेख।
6. गोगामेड़ी (ददरेवा) के राणा जैतसी द्वारा निर्मित कुएँ का शिलालेख।
7. दूधवाखारा के पक्के तालाब पर स्थित शिलालेख।
8. बीदासर तालाब का शिलालेख।

(5) सेंसस, रिपोर्ट्स, गजेटियर्स, गजेट्स, एक्ट्स, जर्नल्स, प्रोसिडिंग्स, न्यूजपेपर्स, पीरियोडिकल्स इत्यादि सेंसस

(क) सेंसस

- *सेंसस ऑफ इंडिया,* 1941, राष्ट्रीय अभिलेखागार, नई दिल्ली
- *सेंसस ऑफ द नेटिव स्टेट्स ऑफ राजपूताना,* 1881, राष्ट्रीय अभिलेखागार, नई दिल्ली
- *सेंसस ऑफ इंडिया,* 1893, जनरल टेबल फॉर ब्रिटिश प्रॉविन्सेस ऐंड फेउडेटोरी स्टेट्स, स्टेटिक्स, वॉल्यूम–1
- *सेंसस ऑफ इंडिया (राजपूताना)* 1941, राष्ट्रीय अभिलेखागार, नई दिल्ली
- *सेंसस ऑफ इंडिया,* 1901, वॉल्यूम XXV&B, राजपूताना, पार्ट–3, लखनऊ, 1902, राष्ट्रीय अभिलेखागार, नई दिल्ली

(ख) रिपोर्ट्स

- *इंडस्ट्रियल डेवलपमेंट इन द बीकानेर स्टेट,* पृ. 58, 65, रा.रा.अ.बी.
- *बीकानेर सेटलमेंट रिपोर्ट,* 1893
- *सेंसस रिपोर्ट–सेंसस ऑफ इंडिया,* सरकारी प्रकाशन, वाल्यूम–1, बीकानेर स्टेट, पार्ट–2, टेबल्स, 1931 ई.
- *बीकानेर स्टेट,* वाल्यूम–2, टेबल्स, 1941 ई.
- *राजस्थान,* वॉल्यूम XIV, पार्ट–2–A, 1961 ई.
- *राजस्थान डिस्ट्रिक्ट सेंसस हेंडबुक,* चूरू, 1961 ई.
- चूरू पिंजरापोल सोसाइटी की वार्षिक रिपोर्ट (1975–78 ई.), प्रकाशक श्री राधाकृष्ण बागला, चूरू
- *रिपोर्ट ऑन द फेमिन,* कमीशन 1880, खंड 1 (मेमोरंडम ऑफ बंबई चेंबर ऑफ कॉमर्स, मई, 1879)
- *रिपोर्ट ऑन द फेमिन रिलीफ ऑपरेशन इन द बीकानेर स्टेट,* बीकानेर, 1938–39
- *रिपोर्ट ऑन द एडमिनिस्ट्रेशन ऑफ द बीकानेर स्टेट (1898–1948)*; 1942–43; 1943–1944
- *गवर्नमेंट ऑफ बीकानेर,* सिविल लिस्ट, कोरेवंटड अप टू 30 सितंबर, 1945
- *रिपोर्ट ऑन इंडियन सेंट्रल बैंकिंग इन्क्वायरी कमेटी 1931,* वाल्यूम–3, कलकत्ता, 1939
- *रिपोर्ट ऑफ बीकानेर बैंकिंग इन्क्वायरी कमेटी,* बीकानेर, 1930
- ग्रियर्सन, सी.ए., *लिंग्विस्टिक सर्वे ऑफ इंडिया,* वाल्यूम–IX, पार्ट–2
- *सुजानगढ़ एजेंसी रिपोर्ट*
- *बेस लाइन सर्वे रिपोर्ट,* रूरल इंडस्ट्रीज प्रोजेक्ट, चूरू, राजस्थान

(ग) गजेटियर्स

- अर्सकिन, के.डी., *राजपूताना गजेटियर,* भाग 2, 3–ए, इलाहाबाद, 1909 ई.
- *इंपीरियल गजेटियर ऑफ इंडिया,* खंड-3, 7, 8 एवं 14, लंदन, 1908 ई.
- *एपिग्राफिया इंडिका,* वोल्यूम-5, दिल्ली, 1898 ई.
- पाउलेट, पी.डब्ल्यू., *गजेटियर ऑफ बीकानेर स्टेट,* बीकानेर, 1874
- सहगल, के.के., *राजस्थान डिस्ट्रिक्ट गजेटियर बीकानेर,* जयपुर, 1972

(घ) एक्ट्स

- *म्यूनिसिपल ऐक्ट,* नं. 6, सन् 1923, गवर्नमेंट प्रेस, बीकानेर, 1923 ई.
- एक्ट नं. 4 सन् 1927 ई., *जंगल ऐक्ट,* रियासत बीकानेर, गवर्नमेंट प्रेस, बीकानेर, 1927 ई.

(ङ) शोधपत्र/आलेख/जर्नल्स

- भादानी, बी.एल, ऐंड जिब्राईल (संयुक्त लेख), 'टेक्नीशन ऑफ इन द डेजर्ट एरिया फलोदी इन मेडिवल टाइम्स', प्रोसीडिंग्स राजस्थान हिस्ट्री कांग्रेस, सेशन XXIII, बीकानेर, 2008
- भादानी, बी.एल, 'जैसेलमेर सेटलमेंट पैटर्न, डैम टेक्नोलॉजी ऐंड इकोनॉमी इन द फर्स्ट हाफ ऑफ दी सेवेंटींथ सेंचुरी फेलिसिटेशन वॉल्यूम'—प्रो. अगम कुमार माथुर, दादाजी महाराज अभिनंदन ग्रंथ, वॉल्यूम-3, हजूरी भवन, आगरा, 27 जुलाई, 1995
- चट्टोपाध्याय, बी.डी., 'इरीगेशन इन अर्ली मेडिवल राजस्थान', *जर्नल ऑफ दी इकोनॉमी ऐंड सोशल हिस्ट्री ऑफ डी ओरिएंट,* 1973
- देवड़ा जी.एस.एल., 'इंडियन बिजनस थ्रू दी एजेज–नॉर्दर्न रीजन, फुटप्रिंट ऑफ एंटरप्राइज', (संपा. एस.एस. कानेरिया, अमित मित्रा, कोकिला रंगाचारी) फिक्की, ऑक्सफॉर्ड दिल्ली, 1999
- हबीब, इरफान और हबीब, फैज (संयुक्त लेख), 'मैपिंग दी कैनाल्स ऑफ फिरोजशाह (1351–88)', *इंडियन हिस्ट्री कांग्रेस,* सेशन 77वाँ केरल विश्वविद्यालय, तिरुवनंतपुरम, 28–30, दिसंबर, 2016
- जिब्राईल, 'ए स्टडी ऑफ वाटर हारवेस्टिंग टेग्निक ऐंड इट्स सप्लाई ऐट नागौर फोर्ट', *वाटर रिसोंस मैनेजमैंट इन इंडिया : ए हिस्टोरिकल स्टडी,* (सपा.) एस.पी. व्यास, त्रिवेणी पब्लिकेशन, जोधपुर, 2011
- कुमार, मयंक, 'एडप्सन टू क्लाइमैटिक वैरिएबिलिटी : इरिगेशन ऐंड सेटलमेंट पैटर्न्स इन अर्ली मेडिवल राजस्थान', *मेडिवल हिस्ट्री जर्नल,* ऋषि प्रकाशन, दिल्ली, 2014
- कुमार, राजेंद्र, 'ए स्टडी ऑफ ट्रेड रुट्स ऑफ वेस्टर्न राजपुताना इन लेट एटींथ सेंचुरी', शोध पत्रिका *विरासत,* अंक-2, जनवरी-2015, इतिहास एवं संस्कृति विभाग, जनार्दन

राय नागर राजस्थान विद्यापीठ विश्वविद्यालय, उदयपुर

- कुमार, राजेंद्र, 'बीकानेर राज्य के आर्थिक इतिहास लेखन में पुरालेखीय स्रोतों की भूमिका जगात बहियों के संदर्भ में', *हिस्टोरिकल डाक्यूमेंट्स ऐंड हिस्ट्री,* (संपा.) अनुराधा माथुर, राजस्थानी ग्रंथागार, जोधपुर, 2016
- कुमारी, मीना, 'चूरू में जल प्रबंधन एवं संरक्षण में महिलाओं की भूमिका', *सेंट्रल इंडिया जर्नल ऑफ हिस्टोरिकल ऐंड आर्कियोलॉजिकल रिसर्च* (संपा.), वॉल्यूम-5, नं. 20 अक्तूबर-दिसंबर, 2016
- कुमारी, मीना, 'चूरू में जलसंकट के समाधान में स्वामी गोपालदास का योगदान', *इंटरनेशनल रिसर्च जर्नल ऑफ मैनेजमेंट सोशियोलोजी ऐंड ह्यूमनटीज* (संपा.), श्री परमहंस एजुकेशन ऐंड रिसर्च फांउडेशन ट्रस्ट, वॉल्यूम-6, इश्यू-9, दिल्ली, 2015
- कुमारी, मीना, 'चूरू मंडल में जल प्रबंधन : बीकानेर के शासकों एवं उनके अधीन सामंतों के प्रयास—एक सर्वेक्षण', *अभिलेख* (संपा.), राजस्थान राज्य अभिलेखागार, बीकानेर, 2016
- कुमारी, मीना, 'मध्यकालीन राजस्थान के पारंपरिक जलस्रोत : चूरू के संदर्भ में', भादानी, बी.एल. (संपा.), *जूनी ख्यात (इतिहास, कला और संस्कृति की शोध पत्रिका)* वर्ष 2, अंक 3, जुलाई-दिसंबर, मरुभूमि शोध संस्थान, श्री डूँगरगढ़, 2012
- कुमारी, मीना, 'मरुस्थल में यातायात बाधाएँ—प्राचीन ऐतिहासिक और आधुनिक संदर्भ में समाधान', सागर, आर.डी. एवं रामावत, राकेश, (संपा.) *शोध सरस्वती,* इंप्रूव शोध संस्थान, जोधपुर, 2011
- राणावत, ईश्वरसिंह, 'महाराणा प्रताप की जल-नीति एवं प्रबंध', महाराणा प्रताप सोवेनियर, वॉल्यूम ए, चंडीगढ़, 2000-01

(च) प्रोसिडिंग्स

- कुमार, राजेंद्र, मध्यकालीन बीकानेर राज्य के ऊन व्यवसाय में समाज की भूमिका (1750 ई. से 1818 ई. तक), *राजस्थान हिस्ट्री कांग्रेस प्रोसीडिंग,* वॉल्यूम XXII, सेशन जोधपुर, 2008
- कुमार, राजेंद्र, *'पाणी पीछ'* -एक जल प्रबंधन : बीकानेर राज्य के विशेष संदर्भ में, *राजस्थान हिस्ट्री कांग्रेस प्रोसीडिंग,* वॉल्यूम XXVIII, जयपुर, 2012
- कुमारी, मीना, 'राजगढ़ में पारंपरिक जल प्रबंधन में समाज का योगदान : एक सर्वेक्षण', *प्रोसीडिंग्स ऑफ राजस्थान हिस्ट्री कांग्रेस,* वॉल्यूम 30, सेशन उदयपुर, 2015
- भादानी, भंवर, 'बीकानेर रे पट्टा रे गाँवां री विगत : एक पर्यवेक्षण', *राजस्थान हिस्ट्री कांग्रेस,* वाल्यूम XII, पाली, 1974
- महोबिया कुमारी कुमकुम, 'बीकानेर राज्य के गाँवों का स्वरूप (सत्रहवीं, अठारहवीं शताब्दी में)', *राजस्थान हिस्ट्री कांग्रेस,* वॉल्यूम VIII, अजमेर, 1975

- अग्रवाल गोविंद, 'आधुनिक राजस्थान के आर्थिक इतिहास का नवीन एवं निजी अज्ञात संग्रह', *राजस्थान हिस्ट्री कांग्रेस,* वॉल्यूम IX, कोटा, 1976
- जी.एस.एल. देवड़ा, 'रेगिस्तानी क्षेत्र में (बीकानेर राज्य) में कृषि योग्य भूमि एवं उसका वर्गीकरण', *राजस्थान हिस्ट्री कांग्रेस,* वाल्यूम IX, कोटा 1976

(छ) न्यूजपेपर्स एवं पीरियोडिकल्स

1. *भूदर्शन* (उदयपुर)
2. *चूरू चंद्रिका* (चूरू)
3. *दैनिक भास्कर*
4. *कुंभा स्मारिका*
5. *मज्झमिका* (उदयपुर)
6. *मरु भारती* (पिलानी)
7. *मरुश्री* (चूरू)
8. *मॉडर्न रिव्यू*
9. *परंपरा* (जोधपुर)
10. *राजस्थान भारती* (बीकानेर)
11. *राजस्थान पत्रिका*
12. *हिंदुस्तान पत्र*
13. *समाचार जगत*
14. *शोध पत्रिका* (उदयपुर)
15. *साप्ताहिक हिंदुस्तान*
16. *वरदा* (बिसाऊ)
17. *वैचारिकी* (बीकानेर, कलकत्ता)
18. *जूनी ख्यात* (श्री डूँगरगढ़)
19. *शोध सरस्वती* (जोधपुर)
20. *प्रतियोगिता दर्पण* (दिल्ली)
21. *राजस्थान सुजस* (जयपुर)
22. *विश्वंभरा* (बीकानेर)
23. *शोध साधना* (सीतामऊ)
24. *युग-पक्ष दैनिक*
25. *इला श्री,* तोला महाविद्यालय, सार्दुलपुर, 2005
26. *नागिरी प्रचारिणी पत्रिका*

(6) निजी संग्रह

- स्वामी गोपाल दासजी के पत्र और दस्तावेज, लोक संस्कृति शोध संस्थान, नगर श्री चूरू
- राजगढ़ के टीकमाणी परिवार एवं फतेहपुरिया परिवार का निजी संग्रह
- श्रीमंतों के निजी पट्टे, राजगढ़ और चूरू

(7) राजस्थानी स्रोत

- *दयालदास री ख्यात,* अप्रकाशित, अनूप संस्कृत पुस्तकालय, बीकानेर
- *बांकीदास की ख्यात,* जोधपुर, 1956
- *मारवाड़ रा परगना री विगत,* (मु. नैणसी कृत), (संपा.) भाटी, नारायण सिंह, भाग–1, रा.प्रा.वि. प्रति., जोधपुर, 1968; भाग–2, जोधपुर, 1969; भाग–3, जोधपुर, 1974
- मुंशी सोहनलाल, *तवारीख राजश्री* बीकानेर, 1898
- बहादुर सिंह, *बीदावतों की ख्यात,* अप्रकाशित
- *दलपत विलास,* संपादक, रावत सारस्वत
- *दयाल दास री ख्यात,* श्री सार्दूल प्राच्य ग्रंथ माला द्वारा प्रकाशित, भाग–2
- *रजिस्टर देहात रियासत बीकानेर,* वैदिक यंत्रालय अजमेर में मुद्रित
- *आर्याख्यान कल्पद्रुम* (अप्रकाशित), सिंढ़ायच दयालदास
- *फेहरिस्त राज श्री बीकानेर रे मदिंरा री,* गवर्नमेंट प्रेस बीकानेर, 1899

(8) अंग्रेजी स्रोत

- अग्रवाल अनिल, नारायण सुनिता (संपा.), 'डाइंग विज्डम राइज, फॉल ऐंड पोटेंशियल ऑफ इंडियाज ट्रेडिशनल वाटर हार्वेस्टिंग सिस्टम' (सेंटर फॉर साइंस ऐंड एंवायर्नमेंट), नई दिल्ली, चतुर्थ संस्करण 2005
- एचीसन सी.यू., *ए कलेक्शन ऑफ द ट्रीटीज, एंगेजमेंट ऐंड सनद्स*
- एलफिंस्टन, माउंट स्टुअर्ट, *एन अकाउंट ऑफ द किंगडम ऑफ काबुल,* लंदन संस्करण 1842, जिल्द 1
- बोइल्यो, ए.एच.ई., *पर्सनल नेरेटिव ऑफ बीकानेर, जैसलमेर ऐंड जोधपुर*
- भादानी, बी.एल. एवं त्रिपाठी द्विजेंद्र (संपा.), *फेसेट्स ऑफ ए मारवाड़ हिस्टोरियन,* पब्लिकेशन स्कीम, जयपुर, 1996
- भादानी, बी.एल., *पीजेंट्स आर्टिजन्स ऐंड एन्टरप्रेन्योर्स,* रावत पब्लिकेशंस, जयपुर, 1999
- चंद्रा, सतीश, *मेडिवल इंडिया सोसाइटी, द जागीरदारी क्राइसिस ऐंड द विलेज,* नई दिल्ली, 1982 ई.
- चौधरी, तपन राय, हबीब इरफान (सेवा.), *द कैंब्रिज इकॉनोमिक हिस्ट्री ऑफ इंडिया,*

भाग–1 (सन् 1200 से 1750 तक), कैंब्रिज यूनिवर्सिटी प्रेस, 1982

- दत्त, बी.बी., *टाउन प्लानिंग इन एंशियंट इंडिया,* कलकत्ता, 1925
- दास, पी.के., द *मॉनसून,* नेशनल बुक ट्रस्ट इंडिया, नई दिल्ली, 1996
- डिग्गल, के.एन., सिंह जे.पी., *एलीमेंट्स ऑफ वॉटर रिसोर्स इंजीनियरिंग,* न्यू एज पब्लिकेशंस, दिल्ली
- ग्लीक, पी.एच.(संपा.), *वॉटर इन क्राइसिस : ए गाइड टू द वर्ल्ड्स फ्रेश वॉटर रिसोर्सेज,* ऑक्सफॉर्ड यूनिवर्सिटी प्रेस, न्यूयॉर्क, 1993
- गोल्डन जुबली सोवेनियर, 1837–1937 : महाराजा गंगासिंह की स्वर्ण जयंती, गवर्नमेंट प्रेस प्रकाशन, बीकानेर
- गुप्ता, एस.पी., द *एग्रेरियन सिस्टम ऑफ ईस्टर्न राजस्थान,* मनोहर, दिल्ली, 1986
- गॉएटज, हर्मन, द *आर्ट ऐंड आर्किटक्चर ऑफ बीकानेर स्टेट*
- हबीब, इरफान, द *एग्रेरियन सिस्टम ऑफ मुगल इंडिया,* 1556–1707, बंबई, 1963
- हबीब, इरफान, *एन एटलस ऑफ द मुगल एंपायर,* दिल्ली, 1982
- हसन, एस. नूरूल, *थॉट्स ऑन एग्रेरियन रिलेशंस इन मुगल इंडिया,* नई दिल्ली, 1971
- जिब्राईल, *इकोनॉमी ऐंड डेमोग्राफिक प्रोफाइल ऑफ अर्बन राजस्थान (18–19वीं शताब्दी),* मनोहर, दिल्ली, 2018
- जिब्राईल, *वाटर मैनेजमेंट सिस्टम इन दी डेजर्ट रिजन ऑफ राजस्थान–थर्टीन्थ—एटींथ सेंचुरीज,* एनी बुक्स प्राइवेट लिमिटेड, नई दिल्ली, 2018
- क्लार्क, रोबिन, वॉटर : *द इंटरनेशनल क्राइसिस,* अर्थ स्केन, लंदन, 1991
- कच्छावा, ओ.पी., *फेमिंस इन राजस्थान,* हिंदी साहित्य मंदिर, जोधपुर, 1985
- मालू, कमला, द *हिस्ट्री ऑफ फेमिंस इन राजपूताना,* हिमांशु पब्लिकेशन, उदयपुर, 1987
- न्यूसन, एम.डी., *लैंड वाटर ऐंड डेवलपमेंट, रिवर बेसिन सिस्टम ऐंड देअर ससटेनेबल मैनेजमेंट,* लंदन, 1992
- पनीक्कर, के.एम., *हिज हाइनेस द महाराजा ऑफ बीकानेर,* ए बायोग्राफी, लंदन, 1937
- शर्मा, दशरथ, *राजस्थान थ्रू* द *एजेज,* भाग–1, राजस्थान स्टेट आर्काइव्ज़, बीकानेर, 1965
- शर्मा, दशरथ, *लेक्चर्स ऑन राजपूत हिस्ट्री ऐंड कल्चर,* मोतीलाल बनारसीदास, दिल्ली, 1970
- शर्मा, जी.एन., *राजस्थान स्टडीज,* लक्ष्मी नारायण अग्रवाल, आगरा, 1985
- शर्मा, जी.एन., *सोशल लाइफ इन मेडिवल राजस्थान,* आगरा, प्रथम संस्करण, 1968
- सांकलिया, एच.डी., *आर्कियोलॉजी इन राजस्थान,* राजस्थान विद्यापीठ, उदयपुर, 1988
- सिंह, हरि (महाराज), द *नेतावत फेमेली,* स्टेट प्रिंटिंग प्रेस, उदयपुर, 1932

- सोढ़ी, हुकुमसिंह, *नोबल्स ऐंड जेंटलमेन ऑफ बीकानेर,* बीकानेर
- टॉड, जेम्स, *एनल्स ऐंड एंटीक्विटीज ऑफ राजस्थान,* वॉल्यूम 1-2, न्यू इंप्रेशन, दिल्ली, 1971
- टॉड, जेम्स, *एनल्स ऐंड एंटीक्विटीज ऑफ राजस्थान,* वॉल्यूम 1, ऑक्सफॉर्ड यूनिवर्सिटी, लंदन, 1920
- टॉड, जेम्स, *ट्रेवल्स इन वेस्ट्रन इंडिया,* गोपाल नारायण बहुरा (अनु. एवं संपा.); रा. रा.प्रा. विद्या प्रतिष्ठान, जोधपुर, 1966
- यादव, डी.एस., *इकोनॉमिक्स ऑफ द डेजर्ट, चूरू डिस्ट्रिक्ट,* बीकानेर
- जैदी, वसी अहमद, *ग्राउंड वाटर,* ए.पी.एच. पब्लिकेशन कॉरपोरेशन, नई दिल्ली

(9) हिंदी स्रोत

- *अमृतघट* (श्री मूलचंद पारीक अभिनंदन ग्रंथ) (संपा.) श्री मूलचंद पारीक अमृतोत्सव एवं नागरिक अभिनंदन समिति, बीकानेर, जुलाई, 2000
- *अथर्ववेद* (भाषा-भाष्यम), दयानंद संस्थान, द्वितीय संस्करण, नई दिल्ली, वि.सं. 2033/1976
- अग्रवाल, गोविंद, *पत्रों के प्रकाश में जनसवेक स्वामी गोपालदासजी का व्यक्तित्व एवं कृतित्व,* लोक संस्कृति शोध संस्थान, नगर श्री, चूरू, वि.सं. 2025/1968
- अग्रवाल, गोविंद, *पोतदार संग्रह के फारसी कागजात,* बीकानेर, 1978
- अग्रवाल, गोविंद, *श्री कुंज बिहारी स्मृति सुमन,* लोक संस्कृति शोध संस्थान, नगर श्री, चूरू, वि.सं 2026/1969
- अग्रवाल, गोविंद, *वाणिज्य-व्यापार में मुनीम-गुमाश्तों की भूमिका* (पोद्दार संग्रह), लोक संस्कृति शोध संस्थान, नगर श्री, चूरू, प्रथम संस्करण, 1983
- अग्रवाल, गोविंद, *चूरू मंडल का शोधपूर्ण इतिहास,* लोक संस्कृति शोध संस्थान, नगर श्री, चूरू, प्रथम संस्करण, 1974
- अग्रवाल, सुबोध कुमार, *माटी की महक,* लोक संस्कृति शोध संस्थान, नगर श्री, चूरू, 1987
- ओझा प्रियदर्शी, *पश्चिमी भारत में जल प्रबंधन,* सुभद्रा पब्लिशर्स ऐंड डिस्ट्रीब्यूटर्स, दिल्ली, 2012
- ओझा सी.के. एवं अन्य, *नवीन अकार्बनिक रसायन,* भाग-1, जयपुर पब्लिशिंग हाउस, जयपुर, 1992 (पुनः मुद्रित)
- ओझा गौरीशंकर हीराचंद, *बीकानेर राज्य का इतिहास,* भाग 1-2, राजस्थानी ग्रंथागार, जोधपुर,
- ओझा गौरीशंकर हीराचंद, *जोधपुर राज्य का इतिहास,* राजस्थानी ग्रंथागार, जोधपुर
- ओमप्रकाश, *प्राचीन भारत का सामाजिक एवं आर्थिक विकास,* नई दिल्ली, 1986

- बरुआ जैमिनी कौशिक, *मैं अपने मारवाड़ी समाज को प्यार करता हूँ*, भाग-प्रथम, द्वितीय एवं तृतीय, कलकत्ता 1970 और 1972
- बरुआ जैमिनी कौशिक, *श्री सूरजमल जालान, मधु मंगलश्री*, कलकत्ता, 1963
- बबेरवाल महेश कुमार, *मरुस्थलीय जल प्रबंधन, साहित्यागार*, जयपुर, 2016
- बनर्जी एवं उपाध्याय, *मौसम विज्ञान*, राजस्थान हिंदी ग्रंथ अकादमी, जयपुर, 1986
- *भारत, लोग और अर्थव्यवस्था*, राष्ट्रीय शैक्षिक अनुसंधान और प्रशिक्षण परिषद्, नई दिल्ली, (माध्यमिक शिक्षा बोर्ड) राजस्थान, अजमेर
- भादानी, बी.एल, *लोग, राज्य एवं जल*, दोहन संग्रहण और उपयोग (प्रारंभ से 17वीं सदी तक), बीकानेर, 2008
- भार्गव, दयानंद, *वेद विज्ञान विथिका*, राजस्थानी ग्रंथागार, जोधपुर, 1996
- भल्ला, एल.आर., *सामयिक राजस्थान*, जयपुर, 2007
- भल्ला, एल.आर., *राजस्थान का भूगोल*, कुलदीप पब्लिकेशंस, अष्टम संस्करण, 1998
- कौशांबी, डी.डी., *प्राचीन भारत की संस्कृति और सभ्यता*, नेमीचंद्र जैन (अनु.), राजकमल प्रकाशन, दिल्ली, 1969
- दुबे, मिश्र एवं राव, *भू-विज्ञान एक परिचय, मध्यप्रदेश हिंदी ग्रंथ अकादमी*, भोपाल, 1986
- देवड़ा, जी.एस.एल., *राजस्थान इतिहास के अभिज्ञान रूप*, राजस्थान हिंदी ग्रंथ अकादमी, जयपुर, प्रथम संस्करण, 2010 ई.
- देवड़ा, जी.एस.एल., *राजस्थान की प्रशासनिक व्यवस्था*, धरती प्रकाशन, गंगाशहर, बीकानेर, प्रथम संस्करण, 1981
- गहलोत, जगदीश सिंह, *राजपूताने का इतिहास*, प्रथम, द्वितीय भाग, जोधपुर, वि.सं. 1994/1937
- गहलोत, सुखवीर सिंह, *राजस्थान के रीति-रिवाज*, रोशनलाल जैन ऐंड संस, जयपुर, 1966
- गोयनका, रामकुमार, *सचित्र ऐतिहासिक लेख*, चूरू की बही, कलकत्ता, 1941
- गोयनका, हरिशणदास (व्याख्याकार), *वेदांत-दर्शन*, लोक संस्कृति शोध संस्थान, नगर श्री, चूरू
- गुप्त, मुनिलाल (अनु.), *श्री-श्री विष्णु पुराण, घनश्याम दास जालान*, गीताप्रेस, गोरखपुर, द्वितीय संस्करण, वि.सं. 1993/1936
- गुर्जर, रामकुमार एवं जाट, बी.सी., *संसाधन एवं पर्यावरण*, पंचशील प्रकाशन, जयपुर, छठा संस्करण, 2009
- गुर्जर, रामकुमार एवं जाट, बी.सी., *जल संसाधन भूगोल*, रावत पब्लिकेशंस, जयपुर, 2005

- गुर्जर, रामकुमार एवं जाट. बी.सी., *जल प्रबंध विज्ञान,* पॉइंटर पब्लिशर्स, जयपुर, 2001
- हबीब, इरफान (संपा.), *मध्यकालीन भारत,* भाग–3, राजकमल प्रकाशन, दिल्ली, 2018
- हबीब, इरफान, *मध्यकालीन भारत में प्रौद्योगिकी (ई. 650–1750),* राजकमल प्रकाशन, नई दिल्ली, 2018
- जयसिंह, *प्राचीन भारत में नाग तथा जल पूजा,* पटना, 1980
- जिब्राईल, *जल, जीवन और समाज,* संपा., एनी बुक्स, दिल्ली, 2019
- जोशी, बृजरतन, *जल और समाज,* पुस्तक संसार, जयपुर, 2005
- जोशी, बनराज, *चूरू दर्शन,* चूरू जनसंपर्क कार्यालय से प्रकाशित, 1978
- काणे, पांडुरंग वामन, *धर्मशास्त्र का इतिहास,* तृतीय भाग, हिंदी समिति सूचना विभाग, उत्तर प्रदेश, लखनऊ, प्रथम संस्करण, 1966
- केडिया, भीमसेन, *भारत में मारवाड़ी समाज,* नेशनल इंडिया पब्लिकेशन, कलकत्ता, 1947
- खेमका, राधेश्याम (सपां.), *मत्स्य पुराण (कल्याण),* गीता प्रेस गोरखपुर
- लुणिया, बी.एन., *भारतीय सभ्यता तथा संस्कृति का विकास,* लक्ष्मी नारायण अग्रवाल, आगरा, 1952
- मीणा, सुखदेव, *रतन नगर का ऐतिहासिक वैभव,* तंवर ब्रदर्स रतन नगर, 2008 ई.
- मोदी, बाल चंद, *अभिनंदन ग्रंथ,* श्री सूरजमल जालान
- मोदी, बाल चंद, *देश के इतिहास में मारवाड़ी जाति का स्थान,* रघुनाथ प्रताप सिंघानिया, कलकत्ता, 1939
- मेहता, पृथ्वीसिंह, *हमारा राजस्थान,* हिंदी भवन, इलाहाबाद, 1950
- मिश्र, बलदेव प्रसाद, *बीकानेर राज्य का इतिहास* (जेम्स टॉड कृत)
- मिश्र, अनुपम, *आज भी खरे हैं तालाब,* नेशनल बुक ट्रस्ट इंडिया, दिल्ली
- मिश्र, अनुपम, *राजस्थान की रजत बूँदें,* गांधी शांति प्रतिष्ठान, नई दिल्ली, 1995
- मिश्र, अनुपम, *साफ माथे का समाज* (संपा. किशन कालजयी) पेंगुइन बुक्स इंडिया, नई दिल्ली, 2006
- मिश्र, अनुपम, *तैरने वाला समाज डूब रहा है,* गांधी शांति प्रतिष्ठान, नई दिल्ली, पहला संस्करण, 2008
- मिश्र, अनुपम, *ना जा स्वामी परदेसा,* गांधी शांति प्रतिष्ठान, नई दिल्ली, 2011
- *नीर संचयनी, सूचना शिक्षा तथा संचार ब्यूरो,* जन स्वास्थ्य अभियांत्रिकी विभाग, जयपुर, 2002
- नागौरी, एस.एल, *विश्व की प्राचीन सभ्यताएँ,* श्री सरस्वती सदन, नई दिल्ली, 1992
- नैनावटी, चंद्रसिंह एवं अन्य, *सामाजिक विज्ञान,* माध्यमिक शिक्षा बोर्ड, अजमेर, 2000

- नगर, कुं. महेंद्र सिंह, *मारवाड़ की जल संस्कृति,* भारतीय राष्ट्रीय कला एवं संस्कृति विरासत न्यास, जोधपुर, प्रथम संस्करण, 2011
- पुरोहित, प्रकाश, *आज भी प्रासंगिक हैं परंपरागत जल स्रोत,* महाराजा मानसिंह पुस्तक प्रकाश शोध-केंद्र, जोधपुर, प्रथम संस्करण, 2008
- प्रशांत कुमार, *प्रकृति और हम,* गांधी शांति प्रतिष्ठान, नई दिल्ली, 1985
- *ऋग्वेद* (भाषा-भाष्यम्), दयानंद संस्थान, नई दिल्ली
- *ऋग्वेद* संहिता (सटीक), वैदिक पुस्तकमाला, कृष्णगढ़ सुल्तानगढ़, श्री सर्वहितकारिणी सभा, राजगढ़
- *ऋग्वेद* (भाषा-भाष्य संपूर्ण), पंडिता राकेश रानी, दयानंद संस्थान, हरध्यान सिंह रोड, नई दिल्ली
- सिंह, रघुवीर, *पूर्व आधुनिक राजस्थान,* राजस्थान विश्व विद्यापीठ, उदयपुर, 1951
- राणावत, ईश्वरसिंह, *राजस्थान के जल संसाधन,* चिराग प्रकाशन, उदयपुर, 2004
- राय, रघुनाथमल, *अकालकष्ट निवारक,* श्री रघुनाथ आयुर्वेदिक फार्मेसी, बाली मारवाड़, प्रथम संस्करण, 1942
- राव, मुरलीधर, *वास्तु शास्त्रानुसार भवन निर्माण,* पुस्तक महल, दिल्ली, प्रथम संस्करण, 1996
- राव, उदय नारायण, *प्राचीन भारत में नगर तथा नगर जीवन,* इलाहाबाद, 1965 ई.
- *राजस्थान पुरातन ग्रंथमाला,* (संपा-मुनि जिनविजय) ग्रंथांक 80, राजस्थान प्राच्यविद्या प्रतिष्ठान, जोधपुर, 1965
- सदय, सुखनंदन सिंह, *विहंगम योग एक झलक,* सद्गुरु सदाफल देव विहगंम योग संस्थान, प्रयाग (उत्तर प्रदेश) षष्ठम संस्करण
- सिंढ़ायच, दयालदास, *बीकानेर री ख्यात (संपा.)* हुकुमसिंह भाटी, जोधपुर
- सिंढ़ायच, दयालदास, *ख्यात देश दर्पण,* बीकानेर राज्य का इतिहास, बीकानेर
- सिंह, श्रवण, *बीदावत राठोड़ों का इतिहास,* यूनीक ट्रेडर्स, जयपुर, प्रथम संस्करण, 2006
- सिंह, वाई.पी., *सन ऑफ दी सोइल,* सूर्य प्रकाशन मंदिर, बीकानेर, प्रथम संस्करण, 1981
- सिंह, वाई.डी., *राजस्थान की झीलें और तालाब,* राजस्थानी ग्रंथागार, जोधपुर, 2002
- सिंह, वाई.डी., *राजस्थान में पारंपरिक नहरें,* राजस्थानी ग्रंथागार, जोधपुर, 2008
- श्री राम शर्मा आचार्य, *भारतीय संस्कृति के आधारभूत तत्त्व,* अखंड ज्योति संस्थान, मथुरा, 1995
- *श्री भंवरलाल दूगड़ स्मृति ग्रंथ,* सरदारशहर, 1967
- *श्री नारद विष्णु पुराण,* गीता प्रेस, गोरखपुर, जनवरी 1954
- श्यामल दास, *वीर विनोद,* भाग 1-4 मोतीलाल बनारसीदास, दिल्ली, 1986

- श्यामल दास, *वीर विनोद,* उदयपुर, 1886
- शर्मा, जगदीश प्रसाद, *भारतीय वास्तुज्ञान,* विद्या भवन, चौड़ा रास्ता, जयपुर, प्रथम संस्करण, 1995
- शर्मा, एच.एस., शर्मा, एम.एल., मिश्रा, आर.एन., *भौतिक भूगोल,* पंचशील प्रकाशन, जयपुर, आठवाँ संस्करण, 2009
- शर्मा, झाबरमल, *सीकर राज्य का इतिहास,* कलकत्ता, 1922
- शर्मा, एस.एस. एवं अन्य, *राजस्थान का भूगोल,* पंचशील प्रकाशन, जयपुर दसवाँ संस्करण, 2010
- शर्मा, जी.एन., *ऐतिहासिक निबंध राजस्थान,* हिंदी साहित्य मंदिर, जोधपुर, 1970
- शर्मा, जी.एन., *राजस्थान का इतिहास,* शिवलाल अग्रवाल ऐंड कंपनी, आगरा, 1984
- शर्मा, गिरिजाशंकर, *मारवाड़ी व्यापारी,* कृष्ण जनसेवी ऐंड कंपनी, बीकानेर, 1998
- शर्मा, श्रीराम आचार्य, *यज्ञ : एक समग्र उपचार प्रक्रिया,* अखंड ज्योति संस्थान, मथुरा, 1995
- शर्मा, श्रीराम आचार्य, *प्रज्ञोपनिषद,* अखंड ज्योति संस्थान, मथुरा, 1995 ई.
- शर्मा, श्रीराम आचार्य, *वायु पुराण : सृष्टि रचना के सर्ग,* आचार्य संस्कृति संस्थान, बरेली, 1967
- शर्मा, बिजेंद्र कुमार, *महाकवि कालिदास प्रणीतम् मेघदूतम्,* साहित्य भंडार, मेरठ
- सक्सेना, के.बी., *हमारा राजस्थान, द स्टूडेंट्स बुक कंपनी,* जयपुर, 1973–74
- सक्सेना, हरिमोहन, *पर्यावरण एवं पारिस्थितिकी भूगोल,* राजस्थान हिंदी ग्रंथ अकादमी, जयपुर, द्वितीय संस्करण, 1999
- सक्सेना, आशुतोष, *राजस्थान का ऐतिहासिक पुरातत्त्व जयपुर,* साहित्यागार, जयपुर, 1991
- स्मारिका, *ग्रामीण औद्योगिक परियोजना,* चूरू, 1967
- *स्वर्ण जयंती स्मृति सरोज* (1920–1970 ई.) (संपा.), श्री सर्वहितकारिणी सभा, राजगढ़, चूरू, 1976
- तिवारी, रामजी, *भविष्य पुराण एक अनुशीलन,* वैशाली प्रकाशन, गोरखपुर, 1981
- *विश्वंभरा,* विद्याधर शास्त्री स्मृति विशेषाँक, हिंदी विश्व भारती अनुसंधान परिषद्, बीकानेर अंक 1–4, 1984
- व्यास, राजेंद्र प्रसाद (चूरूवाला), *बीकानेर के शिलालेख* (एक ऐतिहासिक अध्ययन वि.सं. 1517–2028) परमानंद पब्लिकेशंस, बीकानेर, प्रथम संस्करण–1990
- व्यास, गोपाल, *मेवाड़ का सामाजिक एवं आर्थिक जीवन* (18वीं–19वीं शताब्दी), राजस्थानी ग्रंथागार, जोधपुर, 1989
- व्यास, महर्षि कृष्ण द्वैपायन, *मत्सयपुराण,* गोपाल प्रिंटिंग वर्क्स, कलकत्ता, प्रथम संस्करण–1954

- *वाल्मीकि रामायण,* गीताप्रेस गोरखपुर, टीकमणि पुस्तकालय, *राजगढ़ वेदश्रमी,* वीरसेन,
- *वैदिक संपदा,* गोविंद राम हासानंद, दिल्ली, 1973
- यादव, देवी सिंह, *इकोनॉमी ऑफ दी डेजर्ट,* चूरू जिला
- *हमारी परंपरा,* वियोगी हरि (संपा.), मार्तंड उपाध्याय संस्थान साहित्य मंडल, नई दिल्ली, प्रथम संस्करण–1967

□□□